普通高等教育"十三五"规划教材

高等院校计算机系列教材

数据结构(C 语言版)
(第二版)

主　编　陈倩诒　邓红卫

副主编　肖增良　许建国　王自全

　　　　乐晓波　黄　薇

U0370530

华中科技大学出版社

中国·武汉

内 容 提 要

"数据结构"是计算机及相关专业的专业基础核心课程。本书所有算法都采用C语言描述,书中不仅讲解了数据结构的基本理论知识,还提供了大量实例来帮助读者理解和掌握知识点。全书共分9章,内容包括:绪论,线性表,栈和队列,串,数组与广义表,树与二叉树,图,查找,内部排序,等等。每章都对相关数据结构的逻辑结构、存储结构、基本操作、综合算法等做了全面、深入的阐述。

本书各章内容翔实,算法和例题典型,实践性强,可作为本、专科院校的计算机及相关专业"数据结构"课程的教材,也可作为计算机软件开发人员、参加硕士研究生入学考试和软件资格(水平)考试人员的参考书。

图书在版编目(CIP)数据

数据结构:C语言版/陈倩诒,邓红卫主编. —2版. —武汉:华中科技大学出版社,2017.8(2022.1重印)
普通高等教育"十三五"规划教材.高等院校计算机系列教材
ISBN 978-7-5680-3088-5

Ⅰ.①数…　Ⅱ.①陈…　②邓…　Ⅲ.①数据结构-高等学校-教材　②C语言-程序设计-高等学校-教材
Ⅳ.①TP311.12　②TP312

中国版本图书馆CIP数据核字(2017)第164327号

数据结构(C语言版)(第二版)　　　　　　　　　　　　　陈倩诒　邓红卫　主编
Shuju Jiegou(C Yuyan Ban)

策划编辑:范　莹
责任编辑:陈元玉
封面设计:原色设计
责任监印:周治超
出版发行:华中科技大学出版社(中国·武汉)　　　电话:(027)81321913
　　　　　武汉市东湖新技术开发区华工科技园　　　邮编:430223
录　　排:华中科技大学惠友文印中心
印　　刷:武汉邮科印务有限公司
开　　本:787mm×1092mm　1/16
印　　张:16.5
字　　数:402千字
版　　次:2022年1月第2版第2次印刷
定　　价:38.00元

第二版前言

"数据结构"是计算机及相关专业的基础核心课程。

在计算机科学的各领域中,经常要使用到各种不同的数据结构,譬如操作系统中要使用到队列、目录树等;数据库系统中要使用到线性表、索引树等;编译系统中要使用到栈、哈希表、语法树等;人工智能中要使用到广义表、检索树、有向图等。因此,在掌握了各种常用数据结构、能对算法进行时间复杂度和空间复杂度分析后,便可知道在何种情况下使用何种数据结构最方便有效,从而为以后研究和开发大型程序打下坚实基础。由此可见,学好数据结构,对从事计算机技术及相关领域工作的人员来说非常重要。

数据结构主要是研究现实世界中的各种数据(数字、字符、字符串、声音、图形、图像等)的逻辑结构,在计算机中的存储结构以及相关算法实现;分析针对同一问题的各种不同算法的优劣。学生在学习该课程后,将具备用各种数据结构来解决实际问题及评价算法优劣的能力,为后续计算机专业课程的学习打下坚实基础,可以说这门课程起到了一个承上启下的作用。

本书结合编者多年的教学及实践经验,在《数据结构》(C语言版)(2013年1月出版)的基础上,坚持"面向应用,易教易学"原则,做了如下修订:增加了"斐波拉切查找""跳跃表""红黑树""优先队列"等内容,扩大知识点且做到完全涵盖硕士研究生入学考试中数据结构考试大纲所规定的考试内容;增加了"实验指导"内容,方便教师合理安排实验,方便学生了解具体实验内容;将"图"的部分算法进行了合理修正,使之更方便理解和实现;删除了部分过时或不常用的算法内容;对全书的一些印刷错误进行了修正。

本书仍采用常用的C语言作为算法的描述语言,形式上学生更容易理解和接受。全书力求将数据结构理论知识与具体应用实例相结合,有助于加深学生的理解和掌握。本书中所选的例题和习题都具有一定的针对性和代表性。

百密难免一疏,恳请读者提出好的意见和建议。

编　者

2017 年 7 月

目　　录

第1章 绪 论

本章主要知识点

◈ 数据结构的常用术语及其基本概念

◈ 集合、线性结构、树形结构、图形结构的逻辑特点

◈ 抽象数据类型

◈ 算法、算法描述及算法分析

1.1 引言

自1946年计算机诞生以来,计算机以迅猛的速度发展起来。迄今为止,计算机的应用已经不再局限于数值计算,而是全面地深入到了人类社会的各个领域。除了数值计算外,人们更多地利用计算机进行控制、管理及数据处理等非数值计算的数据处理。要利用计算机对诸如字符、表格、图像等具有一定结构的数据进行处理,就要研究数据之间存在的关系,并考虑如何在计算机中有效地组织这些数据,从而有效地对数据进行各种处理。这就是"数据结构"这门课程要讨论的核心内容。

本章主要介绍数据结构中一些常用的术语,并介绍数据结构中常见的几种结构,即集合、线性结构、树形结构和网状结构(或称为图形结构)。同时,对一些基本概念做概括性的叙述,这些基本概念将贯穿课程的整个过程。

1.2 常用术语和基本概念

数据(Data)是人们利用文字符号、数字符号及其他规定的符号对客观现实世界的事物及其活动所做的抽象描述的信息,是计算机程序加工的"原料"。例如,某班甲同学的姓名为"张三",乙同学的姓名为"李四",就是关于班上同学姓名的描述。

表示一个事物的一组数据称为一个数据元素(Data Element),它是数据的基本单位,在计算机中通常作为一个整体来进行考虑和处理。一般情况下,一个数据元素由若干个数据项(Data Item)构成。例如,描述一个学生信息的一个数据元素包含该学生的学号、姓名、性别、年龄、籍贯、通信地址等数据项,如表1.1所示。

表1.1 学生信息表

学 号	姓 名	性 别	年 龄	籍 贯	通 信 地 址
01	张三	男	21	长沙	长沙市韶山路129号
02	李四	男	23	北京	北京市西单235号

学 号	姓 名	性 别	年 龄	籍 贯	通 信 地 址
03	王五	女	22	上海	上海市南京路 19 号
04	赵六	男	24	武汉	武汉市解放路 276 号

数据对象(Data Object)是性质相同的数据元素的集合,是数据的一个子集。例如,描述 N 个学生的有关信息的 N 个数据元素构成了一个数据对象。

数据类型(Data Type)是一组性质相同的值的集合,以及定义在这个集合上的一组操作的总称。例如,高级语言中用到的整数数据类型,是指某个区间(如[$-32768, 32767$])上的整数构成的集合及定义在这个集合上的一组操作(加、减、乘、除、乘方等)的总称。

抽象数据类型(Abstract Data Type)通常是指由用户定义、用于表示实际应用问题的数据模型,一般由基本数据类型或其他已定义的抽象数据类型及定义在该模型上的一组操作组成。在 C 或 C++语言中,一般可用 struct 或直接用"类"来定义抽象数据类型。抽象数据类型的定义取决于它的一组逻辑特性,而与其在计算机内部如何表示和实现无关,即不论其内部结构如何变化,只要它的数学特性不变,都不影响其外部的使用。

在本书中,在具体使用 C 语言描述某种抽象数据类型之前,将采用如下 ADT 格式来定义该抽象数据类型。

```
ADT  抽象数据类型名{
数据对象:<数据对象 D 的定义>
数据关系:<数据关系的集合 R 的定义>
基本操作:<基本操作的集合 P 的定义>
} ADT抽象数据类型名
```

例如,下面是一个关于抽象数据类型"三元组"的 ADT 格式。

```
ADT triplet {
数据对象:
        D={e₁,e₂,e₃|e₁,e₂,e₃∈ElemSet(ElemSet 为某数据元素的集合)}
数据关系:
        R={R₁}
        R₁={〈e₁,e₂〉,〈e₂,e₃〉}
基本操作:
```

(1) InitTriplet(&T,v1,v2,v3)

操作结果:构造三元组 T,分别把参数 v_1、v_2、v_3 的值赋予元素 e_1、e_2、e_3

(2) DestroyTriplet(&T)

操作结果:销毁三元组 T

(3) Get(T,i,&e)

初始条件:三元组 T 存在,$1 \leqslant i \leqslant 3$

操作结果:用 e 返回 T 的第 i 元的值

(4) Put(&T,i,e)

初始条件:三元组 T 存在,$1 \leqslant i \leqslant 3$

操作结果:改变 T 的第 i 元的值为 e

(5) IsAsending(T)

      初始条件:三元组 T 存在

      操作结果:如果 T 的三个元素按升序排列,则返回 1,否则返回 0

(6) IsDsending(T)

      初始条件:三元组 T 存在

      操作结果:如果 T 的三个元素按降序排列,则返回 1,否则返回 0

(7) Max(T,&e)

      初始条件:三元组 T 存在

      操作结果:用 e 返回 T 的三个元素中的最大值

(8) Min(T,&e)

      初始条件:三元组 T 存在

      操作结果:用 e 返回 T 的三个元素中的最小值

    }

    数据结构(Data Structure)是指相互之间存在一种或多种特定关系的数据元素的集合。具体来说,数据结构包含 3 个方面的内容,即数据的逻辑结构、数据的存储结构(也称为物理结构)和对数据所施加的一组操作。

    数据的逻辑结构是数据元素之间本身所固有的独立于计算机的一种结构,这种结构可以用数据元素之间固有的关系的集合来描述。

    数据的存储结构是逻辑结构在计算机存储器中的具体存放方式的体现,是逻辑结构在计算机存储器中的映像。

    操作是指对数据对象进行处理的一组运算或处理的总称。操作的定义直接依赖于逻辑结构,但操作的实现必须依赖于存储结构。

    根据数据元素之间存在关系的不同特性,数据结构通常可以分为如下 4 类基本结构。

    (1)线性结构。其数据元素之间存在一对一的线性关系,即除了第一个元素和最后一个元素外,每个元素都有一个直接前驱和一个直接后继,第一个元素没有前驱,最后一个元素没有后继,其示意图如图 1.1 所示。

图 1.1　线性结构示意图

    (2)树形结构。其数据元素之间存在着一对多的关系。例如,老师 T 指导 3 个硕士研究生 G_1、G_2、G_3,每个研究生 G_i 又分别指导 3 个本科生 S_{i1}、S_{i2}、S_{i3},则数据元素之间呈现树形结构,如图 1.2 所示。

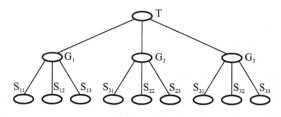

图 1.2　树形结构示意图

(3) 图形结构(或称为网状结构)。其数据元素之间存在多对多的关系,其示意图如图 1.3 所示。

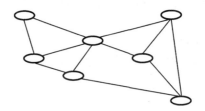

图 1.3　图形结构示意图

(4) 集合结构。集合结构的数据元素之间无任何关系,其示意图如图 1.4 所示。

图 1.4　集合结构示意图

1.3　算法与算法分析

算法(Algorithm)是对特定问题求解步骤的一种描述,是指令的有限序列,其中,每条指令表示一个或多个操作。

算法分析(Algorithm Analysis)是指从"时间"和"空间"两个方面来分析算法效率的过程。

1.3.1　算法的重要特性

算法的特性主要包括以下几个方面。

(1) 输入性:具有零个或若干个输入量,这些输入量取自于某个特定的对象集合。

(2) 输出性:具有一个或多个输出量,且当有一个以上的输入量时,该输出依赖于一组确定的输入量,即某一组确定的输入量有唯一的输出量与之对应。

(3) 有限性:构成算法的指令序列一定是有限序列。

(4) 确定性:算法中的每条指令必须有确切的含义,无二义性。

(5) 可行性:算法中所描述的操作都可以用已有的有限条指令或已实现的有限个基本运算来实现。

1.3.2　算法设计的基本要求

算法设计的基本要求主要包括以下几个方面。

(1) 正确性:算法应满足具体问题的需求,这是算法设计的基本目标。

(2) 可读性:算法的可读性好有助于人们对算法的理解,便于系统设计人员之间的合作与交流,也便于对算法相应的程序进行调试和查错。

（3）健壮性：当输入非法数据时，算法要能做出适当处理，而不至于产生莫名其妙的输出结果。

（4）高时间效率：算法的时间效率是指算法的执行时间效率。对同一问题而言，执行时间越短的算法，其时间效率越高。

（5）高空间效率：算法在执行时一般需要额外的存储空间。对同一问题而言，如果有多个算法可供选择，则存储空间要求较低的算法具有较高的空间效率。

1.3.3　算法的描述方法

算法的描述方法有很多种，本书将采用 C 语言来描述算法。用 C 语言来描述算法要遵循如下规则。

1. 所有算法的描述都使用 C 语言中的函数形式

函数的格式为

```
函数类型  函数名(形参与类型说明)
{  函数语句部分
    return(表达式值);

}
```

2. 函数中形参的两种传值方式

若形参为一般变量，则形参为单向传值参数；若形参前面增加"&"符号，则形参为双向传地址参数。

例如，函数 void swap(&i,&j,k)，其中，i,j 均为双向传地址参数，k 为单向传值参数。

3. 函数的说明部分与函数的实现部分分离

当 C 语言用函数来描述算法时，为使之与面向对象程序设计相匹配，一般将函数的说明部分与函数的实现部分分离开来。

4. 输入函数

C 语言中的输入函数的调用格式为

```
scanf("格式控制字符串",地址列表)
```

其中，格式控制字符串的作用是指定输入格式。地址列表用于列出各变量的地址，地址是由地址运算符"&"与变量名组成的。

5. 输出函数

C 语言中的输出函数的调用格式为

```
printf("格式控制字符串",输出列表)
```

其中，格式控制字符串的作用与 scanf 函数中的类似，输出列表用于列出输出对象。

6. 变量的作用域

在 C 语言中，每个变量都有一个作用域。在函数内部声明的变量，仅在函数内部有效。在整个程序中都有效的变量称为全局变量，否则，称为局部变量。

1.3.4　算法分析

算法分析包含两部分工作，即对算法的时间效率的分析和对算法的空间效率的分析。

时间效率用时间复杂度来度量,空间效率用空间复杂度来度量。

1. 语句频度

执行一个算法所耗费的时间,从理论上说应当与该算法中所有语句的执行总次数成正比。算法中的所有语句的执行总次数称为该算法的语句频度,记为 T(n)。

例 1.1 求下列算法段的语句频度。

```
for(i=1;i<=n;i++)          //(n+1)次
    for(j=1;j<=i;j++)      //(2+3+…+n+1)次
        x=x+1;             //(1+2+3+…+n)次
```

解 该算法采用了二重循环,其外循环的 for 语句执行(n+1)次;外循环的 for 语句每执行一次将使内循环的 for 语句执行(i+1)(i=1,2,3,…,n)次,而 x=x+1 共要执行(1+2+3+…+n)次。所以语句频度为

$$T(n)=(n+1)+(2+3+\cdots+n+n+1)+(1+2+3+\cdots+n)=n+1+n(n+3)/2+n(n+1)/2$$

2. 时间复杂度

在语句频度 T(n)中,n 称为问题的规模,当 n 不断变化时,语句频度 T(n)也随之变化。一般情况下,当 n 不断增大时,我们希望知道 T(n)的变化呈现的规律。为此,我们引入时间复杂度的概念。

设 T(n)的一个辅助函数为 g(n),若有

$$\lim_{n\to\infty}\frac{T(n)}{g(n)}=A$$

其中,A 为一常数,则称 g(n)是 T(n)的同数量级函数。把 T(n)表示成同数量级函数的形式,即 T(n)=O(g(n)),则 O(g(n))称为算法的时间复杂度。时间复杂度描述了 n 无穷大时算法语句频度的数量级。

例如,若有 T(n)=n+n(n+3)/2+n(n+1)/2,则有

$$\lim_{n\to\infty}\frac{T(n)}{n^2}=1$$

所以时间复杂度为 O(n²)。

常见的时间复杂度有 O(1)、O(n)、O(n²)、O(n³),分别称为常量阶、线性阶、平方阶和立方阶。另外,算法的时间复杂度有时还可能呈现为对数阶 O(lb n)或指数阶 O(2ⁿ)的情况。

3. 空间复杂度

算法的空间复杂度作为算法所需存储空间的度量,是指在算法执行过程中需要的辅助空间数量。而辅助空间是指除算法本身和输入/输出所占的空间外,算法在运行过程中临时开辟的存储空间。空间复杂度与时间复杂度的描述方法类似,记为 S(n)=O(f(n))。

空间复杂度的讨论方法与时间复杂度的讨论方法基本类似,在此不再赘述。

小   结

本章以绪论的形式出现,重点介绍如下知识点。

1. 数据结构

相互之间存在一种或多种特定关系的数据元素的集合称为数据结构。数据结构又可细分为逻辑结构和物理结构。

逻辑结构是数据元素间的逻辑关系,与计算机无关,逻辑结构不同会产生不同的数据结构。

物理结构是逻辑结构在计算机中的表示(包括数据元素和关系的表示),同一种逻辑结构可以对应不同的物理结构。

2. 基本的数据结构

线性结构:一对一的关系。

树形结构:一对多的关系。

图形结构:多对多的关系。

集合结构:属于同一集合。

3. 算法

算法的 5 个特征:有限、确定、可行、零个或多个输入、一个或多个输出。

算法分析包括时间复杂度和空间复杂度两部分。其中,时间复杂度是指算法中基本操作的频度,一般与问题规模成数量级关系,时间复杂度与实现算法的软件、硬件无关。

习　题　1

1. 简答题

(1) 什么是数据?什么是数据元素?什么是数据项?什么是数据对象?

(2) 什么是数据结构?

(3) 什么是数据的逻辑结构?什么是物理结构或存储结构?

(4) 数据结构有哪几种基本结构?为每种基本结构举一个日常生活中的实际例子,并予以说明。

(5) 什么是抽象数据类型?它与计算机高级语言中的数据类型有何关系?

(6) 什么是算法?算法分析应包含哪些工作?

(7) 算法有哪些特性?算法设计有什么设计要求?

(8) 下面是几个关于时间复杂度的估值问题。

① 当 n 为正整数时,n 取何值能使 $2^n > n^3$?

② 给出 $5(n^2+6)/(n+6)+5 \lb n$ 的 O 值估计。

③ 试说明 $2^n + n^3$ 的同阶数量级是 $O(2^n)$。

2. 算法设计题

(1) 用 C 语言的函数描述一维数组中的元素逆置的算法,并分析该算法的时间复杂度。

(2) 设计一个算法,将 n 个整型数据元素按升序排列,用 C 语言的函数实现,并分析该算法的时间复杂度。

第2章 线性表

本章主要知识点

❖ 线性表的基本概念
❖ 顺序表的定义及相关算法
❖ 单链表的定义及相关算法
❖ 其他形式的线性表

线性表是最简单、也是最基本的一种线性结构,是线性结构的典型代表。它具有线性结构的"一对一"的特性,可采用顺序存储和链式存储两种方法存储,基本操作包括插入、删除和查找等。

2.1 线性表的逻辑结构

2.1.1 线性表的定义

线性表简称为表,是一种线性结构的表,其特点是数据元素之间存在线性关系,即所有数据元素都是一个接一个顺序排列的。同一线性表中各数据元素的类型必须相同。

实际生活中线性表的例子很多,如人口户籍信息表就是一个线性表,数据元素的类型为由结构体构成的人口户籍类型;字符串也是一个线性表,数据元素的类型为字符型;等等。

线性表是具有相同数据类型的 $n(n \geq 0)$ 个数据元素的有限序列,通常记为

$$L = (a_1, a_2, \cdots, a_{i-1}, a_i, a_{i+1}, \cdots, a_n)$$

其中,L 为表名,n 为表长。当 n=0 时,线性表称为空表。

对于 a_i,当 $i=2, \cdots, n$ 时,有且仅有一个直接前驱 a_{i-1};当 $i=1,2, \cdots, n-1$ 时,有且仅有一个直接后继 a_{i+1}。而 a_1 是表中第一个元素,它没有前驱,a_n 是表中最后一个元素,它没有后继。

线性表的特点:在数据元素的非空有限集中,存在唯一的一个称为"第一个"的数据元素;存在唯一的一个称为"最后一个"的数据元素;除第一个元素外,每个元素都有且仅有一个直接前驱;除最后一个元素外,每个元素都有且仅有一个直接后继。

通常我们将 a_i 的数据类型抽象为 datatype,datatype 可在解决具体问题时再去设定。

2.1.2 线性表的抽象数据类型

抽象数据类型线性表的定义如下。

```
ADT  List {
```

数据对象:

        $D=\{\ a_i\ |\ a_i \in ElemSet, i=1,2,\cdots,n,\quad n\geqslant 0\ \}$

数据关系:

        $R=\{\ <a_{i-1},\ a_i>\ |a_{i-1},\ a_i \in D,\quad i=2,\cdots,n\ \}$

基本操作:

(1) 线性表初始化:Init_List(L)

    初始条件:表 L 不存在

    操作结果:构造一个空的线性表

(2) 求线性表的长度:Length_List(L)

    初始条件:表 L 存在

    操作结果:返回线性表中的所含元素的个数

(3) 取表中元素:Get_List(L,i)

    初始条件:线性表 L 存在且 $1\leqslant i\leqslant$ Length_List(L)

    操作结果:返回线性表 L 中的第 i 个元素的值

(4) 按值查找:Locate_List(L,x),x 是给定的一个数据元素值

    初始条件:线性表 L 存在

    操作结果:在线性表 L 中查找值为 x 的数据元素,其结果返回在 L 中首次出现的值为 x 的那个元素的序号或地址,表示查找成功;否则,在 L 中未找到值为 x 的数据元素,返回一个特殊值表示查找失败

(5) 插入操作:Insert_List(L,i,x)

    初始条件:线性表 L 存在,插入位置正确($1\leqslant i\leqslant n+1$,n 为插入前的表长)

    操作结果:在线性表 L 的第 i 个位置上插入一个值为 x 的新元素,这样使原序号为 i,i+1,$\cdots$,n 的数据元素的序号变为 i+1,i+2,$\cdots$,n+1,插入 x 后表长为原表长+1

(6) 删除操作:Delete_List(L,i)

    初始条件:线性表 L 存在,$1\leqslant i\leqslant n$

    操作结果:在线性表 L 中删除序号为 i 的数据元素,删除后使序号为 i+1,i+2,$\cdots$,n 的元素的序号变为 i,i+1,$\cdots$,n-1,新表长为原表长-1

(7) 求直接前驱操作:PriorElem_List(L, cur, pre)

    初始条件:线性表 L 存在

    操作结果:若 cur 是 L 的元素,但不是第一个元素,则用 pre 返回它的直接前驱,否则操作失败,pre 无定义

(8) 求直接后继操作:NextElem_List(L, cur, next)

    初始条件:线性表 L 存在

    操作结果:若 cur 是 L 的元素,但不是最后一个元素,则用 next 返回它的直接后继,否则操作失败,next 无定义

    }

    抽象数据类型定义的基本操作部分只列出了线性表的一些常用的基本运算,并不是它的全部运算,因为很多其他的运算可以通过调用若干基本运算来实现。该抽象数据定义的线性表 L 仅仅是在逻辑结构层次上的一个抽象线性表,尚未涉及具体存储结构,因此每个操作并不能写出具体的算法,只能提供相关功能,具体算法只有在存储结构确立之后才能实现。

2.2　线性表的顺序存储及实现

2.2.1　顺序表

　　线性表的顺序存储是指在内存中用一段地址连续的存储空间来依次顺序存放线性表中的各元素的存储方式,通常将其称为顺序表。内存的地址空间是一维线性空间,所以把逻辑关系相邻的数据元素存储在物理上的相邻空间是很容易实现的,如图 2.1 所示。

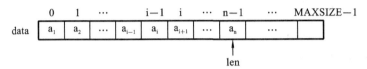

图 2.1　线性表的顺序存储示意图

　　设 a_1 的存储起始地址为 $Loc(a_1)$,每个数据元素占 k 个存储单元,则第 i 个数据元素的起始地址为

$$Loc(a_i) = Loc(a_1) + (i-1) \times k, \quad 1 \leqslant i \leqslant n \tag{2.1}$$

　　若知道顺序表首地址和每个数据元素所占地址的单元长度,就可根据式(2.1)求出第 i 个数据元素的起始地址。因为任意元素的存储地址都是根据公式计算得到的,所以求得任意元素的存储地址的时间均相等,与元素具体存储序号无关。顺序表具有按数据元素的序号随机存取的特点,即顺序表采取随机存取结构。

　　一维数组在内存中占用的存储空间是一组连续的存储区域,可用一维数组来表示顺序表的数据存储区域。线性表有插入、删除等基本运算,其表长经常变化,因此,数组的容量需要设计得足够大,一般用 data[MAXSIZE]来表示,其中 MAXSIZE 可根据实际问题来定义大小。因为 C 语言中数组的下标是从 0 开始的,故线性表中的数据从 data[0]开始依次顺序存放。由于 MAXSIZE 是数组容量的上限,而当前线性表中的实际元素个数一般都未达到 MAXSIZE,故需要用一个变量 len 来记录当前线性表中最后一个元素在数组中的位置,即 len 相当于一个指针,恒指向当前线性表中最后一个元素,所以,当表为空时,len＝－1。data 定义如下。

```
datatype  data[MAXSIZE];
int len;
```

　　该顺序表如图 2.1 所示,数据元素分别存放在 data[0]～data[len]中,表长为 len＋1。一般可将 data 和 len 封装成一个结构体,即

```
typedef  struct
{ datatype  data[MAXSIZE];
   int  len;
}SeqList;
```

　　定义一个顺序表 L,即

```
SeqList   L;
```

其中,表长为 L.len＋1,线性表中数据元素分别存放在 L.data[0]～L.data[L.len]中。

　　在 C 语言中,也可以定义一个指向 SeqList 类型的指针,即

```
SeqList  *L;
```

其中,L 是一个指针变量。线性表的存储空间通过 L＝malloc(sizeof(SeqList))操作来获得。L 中存放的是顺序表的首地址,表长为(∗L).len＋1 或 L->len＋1,线性表的存储区域为 L->data,线性表中数据元素的存储空间为 L->data[0]～L->data[L->len]。

2.2.2　顺序表的基本操作

1. 顺序表初始化

顺序表要先进行初始化,即构造一个空表,这需要将 L 设为指针变量,首先动态分配顺序表存储空间,然后,为了表示表中没有数据元素,将表中 len 指针置为－1(见算法 2.1)。

算法 2.1

```
SeqList *Init_SeqList( )
{   SeqList *L;
    L=malloc(sizeof(SeqList));
    L->len=-1;
    return L;
}
```

2. 插入操作

线性表的插入操作是指在表的第 i 个位置前插入一个值为 e 的新元素的过程,插入新元素后原表长为 n 的表$(a_1,a_2,\cdots,a_{i-1},a_i,a_{i+1},\cdots,a_n)$变为表长为 n＋1 的表$(a_1,a_2,\cdots,a_{i-1},e,a_i,a_{i+1},\cdots,a_n)$。其中,i 的取值范围为 $1\leqslant i\leqslant n+1$。

1) 插入操作需要注意的问题

(1) 顺序表中数据区域分配有 MAXSIZE 个存储单元,做插入操作时需要先检查表空间是否已满,表满的情况下不能再做插入操作,否则会产生溢出错误。

(2) 要检验插入位置的有效性,这里 i 的有效范围是 $1\leqslant i\leqslant n+1$,其中 n 为原表长。

(3) 注意数据的移动方向为向大的下标处移动,如图 2.2 所示。

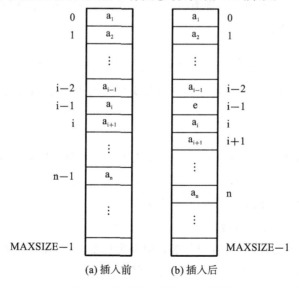

(a) 插入前　　(b) 插入后

图 2.2　顺序表中插入一个元素

算法思路 （1）将 $a_n \sim a_i$ 顺序向后移动一个位置，即 a_n 移动到 a_{n+1} 的位置……a_i 移动到 a_{i+1} 的位置，为待插入的新元素让出位置 i。

（2）将 e 放到空出的第 i 个位置。

（3）修改 len 指针，使之恒指向当前表中最后一个元素（见算法 2.2）。

算法 2.2

```
int  Insert_SeqList(SeqList *L,int i,datatype e)
{    int j;
     if(L->len==MAXSIZE-1)
     {  printf("表满溢出"); return -1; }        /*表空间已满,不能插入*/
     if(i<1||i>L->len+2)                         /*检查插入位置 i 是否有效*/
     {  printf("位置错");return 0; }
     for(j=L->len; j>=i-1; j--)
       L->data[j+1]=L->data[j];                  /*节点往后移动一个位置*/
     L->data[i-1]=e;                             /*插入新元素 e*/
     L->len++;                                   /*len 仍指向最后一个元素*/
     return 1;                                   /*插入操作成功,返回*/
}
```

2）插入操作的时间复杂度

在顺序表上进行插入操作时，其时间主要消耗在插入位置之后的若干数据元素的移动上。要在第 i 个位置上插入 e，则从 $a_i \sim a_n$ 都要向后移动一个位置，共需要移动 $(n-i+1)$ 个元素。设在第 i 个位置上插入元素的概率为 P_i，则平均移动数据元素的次数为

$$E_{in} = \sum_{i=1}^{n+1} P_i(n-i+1)$$

其中，i 的取值范围为 $1 \leq i \leq n+1$，即有 $(n+1)$ 个位置可以插入。一般情况下设为等概率情况，即 $P_i = 1/(n+1)$，则有

$$E_{in} = \sum_{i=1}^{n+1} P_i(n-i+1) = \frac{1}{n+1}\sum_{i=1}^{n+1}(n-i+1) = \frac{n}{2} \tag{2.2}$$

可见在顺序表中插入一个数据元素平均需要移动表中一半的数据元素，其时间复杂度为 $O(n)$。

3. 删除操作

线性表的删除操作是指将表中第 i 个元素从线性表中删除掉的过程，删除第 i 个元素后原表长为 n 的线性表 $(a_1, a_2, \cdots, a_{i-1}, a_i, a_{i+1}, \cdots, a_n)$ 变为表长为 $n-1$ 的线性表 $(a_1, a_2, \cdots, a_{i-1}, a_{i+1}, \cdots, a_n)$。其中，i 的有效取值范围为 $1 \leq i \leq n$。

1）删除操作需要注意的问题

（1）删除第 i 个元素时，要删除的元素必须真实存在，所以需要检查 i 的取值是否有效，i 的有效取值范围为 $1 \leq i \leq n$，否则第 i 个元素不存在。

（2）表空时不能执行删除操作。

（3）注意数据的移动方向为向小的下标处移动，如图 2.3 所示。

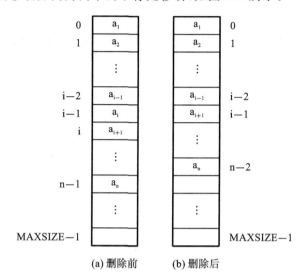

(a) 删除前　　(b) 删除后

图 2.3　顺序表中删除一个元素

算法思路　（1）将 $a_{i+1} \sim a_n$ 顺序向前移动一个位置。

（2）修改 len 指针使之仍指向当前表中最后一个元素（见算法 2.3）。

算法 2.3

```
int Delete_SeqList(SeqList *L, int i)
{  int  j;
   if(L->len == -1)
   {  printf("表空溢出"); return -1; }
   if(i<1 || i>L->len+1)          /*检查空表及删除位置的合法性*/
   {  printf("不存在第 i 个元素"); return 0; }
   for(j=i;j<=L->len;j++)
      L->data[j-1]=L->data[j];    /*向前移动一个位置*/
   L->len--;
   return 1;                      /*删除成功*/
}
```

2）删除操作的时间复杂度

在顺序表上进行删除操作时，其时间也主要消耗在删除位置之后的若干数据元素的移动上，要删除第 i 个元素，其后面的元素 $a_{i+1} \sim a_n$ 都要向前移动一个位置，共移动了（n−i）个元素，所以平均移动数据元素的次数为

$$E_{de} = \sum_{i=1}^{n} P_i(n-i)$$

其中，i 的取值范围为 $1 \leqslant i \leqslant n$，即有 n 个元素可以删除。在等概率情况下，$P_i = 1/n$，则

$$E_{de} = \sum_{i=1}^{n} P_i(n-i) = \frac{1}{n} \sum_{i=1}^{n}(n-i) = \frac{n-1}{2} \tag{2.3}$$

可见在顺序表上删除一个数据元素平均需要移动大约表中一半的元素，故该算法的时

间复杂度为 O(n)。

4. 按值查找

线性表中的按值查找是指在线性表中查找是否存在与给定值 e 相等的数据元素。

1）算法

算法思路　从第一个元素 a_1 起依次与 e 比较，直到找到一个与 e 相等的数据元素为止，返回它在顺序表中的存储下标；若查遍整个表都没有找到与 e 相等的元素，则返回 −1，表示查找失败（见算法 2.4）。

算法 2.4

```
int Locate_SeqList(SeqList *L,datatype e)
{  int i=0;
   while(i<=L->len && L->data[i]!=e)
     i++;
   if(i>L->len)  return -1;   /*查找失败*/
   else    return i;          /*返回存储位置*/
   }
```

2）时间复杂度

算法 2.4 的时间主要耗费在比较操作上，而比较的次数既与 e 在表中的位置有关，也与表长有关。设查找成功的最好情况是当 $a_1 = e$ 时，比较一次成功；最坏情况是当 $a_n = e$ 时，需要比较 n 次才成功；它的平均比较次数为 $(n+1)/2$，故该算法的时间复杂度为 O(n)。

5. 取表中元素

取表中元素是指根据所给序号 i 在线性表中查找相应数据元素的过程。

1）算法

算法思路　首先确认所查找数据元素序号是否合法，若合法，则直接返回对应元素值，否则报错（见算法 2.5）。

算法 2.5

```
int  Get_SeqList(SeqList *L, int i)
{  if(i<1 || i>L->len+1)  /*检查查找位置的合法性*/
   {  printf("不存在第 i 个元素"); return 0; }
   else  return L->data[i-1];
   }
```

2）时间复杂度

顺序表是随机存储结构，具有按数据元素的序号随机存取的特点，所以计算任意元素的存储地址的时间是相等的，与数据元素所在位置无关。算法 2.5 的时间复杂度为 O(1)。

2.3　线性表的链式存储及实现

顺序表的存储特点是逻辑上相邻的元素在物理存储上也相邻，所以必须用连续的存储单元来顺序存储线性表中各元素。正因为如此，对顺序表进行插入、删除等操作时要通过移动数据元素来实现,平均要移动半个表长的元素,因而线性表中数据元素较多就会影响运行效率。线性表还有另一种存储方式——链式存储结构,该结构不要求逻辑上相邻的两个数据元素在物理存储上也相邻,故不需要用地址连续的存储单元来实现物理存储,数据元素之间的逻辑关系通过"链"来建立,因此线性表的插入、删除操作不需要移动数据元素,而是用修改"链"的方法来实现,但也失去了顺序表可随机存取的优点。

2.3.1 单链表

链表是通过一组任意的存储单元来存储线性表中的数据元素的,数据元素之间逻辑上的线性关系怎样才能体现出来呢? 对于每个数据元素 a_i,链表除了存储数据元素自身的值 a_i 之外,还要和 a_i 一起存放其直接后继 a_{i+1} 所在存储单元的起始地址,这样才能把数据元素之间的逻辑关系体现出来,这就是"链"。这两部分信息组成一个"节点",其结构如图 2.4 所示。存储数据元素信息值的域称为数据(data)域,存放其后继地址值的域称为指针域(next)。因此含有 n 个元素的线性表可通过每个节点的指针域的联系形成一个链表。每个节点中只有一个指向后继的指针,所以将其称为单链表。

链表是由若干个节点构成的,定义节点的语句如下。

```
typedef struct node
{  datatype data;
   struct node *next;
}LNode,*LinkList;
```

图 2.4 单链表节点结构

定义头指针变量为

```
LinkList  H;
```

图 2.5 是线性表$(a_1,a_2,a_3,a_4,a_5,a_6,a_7,a_8)$对应的链式存储结构图。

将第一个节点 a_1 的起始地址 170 放到头指针变量 H 中,最后一个节点 a_8 没有后继节点,其指针域置空,表明此表到此结束,这样就可以从第一个节点的起始地址开始,顺着 next 找到线性表的每个节点。

作为线性表的一种存储结构,节点间的逻辑结构相对于每个节点的实际地址更为重要,所以通常的单链表用图 2.6 的形式来表示。

通常用"头指针"来标识一个单链表,如单链表 L、单链表 H 等,如果头指针为"NULL",则表示一个空表。

上面定义中,LNode 是节点的类型,LinkList 是指向 LNode 类型节点的指针类型。通常将标识一个链表的头指针说明为 LinkList 类型的变量,如"LinkList L;",当 L 有定义时,若值为 NULL,则表示一个空表;否则为第一个节点的地址,即链表的头指针。

若将指向某节点的指针变量 q 说明为 LNode 类型,如"LNode *q;",而语句"q=malloc (sizeof(LNode));"则表明完成了申请一块 LNode 类型的存储单元的操作,并将其地址赋值给变量 q,如图 2.7 所示。q 所指节点为 *q,*q 的类型为 LNode 类型,该节点的数据域为 (*q).data 或 q->data,指针域为(*q).next 或 q->next。free(q)则表示释放 q 所指的节点。

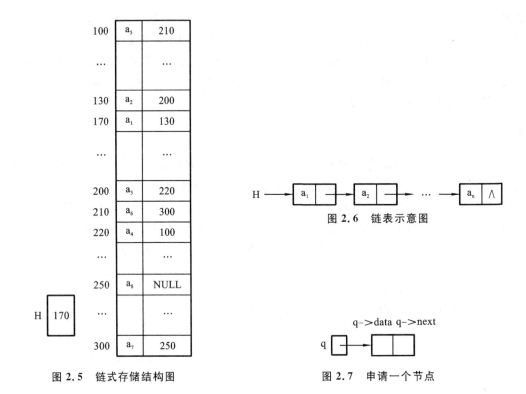

图 2.5　链式存储结构图

图 2.6　链表示意图

图 2.7　申请一个节点

2.3.2　单链表的基本运算

1. 建立单链表

建立单链表可根据线性表元素输入顺序与单链表中节点顺序是否相同分为以下两种方式。

1) 逆序建立单链表

链表是一种动态管理的存储结构,链表中的每个节点占用的存储空间都不需要预先分配,一般是在运行时系统根据需求而实时生成的,因此建立单链表都是从空表开始的,逆序建立单链表时每读入一个数据元素则向系统申请一个节点空间,然后插在链表的头部,这种方法称为头插法。图 2.8 所示的为线性表(35,48,28,67,59)对应的单链表的建立过程,因为是在链表的头部插入,读入数据的顺序和线性表中各数据元素的逻辑顺序是相反的(见算法 2.6)。

算法 2.6

```
LinkList  Creath_LinkList( )
{   LinkList L=NULL;            /*空表*/
    LNode *s;
    int e;                     /*设数据元素的类型为 int*/
    scanf("%d",&e);
    while(e!=flag)             /*flag 为设置的线性表数据元素结束标志*/
    {  s=malloc(sizeof(LNode));
```

```
        s->data=e;
        s->next=L;    L=s;
        scanf("%d",&e);
    }
    return L;
}
```

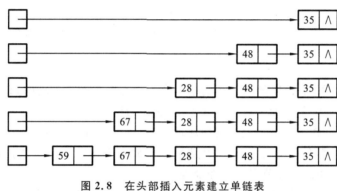

图 2.8　在头部插入元素建立单链表

2）顺序建立单链表

头插法建立单链表虽然简单,但读入数据元素的顺序与单链表中元素的顺序是相反的,有时会觉得不太方便。如果希望两者顺序一致,则可用尾插法。因为每次都需要将新节点插入链表的尾部,而单链表一般都是用头指针来指示的,所以为了找到单链表的尾部,每次都要从头扫描到尾,这需要耗费较多时间。为了节省执行时间,可以设一个指针 r 始终指向单链表中的当前尾部节点,这样便能够将新节点直接插入链表尾部,耗费时间为一个常量。图 2.9 所示的为在单链表的尾部插入节点建立单链表的过程(见算法 2.7)。

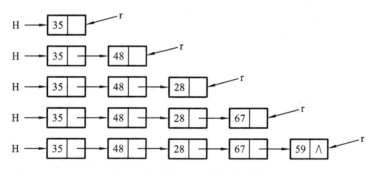

图 2.9　在尾部插入元素建立单链表

算法 2.7

```
LinkList  Creatr_LinkList()
{  LinkList L=NULL;
   LNode *s,*r=NULL;
   int e;              /*设数据元素的类型为 int*/
```

```
scanf("%d",&e);
while(e!=flag)              /* flag 为设置的线性表数据元素结束标志 */
{   s=malloc(sizeof(LNode));
    s->data=e;
    if(L==NULL)   L=s;         /* 插入的节点是第一个节点 */
    else   r->next=s;          /* 插入的节点是其他节点 */
    r=s;                       /* r 恒指向新的尾部节点 */
    scanf("%d",&e);
}
if(r!=NULL)   r->next=NULL;/* 对于非空表,尾部节点的指针域置为空指针 */
return L;
}
```

从算法 2.7 中可以看到,插入链表的第一个节点是做了额外处理的,其处理方式与其他节点不同,因为第一个节点加入时原链表为空,它作为链表的第一个节点是没有直接前驱节点的,所以它的地址就是整个链表的起始地址,该值需要放在链表的头指针变量中;而后面再插入的其他节点都有直接前驱节点,其地址只需放入直接前驱节点的指针域即可。所以在写算法时一定要注意特殊节点的特殊处理。

在链表中插入节点时,将节点插在第一个位置和插入在其他位置时的操作是不同的;而在链表中删除节点时,删除第一个节点和删除其他节点的处理也会有所不同。那么能否将操作统一呢?为了统一操作,可以在链表的头部加入一个特殊节点,即头节点,头节点的类型与数据节点的类型一致,标识链表的头指针变量 L 中存放的是头节点的地址,那么即使是空表,头指针 L 也不为空,其中存放着头节点的地址。可以将头节点看成链表第一个节点的直接前驱,这样,链表的第一个节点也有直接前驱了,因而就无须再对第一个节点进行额外操作了。头节点的加入让"空表"和"非空表"的处理变得一致,操作较为方便。头节点的数据域无定义,指针域中存放的是第一个数据节点的地址。

图 2.10(a)、(b)分别是带头节点的单链表空表和非空表的示意图。

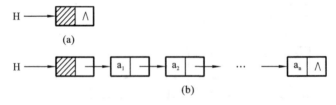

图 2.10   带头节点的单链表

算法 2.6、算法 2.7 耗费的时间与所建立的线性表中的数据元素长度相关,其时间复杂度均为 O(n)。

2. 求表长

算法思路   设一个指针变量 p 和计数器 i,初始化后,如果 p 所指节点后面还有节点,p 向后移动,计数器 i 同时加 1,直至 p 指向表尾。可以从单链表带头节点和不带头节点两个角度出发来设计算法,注意计算线性表的长度时不包括头节点。

1）设 L 是带头节点的单链表（见算法 2.8）

算法 2.8

```
int  Length_LinkList1(LinkList L)
{  LNode  *p=L;              /*p 指向头节点*/
   int i=0;                  /*i 是计数器*/
   while(p->next)
   {  p=p->next; i++;  }     /*p 所指的正是第 i 个节点*/
   return i;
}
```

2）设 L 是不带头节点的单链表（见算法 2.9）

算法 2.9

```
int  Length_LinkList2(LinkList L)
{  LNode  *p=L;
   int i;                    /*i 是计数器*/
   if(p==NULL)  return  0;   /*空表的情况*/
   i=1;                      /*在非空表的情况下,p 所指的是第一个节点*/
   while(p->next)
   {  p=p->next;  i++;  }
   return i;
}
```

从算法 2.8 和算法 2.9 中可以看到,计算节点个数时,不带头节点的单链表如果是空表,则要单独处理;而带头节点的单链表如果是空表,则不用单独处理。所以为了处理方便,在后面编写的算法中若不加额外说明,则都认为单链表是带头节点的。算法 2.8 和算法2.9 耗费的时间明显与所建立的线性表中的数据元素的个数相关,其时间复杂度均为 O(n)。

3. 查找操作

查找操作有以下两种方式。

1）按序号查找

算法思路 从链表的第一个节点起,判断当前节点是否是第 i 个节点,若是,则返回该节点的指针,否则,根据指针域寻找下一个节点,直至表结束为止。若没有找到第 i 个节点,则返回空（见算法 2.10）。

算法 2.10

```
LNode  *Get_LinkList(LinkList L, int i);
/*在单链表 L 中查找第 i 个节点,找到则返回其指针,否则返回空*/
{  LNode  *p=L;
   int  j=0;
   while(p->next!=NULL && j<i)
   {  p=p->next;  j++; }
   if(j==i) return p;
   else  return NULL;
}
```

2）按值查找

算法思路 从链表的第一个节点起,判断当前节点数据域的值是否等于 e,若等于,则返回该节点的指针,否则根据指针域寻找下一个节点,直至表结束为止。若表中没有节点数据域的值等于 e,则返回空(见算法 2.11)。

算法 2.11

```
LNode  *Locate_LinkList(LinkList  L, datatype  e)
/*在单链表 L 中查找值为 e 的节点,找到后返回其指针,否则返回空*/
{ LNode  *p=L->next;
    while(p!=NULL && p->data!=e)
      p=p->next;
    return p;
}
```

从算法 2.10 和算法 2.11 中可以看出,不管是按序号查找还是按值查找,都只能从头节点开始依次顺序往后查找,耗费的时间均与表长相关,所以其时间复杂度均为 O(n)。

4. 插入操作

插入操作可根据插入方式不同分为如下三种。

1）在某节点之后插入节点

设 p 指向单链表中某节点,s 指向待插入的值为 e 的新节点,将 *s 插入 *p 的后面,插入示意图如图 2.11 所示,其语句如下。

```
s->next=p->next;
p->next=s;
```

注意:这两条指令的操作顺序不能交换,否则会使链表断开,无法准确将该节点插入单链表中。

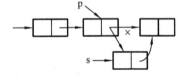

图 2.11 在 *p 之后插入 *s

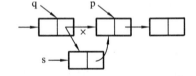

图 2.12 在 *p 之前插入 *s

2）在某节点之前插入节点

设 p 指向单链表中某节点,s 指向待插入的值为 e 的新节点,将 *s 插入 *p 的前面,插入示意图如图 2.12 所示。

要完成此操作,首先要找到 *p 的直接前驱 *q,然后在 *q 之后插入 *s 即可,此处可套用 1)方法的语句。设单链表头指针为 L,其语句如下。

```
q=L;
while(q->next!=p)
  q=q->next;         /*查找 *p 的直接前驱*/
s->next=q->next;
q->next=s;
```

从上述算法可以看出,在某节点之后插入节点的操作中,因为已经知道插入节点的直接前驱节点,所以其插入操作所需的时间是一常量,其时间复杂度为 O(1);在某节点之前插入节点的操作中,因为必须找到某节点的直接前驱,所以最坏情况下需要搜索整个线性表,其时间复杂度为 O(n)。

3) 定位插入

该操作要把数据域值为 e 的节点插入链表中作为第 i 个节点。

算法思路　(1) 寻找第 i 个节点的直接前驱第(i-1)个节点,若存在,则继续第(2)步,否则结束。

(2) 申请新节点,并为其数据域赋值为 e。

(3) 将新节点作为第(i-1)个节点的直接后继插入单链表中,结束(见算法 2.12)。

算法 2.12

```
int  Insert_LinkList(LinkList L, int i, datatype e)
/*在单链表 L 的第 i 个位置上插入值为 e 的元素*/
{ LNode  *p,*s;
  p=Get_LinkList(L,i-1);                 /*查找第(i-1)个节点*/
  if(p==NULL)
  { printf("参数 i 错");  return 0; }  /*第(i-1)个节点不存在,不能插入*/
  else {
        s=malloc(sizeof(LNode));     /*申请节点*/
        s->data=e;
        s->next=p->next;            /*新节点插入在第(i-1)个节点的后面*/
        p->next=s;
        return 1;
      }
}
```

算法 2.12 的时间主要耗费在寻找第(i-1)个节点上,与表长成正比,其时间复杂度为O(n)。

5. 删除操作

1) 删除指针指向单链表中的节点

设 p 指向单链表中的某节点,现要删除 *p。操作示意图如图 2.13 所示。由图 2.13 可见,要实现对节点 *p 的删除,首先要找到 *p 的直接前驱节点 *q,然后将其指向后继的指针做修改即可。

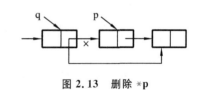

图 2.13　删除 *p

指针的修改由下列语句实现:

```
q->next=p->next;
free(p);
```

寻找 *p 直接前驱的时间复杂度根据前面的查找算法可知为 O(n)。

如果想要删除的是 *p 的直接后继节点(假设存在),则可以通过下列语句直接完成:

```
s=p->next;
```

```
        p->next=s->next;
        free(s);
```

该操作的时间复杂度为 O(1)。

2) 删除单链表 L 的第 i 个节点

算法思路　(1) 寻找第(i－1)个节点,若存在,则继续第(2)步,否则结束。

(2) 若存在第 i 个节点,则继续第(3)步,否则结束。

(3) 删除第 i 个节点,结束(见算法 2.13)。

算法 2.13

```
    int  Del_LinkList(LinkList  L,int i)    /*删除单链表 L 上的第 i 个节点*/
    {  LinkList  p,s;
       p=Get_LinkList(L,i-1);                      /*查找第(i-1)个节点*/
       if(p==NULL)
       {  printf("第(i-1)个节点不存在");  return -1; }
       else {  if(p->next==NULL)
               {  printf("第 i 个节点不存在");  return 0; }
               else
               {  s=p->next;                 /*s 指向第 i 个节点*/
                  p->next=s->next;           /*从链表中删除 s*/
                  free(s);                   /*释放*s*/
                  return 1;
               }
            }
    }
```

算法 2.13 的时间主要耗费在寻找第(i－1)个节点上,其时间复杂度为 O(n)。

由上述针对单链表的基本操作可看出:

(1) 若想在单链表上插入、删除一个节点,必须知道其直接前驱节点。

(2) 单链表不具有顺序表的按序号随机访问的特点,只能从头节点开始顺着指针域一个个顺序访问,该存取结构称为顺序存取结构。

(3) 单链表的典型特点是逻辑上相邻,物理上可以不相邻。

2.4　顺序表和链表的比较

线性表有两种存储结构:顺序存储结构和链式存储结构,它们各有优、缺点。

2.4.1　顺序存储结构的优、缺点

1. 顺序存储结构的优点

顺序存储结构的优点主要包括以下几点。

(1) 方法简单,各种高级语言中都有数组,容易实现。

(2) 逻辑上相邻,物理上也相邻,所以不需要指针来体现数据元素间的逻辑关系,不会

增加额外的存储开销。

（3）顺序表具有按序号随机访问的特点，采取直接存取结构，若提供序号访问数据元素，则其算法简洁、快速、易读、易懂。

2. 顺序存储结构的缺点

顺序存储结构的缺点主要包括以下几方面。

（1）等概率情况下做插入和删除操作时，需要平均移动大约表中一半的元素，所以如果 n 较大，则做插入和删除操作的效率较低。

（2）一般采用数组来定义顺序表，而数组是一种静态分配结构，不是执行时按需分配空间，所以为了操作方便，一般都会预先分配足够大的存储空间，但如果预先分配过大，则可能导致顺序表后部空间大量闲置，造成空间浪费；如果预先分配过小，则又会因空间不足造成溢出。

（3）由于数组需要占用连续的存储空间，所以一些累积数量虽然超过所需存储空间，但不连续的零散空间并不能得到利用，造成"碎片"现象，从而导致整个内存空间利用率下降。

链式存储结构的优、缺点恰好与顺序存储结构的相反，两者明显互补。那么在实际中存储线性表时怎样选取存储结构呢？

2.4.2　存储结构的选取

1. 从存储空间的角度出发

顺序表的存储空间是静态分配的，在程序执行之前必须明确规定它的存储规模：过大，造成浪费；过小，造成溢出。所以如果对线性表的长度或存储规模难以估计，则不宜采用顺序表；而链表不用事先估计存储规模，执行过程中需要时才临时申请，可以称为"按需分配"，所申请到的空间将"物尽其用"。但要注意一点的就是，链表的存储密度较低，存储密度是指一个节点中数据元素所占的存储单元和整个节点所占的存储单元之比。因为链表节点含指针域，所以链式存储结构的存储密度小于 1。如果从实际使用的有效空间角度来看，顺序表的存储空间利用率高于链表的。

2. 从时间的角度出发

在顺序表中，按序号访问 a_i 采用随机存取方式，地址可由公式直接计算出来，其时间复杂度为 $O(1)$；在链表中，按序号访问 a_i 采用顺序存取方式，必须从表头开始逐一往后查找，其时间复杂度为 $O(n)$。如果经常是按序号访问数据元素，那么，显然顺序表的效率优于链表的。在顺序表中做插入、删除操作时，平均需移动表中一半的元素，所以当数据元素的信息量较大且元素个数较多时，比较费时；而在链表中做插入、删除操作时，虽然也需要查找插入位置，但该操作主要是比较操作，并不需要移动大量元素，所以从这个角度来考虑时间操作效率的话，显然链表优于顺序表。

综上所述，线性表的顺序存储和链式存储各有优、缺点，所以不能单方面说哪种存储结构更好，存储结构的选择必须从实际问题出发，并就各方面优、缺点加以综合平衡考虑决定。若线性表需要频繁查找却很少进行插入和删除操作，或其操作与元素在表中的位置密切相关，则宜采用顺序存储；若线性表需要频繁插入和删除操作，则宜采用链式存储。若线性表中元素个数变化较大或未知，则最好使用链表实现；若用户事先知道线性表的大致长度，则使用顺序表的空间效率会更高。

2.5 线性表的其他表示形式

2.5.1 单循环链表

如果将单链表的形式稍作改变,使其最后一个节点的指针域不再为空指针,而是改成指向头节点,这样一来使得链表头、尾节点相连,就构成了单循环链表,如图 2.14 所示。

在单循环链表上的操作基本上与非循环单链表的相同,原来的算法基本可以沿用,只需要将原来寻找表尾时判断指针是否为 NULL 改为判断指针是否指向头节点即可。

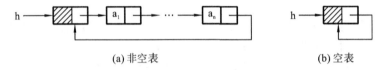

(a) 非空表　　　　　　　　　(b) 空表

图 2.14　带头节点的单循环链表

既然两者算法没有太大区别,那么有了单链表,为什么还要设计单循环链表呢? 因为上述修改并不会增加额外的存储开销,却给不少操作提供了方便。例如,想要遍历整个单链表,如果是单链表这种形式,就只能从头节点开始才能遍历整个链表;而如果是单循环链表这种形式,则可以从表中任一节点开始都能遍历整个链表,非常灵活。

若对单循环链表常做的操作是在表尾、表头进行的,则这个时候可以尝试改变一下链表的标识方法,即不用头指针 h 而用一个指向尾节点的指针 r 来标识循环链表,这可以使操作效率提高。

例如,对两个单循环链表 L_1、L_2 进行连接操作,即将 L_2 的第一个数据元素节点连接到 L_1 的尾节点之后。若两个单循环链表均通过头指针 h_1、h_2 指示其头节点来标识,则需要先从头节点开始依次搜索整个链表来找到单循环链表 L_1 的尾节点,再完成相关连接,其时间复杂度为 O(n)。两个单循环链表若均通过尾指针 r_1、r_2 指示其表尾节点来标识,则时间性能可优化为 O(1)。具体语句如下。

```
q=r1->next;               /*保存 L1 的头节点指针*/
r1->next=r2->next->next;  /*L1 与 L2 尾头连接*/
free(r2->next);           /*释放 L2 表的头节点*/
r2->next=q;               /*组成循环链表*/
```

连接过程如图 2.15 所示。

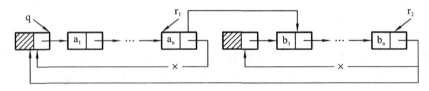

图 2.15　两尾指针标识的单循环链表的连接

2.5.2　双向链表

单链表的节点中只有一个指向其直接后继节点的指针域（next），若指向某节点的指针为 q，其直接后继节点的指针则为 q->next，故寻找直接后继节点的时间复杂度为 O(1)。若要查找其直接前驱，则因为无指针直接指向，只能从该链表的头指针开始，顺着各节点的 next 依次向后进行查找某个节点的 next 正好指向 q，故查找直接前驱节点的时间复杂度为 O(n)。若希望查找直接前驱节点的时间复杂度也为 O(1)，则需要为每个节点再增加一个指向直接前驱的指针域（prior）。节点结构如图 2.16 所示，由这种节点组成的链表称为双向链表。

定义双向链表节点的语句如下。

```
typedef struct  dunode
{ datatype data;
    struct dunode *prior,*next;
}DulNode,*DulLinkList;
```

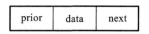

图 2.16　节点结构

与单链表类似，双向链表增加头节点同样能使双向链表的某些操作变得方便，将头节点和尾节点连接起来同样也可以做成循环结构，图 2.17 是带头节点的双向循环链表示意图。若指针 q 指向某节点，既可以通过指针 q->next 找到它的直接后继节点，也可以通过指针 q->prior 找到它的直接前驱节点。这样在执行查找直接前驱或直接后继的操作时都很省时，不需要使用循环。

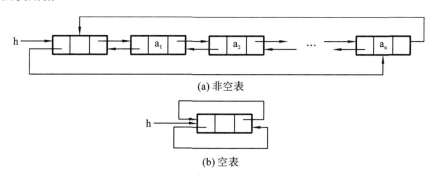

(a) 非空表

(b) 空表

图 2.17　带头节点的双向循环链表示意图

设 q 指向双向循环链表中的某一节点，则 q->prior->next 本身与 q->next->prior 表示的都是 q，即 q->prior->next＝q＝q->next->prior。

设 q 指向双向链表中的某节点，s 指向待插入的值为 e 的新节点，将 *s 插入 *q 的前面，插入示意图如图 2.18 所示。具体语句如下。

① s->prior=q->prior;

② q->prior->next=s;

③ s->next=q;

④ q->prior=s;

上述四条指针操作的顺序并不是唯一的，但也不是任意的，其前提就是要保证链表不能断掉,所以操作①必须要放到操作④的前面完成,否则 *q 的直接前驱节点的指针就丢掉了,这样就会造成原链表中的部分节点丢失,而不能正确完成插入操作。

设 q 指向双向链表中的某节点,删除 *q,操作示意图如图 2.19 所示。

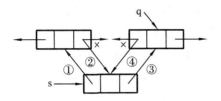

图 2.18　在双向链表中插入节点

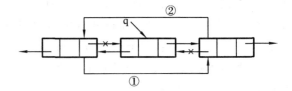

图 2.19　在双向链表中删除节点

删除语句如下。

① q->prior->next=q->next;

② q->next->prior=q->prior;

③ free(q);

此处,①和②的顺序可以交换。

2.5.3　静态链表

有时也可以用一维数组来描述线性链表,数组属于静态存储结构,所以在这种方式下描述的链表称为静态链表。在图 2.20 中,一维数组 S[MAXSIZE]中有两个链表:其中链表 SL 是一个带头节点的单链表,表示线性表(a_1,a_2,a_3,a_4,a_5),而另一个单链表 SX 是空闲链表,即由当前 S 中的空闲节点组成的链表。

定义数组 S 的语句如下。

```
#define  MAXSIZE  1000
typedef  struct
{ datatype  data;
  int       next;
}SNode;        /*节点类型*/
SNode S[MAXSIZE];
  int SL,SX;   /*两个头指针变量*/
```

静态链表的节点中也有数据(data)域和指针域(next),与单链表中的节点组成类似,但与前面所讲的单链表不同的是,这里的指针域(next)记录的是逻辑上相邻的下一个数据元素的相对地址(此结构中即为数组的下标),称为静态指针,空指针用-1 表示,因为 C 语言中定义的数组没有下标为-1 的单元。

在图 2.20 中,SL 头指针代表的是用户的线性表,SX 头指针指向的是由空闲节点组成的链表,所以当用户需要节点时,需要自己向 SX 空闲链表申请,而不能用系统函数 malloc( )来申请,相关的语句如下。

		data	next
SL=0	0		2
	1	a_2	4
	2	a_1	1
	3	a_5	-1
	4	a_3	5
	5	a_4	3
SX=6	6		7
	7		8
	8		9
	9		10
	10		11
	11		-1

图 2.20　静态链表

```
if(SX!=-1)
{   t=SX;
    SX=S[SX].next;
}
```

从上述语句可以看出,所分配到的节点地址(下标)存入 t 中;当 SX 为非空时,取下第一个节点给用户,SX 指针移到了下一个节点位置。当用户不再需要某个节点时,也可以通过该节点的相对地址 t 将它回收给 SX,而不能调用系统的 free( )函数。相关语句如下。

```
    S[t].next=SX;
    SX=t;
```

根据上述语句回收给 SX 的节点连接在了 SX 的头部。

静态链表用数组来存储线性表元素,但在进行插入和删除操作时,并不需要像顺序表那样移动大量数据元素,而是通过修改指针域(next)的值来完成插入和删除操作,这又类似于链表的操作方式,所以它实际是一个顺序表和链表的结合体,但没有解决静态存储结构的连续存储分配所带来的表长无法确定的问题,故可能会产生溢出问题。

2.6　单链表应用举例

2.6.1　单链表倒置

给一单链表,将其倒置,即实现如图 2.21 所示的操作。

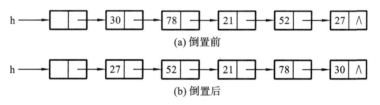

(a) 倒置前

(b) 倒置后

图 2.21　单链表的倒置

算法思路　依次取出原链表中的每个节点,每次都将其作为第一个节点插入新链表中。由于采用的是头插法,插入顺序与取节点的顺序正好相反,所以可以完成倒置操作(见算法 2.14)。

算法 2.14

```
void  reverseList(Linklist h)
{ LNode  *p;
    p=h->next;                  /*p 指向第一个数据元素节点*/
    h->next=NULL;               /*将原链表置为空表 h*/
    while(p)
    { q=p;   p=p->next;
      q->next=h->next;          /*将当前节点插到头节点的后面*/
      h->next=q;
    }
}
```

该算法通过对链表中所有元素顺序扫描一遍的同时也完成倒置操作,所以该算法的时间复杂度为 O(n)。

2.6.2 重复节点的删除

单链表中数据域值相同的节点称为重复节点。该算法可将单链表中重复节点予以删除,如图 2.22 所示。

算法思路 用指针 p 指向第一个数据节点,从它的直接后继节点开始直到链表的结束,找到与其值相同的节点并删除;p 指向下一个节点,重复上述操作,依此类推;当 p 指向表尾节点时算法结束(见算法 2.15)。

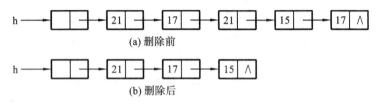

图 2.22 删除重复节点

算法 2.15

```c
int del_LinkList(LinkList h)
{ LNode *p,*q,*r;
  p=h->next;                    /*p指向第一个节点*/
  if(p==NULL) return 0;
  while(p->next)
  { q=p;
    while(q->next)              /*从p的后继开始查找重复节点*/
    { if(q->next->data==p->data)
      { r=q->next;       /*r指向重复节点*/
        q->next=r->next;
        free(r);          /*删除r*/
      }
      else q=q->next;
    }
    p=p->next;                  /*p指向下一个节点*/
  }
  return 1;
}
```

为了删除所有重复节点,表中的每个节点元素均要将链表中所有节点扫描一遍,故该算法的时间复杂度为 O(n^2)。

2.6.3 单链表的合并

两个或多个单链表通过算法可以将它们合并成一个链表。

以两个单链表 A、B 为例,两表中元素均为递增有序,现将 A、B 归并成一个按元素值非递增(允许有相同值)有序的单链表 C,要求用 A、B 中的原节点形成单链表 C,不需要重新申请节点。

算法思路 利用 A、B 递增有序的特点,依次取出当前节点进行比较,将当前值较小者取下,插入 C 的头部。由于采用的是头插法,最先找到的最小值节点将会在 C 的尾部,依此类推,所以得到的 C 为非递增有序的单链表(见算法 2.16)。

算法 2.16

```
LinkList  merge(LinkList A,LinkList B)   /*A、B均为带头节点的单链表*/
{  LinkList C;   LNode *p,*q, *r;
   p=A->next; q=B->next;
   C=A;                         /*C的头节点*/
   C->next=NULL;
   free(B);                     /*释放B的头节点*/
   while(p&&q)
   {  if(p->data<q->data)
      {  r=p;p=p->next;}
      else
      {  r=q;q=q->next;}        /*从原A、B上取下较小值节点*/
       r->next=C->next;         /*插入C的头部*/
       C->next=r;
   }
   if(p==NULL) p=q;
   while(p)                     /*将剩余的节点一个个取下,插入C的头部*/
   {  r=p; p=p->next;
      r->next=C->next;
      C->next=r;
   }
}
```

因为该合并算法需要将两个待合并单链表的每个元素依次扫描一次,故该算法的时间复杂度由两个待合并单链表的元素个数来决定,即为 $O(m+n)$。

如果想将递增有序的单链表 A、B 合并成非递减的单链表 C,采用尾插法即可实现。

2.6.4 一元多项式的表示及相加

多项式 1:$PA=9+5x+11x^8+7x^{17}$

多项式 2:$PB=8x+14x^7-11x^8$

两者之和:$PC=9+13x+14x^7+7x^{17}$

在数学上,一个一元 n 次多项式 $P_n(x)$ 可以表示为 $P_n(x)=p_0+p_1x+p_2x^2+\cdots+p_nx^n$。该多项式由 n+1 个系数唯一确定。在计算机里,可以用一个线性表 P 来表示,即 $P=(p_0, p_1,p_2,\cdots,p_n)$,每项的指数 i 隐含在其系数 p_i 的序号里。

同样,一个一元 m 次多项式 $Q_m(x)$ 可以表示为 $Q=(q_0,q_1,q_2,\cdots,q_m)$,设 $m<n$,则 $p_n(x)$、$Q_m(x)$ 两个多项式相加的结果 $R_n(x)$ 可用线性表 R 表示为

$$R=(p_0+q_0,p_1+q_1,\cdots,p_m+q_m,p_{m+1},\cdots,p_n)$$

若 P、Q 和 R 采用顺序表存储且只存储系数,则当多项式的最高次数为 n 时,需要 $(n+1)$ 个存储空间。这种存储结构可以使多项式相加的算法十分简单。但是当多项式的次数很高且变化很大时,多项式中将存在大量 0 系数,该表示方式会浪费大量存储空间。

例如,形如 $S(x)=3+8x^7+5x^{104}$ 的多项式,线性表中只有 3 个非 0 元素,但却需要 105 个连续的存储单元,其中存储了大量的 0 元素,浪费了大量的存储空间。

为了有效而合理地利用存储空间,对于系数为 0 的所有项全都不存储,只存储非 0 项的系数及其相应的指数。多项式中的每项都由系数和指数来确定,非 0 项的指数并不一定连续,所以当把每个非 0 项作为线性表中的一个元素时,该项的系数和指数均要记录,节点结构设计语句如下。

```
typedef  struct Lnode {
    float  coef;    /*系数*/
    int  exp;       /*指数*/
    struct  Lnode  *next;
} Lnode, *LinkList;
```

算法思路　设 PA 和 PB 分别为两个参与运算的多项式的头指针,PC 为结果链表头指针,指针 ha 和 hb 分别指向多项式 PA 和 PB 中当前进行比较的节点。比较两个节点的指数项,进行如下操作。

(1)指针 ha 所指节点的指数值小于指针 hb 所指节点的指数值,将 ha 所指节点插入 PC 链尾,指针 ha 后移一个节点。

(2)指针 ha 所指节点的指数值等于指针 hb 所指节点的指数值,将 ha 和 hb 两个节点的系数相加,若系数之和为零,则删除两节点;若系数之和不为零,则将两者系数之和赋值给 ha 所指节点且插入 PC 链尾,删除 hb 所指节点。

(3)指针 ha 所指节点的指数值大于指针 hb 所指节点的指数值,将 hb 所指节点插入 PC 链尾,指针 hb 后移一个节点。

若 PA 和 PB 中有一个链表先行比较完毕,那么另一个未比较完的链表的余下部分可直接连接到 PC 链表的尾部(见算法 2.17)。

算法 2.17

```
void  Add(Lnode *PA, Lnode *PB, Lnode *PC)
{
    Lnode *ha,*hb, *temp;
    int sum;
    ha=PA->next;
    hb=PB->next;
    PC=PA;
    while(ha!=NULL&&hb!=NULL)
    {
```

```
        if(ha->exp<hb->exp)
        {   PC->next=ha;
            PC=PC->next;
            ha=ha->next;
        }
        else if(ha->exp==hb->exp)
        {   sum=ha->coef+hb->coef;
            if(sum!=0)   /*如果系数和不为零*/
            {   ha->coef=sum;
                PC->next=ha; PC=PC->next; ha=ha->next;
                temp=hb; hb=hb->next; free(temp);
            }
            else   /*如果系数和为零,则删除节点 ha 与 hb,并将两指针分别指向下一个节点*/
            {   temp=ha; ha=ha->next; free(temp);
                temp=hb; hb=hb->next; free(temp);
            }
        }
        else   /* ha->exp>hb->exp */
        {   PC->next=hb;
            PC=PC->next;
            hb=hb->next;
        }
    }
    if(ha!=NULL)   /*将多项式 PA 中剩余的节点连接到 PC 中*/
        PC->next=ha;
    else           /*将多项式 PB 中剩余的节点连接到 PC 中*/
        PC->next=hb;
    PC=PA;
    free(PB);
}
```

设两个多项式的项数分别为 m 和 n,算法 2.17 的时间复杂度为 O(m+n)。

小　　结

线性结构:最基本的数据结构。本章介绍了线性结构的代表线性表。

线性表:n≥0 个类型相同的数据元素 $a_1, a_2, \cdots, a_n$ 的有限序列。

线性表的顺序存储及运算:在计算机中用一组地址连续的存储单元依次存储线性表的各个数据元素,称为线性表的顺序存储结构。其特点是逻辑关系上相邻,物理关系上也相邻。

线性表的链式存储及运算:用一组任意的存储单元(可以是不连续的)存储线性表的数据元素。表中每个数据元素都由存放数据元素值的数据域和存放直接前驱或直接后继节点的地址(指针)的指针域组成。其特点是逻辑关系上相邻,物理关系上不一定相邻。

单循环链表:将单链表的最后一个节点指针指向链表的头节点,整个链表形成一个环,从表中任一节点出发都可找到表中其他节点。

双向链表及其插入和删除:在双向链表中,每个节点除了数据域外,还包含两个指针域,一个指针域(next 域)指向该节点的直接后继节点,另一个指针域(prior 域)指向该节点的直接前驱节点。

习　题　2

1. 填空题

(1) 在顺序表中,等概率情况下,插入和删除一个元素平均要移动_____个元素,具体移动元素的个数与_____和_____有关。

(2) 顺序表中第一个元素的存储地址是 120,每个元素的长度为 4,则第 7 个元素的存储地址是_____。

(3) 设单链表中指针 p 指向节点 B,若要删除 B 的直接后继节点(假设 B 存在直接后继节点),则要修改指针的操作为_____。

(4) 单链表中设置头节点的作用是_____。

(5) 一个具有 n 个节点的单链表,在指针 p 所指节点后插入一个新节点的时间复杂度为_____;在给定值为 e 的节点后插入一个新节点的时间复杂度为_____。

(6) 在双向循环链表的每个节点中包含_____个指针域,其中 next 指向它的_____,prior 指向它的_____,而头节点的 prior 指向_____,尾节点的 next 指向_____。

(7) 当线性表的元素总数基本稳定,且很少进行插入、删除操作,但要求以最快的速度存取线性表中的元素时,应采用_____存储结构。

2. 选择题

(1) 顺序存储结构的优点是(　　)。

A. 存储密度大　　　　　　　　B. 方便进行删除操作

C. 方便进行插入操作　　　　　D. 方便用于各逻辑结构的存储表示

(2) 线性表采用链式存储时,其地址(　　)。

A. 必须是连续的　　　　　　　B. 一定是不连续的

C. 部分地址必须是连续的　　　D. 连续与否均可以

(3) 双向循环链表的主要优点是(　　)。

A. 不再需要头指针了

B. 从表中任一节点出发都能扫描到整个链表

C. 已知某个节点的位置后,能够容易找到它的直接前驱

D. 在进行插入、删除操作时,能更好地保证链表不断开

(4) 链表不具有的特点是(　　)。

A. 可随机访问任意元素　　　　　B. 进行插入、删除操作不需要移动元素

C. 不必事先估计存储空间　　　　　　D. 所需空间与线性表长度成正比

(5) 在具有 n 个节点的有序单链表中插入一个新节点并仍然有序的时间复杂度为
(　　)。

A. O(1)　　　　　　B. O(n)　　　　　　C. O(n²)　　　　　　D. O(nlb n)

(6) 在一个单链表中,已知 p 所指节点是 q 所指节点的直接前驱,若在 p 和 q 之间插入
s 所指节点,则执行操作为(　　)。

A. s->next=q->next;q->next=s;　　　　B. p->next=s;s->next=q;

C. q->next=s->next;s->next=q;　　　　D. q->next=s;s->next=p;

(7) 对于顺序存储的线性表,访问某个元素和增加一个元素的时间复杂度分别为
(　　)。

A. O(n),O(n)　　　B. O(1),O(n)　　　C. O(n),O(1)　　　D. O(1),O(1)

(8) 非空的单循环链表 L 的尾节点 r 满足(　　)。

A. r->next=NULL　　　　　　　　　B. r->next=L

C. r=NULL　　　　　　　　　　　　D. r=L

(9) 下面关于线性表的叙述错误的是(　　)。

A. 线性表采用顺序存储,必须占用一片地址连续的单元

B. 线性表采用顺序存储,便于进行插入、删除操作

C. 线性表采用链式存储,不必占用一片地址连续的单元

D. 线性表采用链式存储,便于进行插入、删除操作

(10) 一个顺序表第一个元素的存储地址是 90,每个元素的长度为 2,则第 6 个元素的
地址是(　　)。

A. 98　　　　　　　B. 100　　　　　　C. 102　　　　　　D. 106

3. 简答题

(1) 试述顺序存储结构和链式存储结构的特点,并比较顺序存储结构和链式存储结构
的优、缺点。

(2) 试述带头节点的单链表和不带头节点的单链表的区别。

4. 算法设计题

(1) 已知数组 A[n]中的元素为整型的,设计算法将其调整为左右两部分,左边所有元
素为奇数,右边所有元素为偶数,并要求算法的时间复杂度为 O(n)。

(2) 试分别以顺序表和单链表作为存储结构,各写一个实现线性表就地逆置的算法。

(3) 已知一个单链表中的数据元素含有三类字符:字母、数字和其他字符。试编写算
法,构造三个单循环链表,使每个单循环链表中只含同一类字符。

(4) 设单链表中各节点的值以非递减有序排列,设计算法实现在单链表中删去值相同
的多余节点。

(5) 已知单链表中各节点的元素值为整型且递增有序,设计算法删除链表中所有大于
mink 且小于 maxk 的所有元素,并释放被删除节点的存储空间。

第3章 栈和队列

本章主要知识点

❖ 栈的结构及相关操作

❖ 队列的结构及相关操作

❖ 栈与队列的应用

栈和队列是常用的两种数据结构,并广泛应用于各种软件系统中。它们的逻辑结构和第2章介绍的线性表的相同,不一样的地方在于某些操作在执行时受到了限制:栈按"后进先出"的规则进行入栈与出栈操作,队列按"先进先出"的规则进行入队与出队操作,所以两者均称为操作受限的线性表。

3.1 栈

3.1.1 栈的定义及基本操作

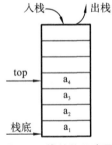

图 3.1 栈结构示意图

栈(Stack)是限定仅在表的一端进行插入、删除的线性表。允许插入、删除的一端称为栈顶,另一端称为栈底。没有元素的栈称为空栈。如图 3.1 所示,栈中有 4 个元素,插入元素(称为进栈)的顺序是 a_1、a_2、a_3、a_4,需要删除元素(称为出栈)的顺序为 a_4、a_3、a_2、a_1,即最后进栈的元素最先出栈,所以栈又称为后进先出的线性表(Last In First Out),简称 LIFO 表,或称为先进后出的线性表(First In Last Out),简称 FILO 表。

定义栈的抽象数据类型的语句如下。

```
ADT  Stack {
数据对象:
        D={ a_i | a_i∈ElemSet,i=1,2,…,n,  n≥0 }
数据关系:
        R={ <a_{i-1}, a_i> |a_{i-1}, a_i∈D,  i=2,…,n}   /*a_1端约定为栈底,a_n端约定为栈顶*
/
基本操作:
(1) 栈初始化:Init_Stack(s)
    初始条件:栈 s 不存在
    操作结果:构造一个空栈
(2) 判栈空:Empty_Stack(s)
    初始条件:栈 s 已存在
```

操作结果:若 s 为空栈,则返回为 1,否则返回为 0

(3) 入栈：Push_Stack(s,x)

初始条件:栈 s 已存在

操作结果:在栈 s 的顶部插入一个新元素 x,x 成为新的栈顶元素,栈发生变化

(4) 出栈:Pop_Stack(s)

初始条件:栈 s 存在且非空

操作结果:删除栈 s 的栈顶元素并返回该值,栈中少了一个元素,栈发生变化

(5) 读栈顶元素:GetTop_Stack(s)

初始条件:栈 s 存在且非空

操作结果:栈顶元素作为结果返回,栈不发生变化

(6) 清空栈:Destroy_Stack(s)

初始条件:栈 s 已存在

操作结果:释放栈 s 所占用的存储空间,将栈 s 清为空栈

}

3.1.2 栈的顺序存储

1. 顺序栈的定义

利用顺序存储方式实现的栈称为顺序栈。栈中的数据元素可用一个预设的足够长度的一维数组来实现:datatype data[MAXSSIZE],栈底位置一般设置在数组的低端处,在整个进栈和出栈的过程中不改变,而栈顶位置将随着数据元素进栈和出栈而变化,为了指明当前栈顶在数组中的位置,一般用 top 作为栈顶指针,顺序栈的结构类型描述语句如下。

```
#define MAXSSIZE  100
typedef   struct
{  datatype  data[MAXSSIZE];
    int   top;
}SeqStack;
```

定义一个指向顺序栈的指针,即

```
SeqStack  *s;
```

通常将数组中 0 下标端设为栈底,当栈为空栈时,栈顶指针 top=-1;当入栈时,栈顶指针加 1,即 s->top++;当出栈时,栈顶指针减 1,即 s->top--。栈操作的示意图如图 3.2 所示。

图 3.2(a)为空栈,top=-1;图 3.2(c)是 A、B、C、D、E、F 6 个元素依次入栈之后的情况,top=5;图 3.2(d)是在图 3.2(c)中 F、E、D 相继出栈以后的情况,top=2,此时栈中还有 3 个元素 A、B、C,虽然元素 D、E、F 仍然在原先的单元存储,但 top 指针已经指向新的栈顶;top 指的位置就是栈顶的位置,所以此时元素 D、E、F 已不在栈中了;图 3.2(e)为所有元素出栈后的情况,栈重新为空栈。

2. 基本操作

在上述存储结构中,顺序栈的基本操作的算法见算法 3.1～算法 3.5。

1) 置空栈

算法思路 (1)向系统申请建立栈空间。

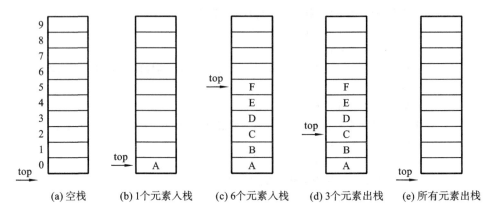

图 3.2　栈顶指针 top 与栈中数据元素的关系

（2）初始化栈顶指针 top，置空栈标志 top＝－1。

算法 3.1

```
SeqStack  *Init_SStack()
{ SeqStack  *s;
  s=malloc(sizeof(SeqStack));
  if(s)s->top=-1;  /*空栈标志*/
  return s;
}
```

2）判断空栈

算法 3.2

```
int Empty_SStack(SeqStack *s)  /*判断 top 值是否与空栈标志相等*/
{ if(s->top==-1)  return 1;
  else  return 0;
}
```

3）入栈

算法思路　（1）判断当前栈空间是否已满，若已满，则返回 0，未满则转第（2）步。

（2）栈顶指针 top＋＋。

（3）将元素赋值到 top 所指位置作为新的栈顶元素，成功返回值 1。

算法 3.3

```
int Push_SStack(SeqStack *s, datatype e)
{ if(s->top==MAXSSIZE-1)  return 0;  /*栈满不能入栈*/
  else { s->top++;
         s->data[s->top]=e;
         return 1;
       }
}
```

4）出栈

算法思路　（1）判断当前栈空间是否为空，若为空，则返回值 0，不空则转第（2）步。

（2）将 top 所指位置元素值取出。

（3）栈顶指针 top－－指向新的栈顶元素,成功返回值 1。

算法 3.4

```
int   Pop_SStack(SeqStack *s, datatype *e)
{ if(Empty_SStack(s))   return 0; /*栈空不能出栈 */
   else  {   *e=s->data[s->top];      /*栈顶元素存入*e,返回*/
                s->top--;
                return 1;
            }
}
```

5）取栈顶元素

算法 3.5

```
datatype  GetTop_SStack(SeqStack *s)
{ if(Empty_SStack(s))   return 0;  /*栈空则不能取栈顶元素*/
   else return(s->data[s->top]);
}
```

上述算法需要注意以下几点。

（1）置空栈需要向系统申请空间后再设置空栈标志,而判断空栈则无须申请空间直接判断空栈标志是否成立。

（2）对于顺序栈,入栈时,需要先判断栈是否满,栈满的条件为 s->top＝＝MAXSSIZE－1,当栈满时,无空间,不能入栈;否则出现空间溢出,引起错误,这种现象称为上溢出。

（3）出栈和读栈顶元素操作,先判断栈是否为空,为空时不能操作,否则产生错误。

（4）出栈时修改栈顶指针位置,栈顶元素位置会改变;而读栈顶元素操作则只需返回当前栈顶元素值,并不改变栈顶指针位置,栈顶元素位置不会改变。

3. 两栈共享空间

因为顺序栈具有单向延伸的特性,所以在一个程序中如果同时使用了具有相同数据类型的两个栈,则可以考虑使用一个数组来存储这两个栈,其中栈 1 的栈底设在该数组的始端,栈 2 的栈底设在该数组的尾端,两个栈都从各自的端点向数组中部延伸,只有在两个栈的栈顶在数组空间的某一位置相遇时才会产生"上溢"。栈 1 在进行入栈操作时栈顶指针 top_1＋＋,在进行出栈操作时 top_1－－;栈 2 在进行入栈操作时栈顶指针 top_2－－,在进行出栈操作时 top_2＋＋。一般这样设置只有在两个栈对空间需求是一种互补的关系（一个栈增长时另一个栈正好缩短）时,才会有较好的效果。

3.1.3 栈的链式存储

栈也可以用链式存储结构来实现,称为链栈。一般链栈用单链表表示,其节点结构与单链表中的节点结构相同,其定义语句如下。

```
typedef struct node
{ datatype data;
   struct node *next;
```

```
} StackNode,*LinkStack;
```

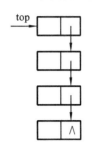

说明 top 为栈顶指针,即

```
LinkStack  top;
```

栈中的主要运算是在栈顶进行插入、删除操作。如果将链表的头部作为栈顶将是最方便的,可以节省搜索栈顶的时间,出栈、入栈操作的时间复杂度都为 O(1),因而没有必要像单链表那样,为了操作方便附加一个头节点。通常将链栈表示成图 3.3 的形式。链栈基本操作的算法见算法 3.6~算法 3.10。

图 3.3　链栈示意图

1) 置空栈

算法 3.6

```
LinkStack  Init_LinkStack()
{  return  NULL;
}
```

2) 判断空栈

算法 3.7

```
int  Empty_LinkStack(LinkStack  top)
{  if(top==NULL) return 1;
   else  return  0;
}
```

3) 入栈

算法 3.8

```
LinkStack  Push_LinkStack(LinkStack  top, datatype e)
{  StackNode  *s;
   s=malloc(sizeof(StackNode)); /*为入栈元素申请空间*/
   s->data=e;
   s->next=top;
   top=s;                       /*插入链栈的最前面作为栈顶*/
   return top;
}
```

4) 出栈

算法 3.9

```
LinkStack  Pop_LinkStack(LinkStack  top, datatype  *e)
{  StackNode  *p;
   if(top==NULL) return NULL;   /*判断栈是否为空栈*/
   else {  *e=top->data;
           p=top;
           top=top->next;
           free(p);
           return  top;
   }
```

　　}
　　5）取栈顶元素
算法 3.10

```
datatype  GetTop_LinkStack(LinkStack  top)
{  if(top==NULL) return  NULL;
   else return  top->data;
}
```

上述算法需注意如下两点。

（1）在链栈中，元素入栈之前无须判断栈空间是否已满，因为初始化时并未向系统预申请存储空间，而是根据需要临时向系统申请，所以，除非系统没有空间，否则该操作均能成功。

（2）在链栈中，出栈和取栈顶元素前仍要先判断栈是否为空，若栈为空，则不能操作，否则产生错误。

3.1.4　顺序栈和链栈的比较

顺序栈和链栈是栈的两种不同存储方式，两者在时间复杂度和空间复杂度上均会有一些不同。

1. 时间复杂度比较

因为两种结构的栈都遵循"后进先出"的特点，所以都只在栈顶进行基本操作，故两者相关基本操作算法时间复杂度均为常量 O(1)。

2. 空间复杂度比较

顺序栈初始化时必须确定所需存储空间的大小，过小就可能会出现"溢出"，过大就可能会出现空间浪费等问题。

链栈无须预先确定所需存储空间的大小，而是根据需要临时向系统申请，一般情况下也无须考虑栈满，但每个元素都需要一个指针域，存在一定的结构性开销。

3.2　队列

3.2.1　队列的定义及基本操作

栈是一种后进先出的数据结构，而在处理实际问题时还经常使用另一种具有"先进先出"（First In First Out，FIFO）特点的数据结构，即插入操作在表的一端进行，删除操作在表的另一端进行，具有这种特点的数据结构称为队或队列，允许插入的一端称为队尾（Rear），允许删除的一端称为队头（Front）。图 3.4 所示的是一个有 7 个元素的队列。入队的顺序依次为 a_1、a_2、a_3、a_4、a_5、a_6、a_7，出队时的顺序依次为 a_1、a_2、a_3、a_4、a_5、a_6、a_7。

队列明显也是一种操作受限的线性表，所以又称为先进先出表。

在日常生活中队列的例子很多，如排队买票，排在前面的人可以先买票先离开，后面新来的人只能排在队尾。

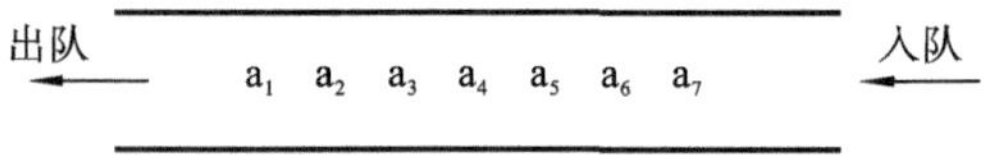

图 3.4　队列操作示意图

队列的抽象数据类型定义的语句如下。

```
ADT  Queue {
数据对象：
        D={ aᵢ | aᵢ∈ElemSet,i=1,2,…,n,  n≥0 }
数据关系：
        R={ <aᵢ₋₁, aᵢ> |aᵢ₋₁, aᵢ∈D,  i=2,…,n }  /*a₁端约定为队头,aₙ端约定为队尾*/
基本操作：
(1) 队列初始化:Init_Que(q)
        初始条件:队列 q 不存在
        操作结果:构造了一个空队
(2) 入队操作:In_Que(q,x)
        初始条件:队列 q 存在
        操作结果:对存在的队列 q,插入一个元素 x 到队尾,队列发生变化,队长增加 1
(3) 出队操作:Out_Que(q,x)
        初始条件:队列 q 存在且非空
        操作结果:删除队头元素,并返回其值,队列发生变化,队长减少 1
(4) 读队头元素:Front_Que(q,x)
        初始条件:队列 q 存在且非空
        操作结果:读队头元素,并返回其值,队列不发生变化
(5) 判队空操作:Empty_Que(q)
        初始条件:队列 q 存在
        操作结果:若 q 为空队列,则返回值为 1;否则,返回值为 0
(6) 求队长操作:Len_Que(q)
        初始条件:队列 q 存在
        操作结果:若 q 为空队列,则返回值为 0;否则,返回值为队列中元素的个数
}
```

3.2.2　队列的顺序存储及基本操作

采用顺序结构存储的队列称为顺序队。队列是在队头和队尾进行相关操作的,它们的位置都有可能发生变化,因此,为了操作方便,除了队列的数据区外,还设置了队头、队尾两个指针。

顺序队的定义语句如下。

```
define  MAXQSIZE  100          /*队列的最大容量*/
typedef  struct
{ datatype  data[MAXQSIZE];    /*队列元素的存储空间*/
  int  front, rear;            /*队头、队尾指针*/
}SeqQue;
```

定义指向队列的指针变量，即

```
SeqQue  *sq;
```

申请顺序队的存储空间，即

```
sq=malloc(sizeof(SeqQue));
```

队列的数据区为 sq->data[0]，…，sq->data[MAXQSIZE－1]，队头指针为 sq->front；队尾指针为 sq->rear。

一般情况下，可设队头指针指向队头元素前面一个位置，即队头指针位置加 1 才是真正的队头元素，队尾指针指向队尾元素。这样设计是为了方便进行某些操作，当然也可以根据需要设置成其他形式，那么算法也会有相应的变化。

因为数组下标最小为 0，所以置空队操作指令为"sq->front＝sq->rear＝－1;"。

在不考虑溢出的情况下，入队操作步骤为：①队尾指针 rear 加 1，指向新位置；②元素入队。

具体语句如下。

```
sq->rear++;

sq->data[sq->rear]=a;
```

在不考虑队列空的情况下，出队操作步骤为队头指针 front 加 1，表明队头元素出队。

具体语句如下。

```
sq->front++;

a=sq->data[sq->front];   /*原队头元素送 a 中*/
```

因为设队头指针 front 指向队头元素前面一个位置，所以真正的队头元素应该是 sq->data[sq->front＋1]中的元素。

队列中元素的个数计算方法为 n＝(sq->rear)－(sq->front)；当队列满时，n＝MAXQSIZE；当队列为空时，n＝0。

图 3.5 是顺序队各种操作示意图。从图 3.5 可以看到，不管是入队操作还是出队操作，整个队列会在这些操作中整体向数组中下标较大的位置方向移动，因为从上述相关操作可以看到，都会执行"＋＋"操作。于是就出现了图 3.5(d)的现象：此时队尾指针 rear 已经移到了所分配空间的最后一个位置，此时，如果再有元素入队，rear 就会超出该队列的上界，出现"溢出"，元素不能再插入队尾，但此时队列中是否真的"满员"了呢？可以看到，所分配的存储空间的低下标段均为空闲区，并没有元素存储，这种现象称为假溢出。出现假溢出现象主要是因为队列本身受到了"队尾入，队头出"这种操作的限制。

如何解决"假溢出"的问题，使存储空间得到有效利用呢？试想如果能够允许队列直接从数组的下标最大处直接延续到下标最小处，那么就可以有效地利用低下标段的空间，从而有效地解决假溢出现象。这样设计需要将队列的数据区 data[0…MAXQSIZE－1]看成头尾相接的循环结构，头、尾指针 front、rear 的指示特性不变，这种结构称为循环队列，循环队列的示意图如图 3.6 所示。

线性表的顺序空间又如何变换成头尾相接的循环结构呢？空间的线性物理特性是无法去改变的，只能通过软件的方法来改变，即用"％"(取余)操作来实现。

入队时的队尾指针加 1 操作修改为

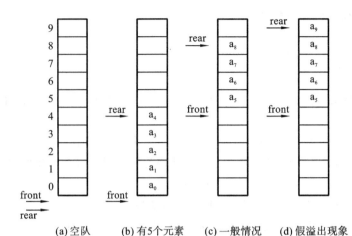

(a) 空队　　(b) 有5个元素　　(c) 一般情况　　(d) 假溢出现象

图 3.5　顺序队操作示意图

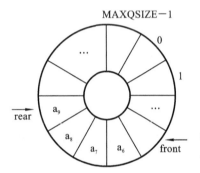

图 3.6　循环队列示意图

```
sq->rear=(sq->rear+1)%MAXQSIZE;
```
出队时的队头指针加 1 操作修改为
```
sq->front=(sq->front+1)%MAXQSIZE;
```

设 MAXQSIZE＝10，图 3.7 是循环队列操作示意图。

从图 3.7 所示的循环队列可以看出，图 3.7(a)的队列有 a_5、a_6、a_7、a_8 共 4 个元素，此时 front＝4，rear＝8；随着 $a_9 \sim a_{14}$ 相继入队，队中有了 10 个元素，队列已满，此时 front＝4，rear＝4，如图 3.7(b)所示，可见在队满情况下有 front＝rear。若在图 3.7(a)情况下，$a_5 \sim a_8$ 相继出队，此时队空，front＝8，rear＝8，如图 3.7(c)所示，那么在队空情况下也有 front＝rear。所以这种模式下"队满"和"队空"的判断条件是相同的，这在算法设计中是不允许的，因为在操作中会产生歧义，一旦出现 front＝rear 的情况，将无法准确判断到底是"队空"还是"队满"，

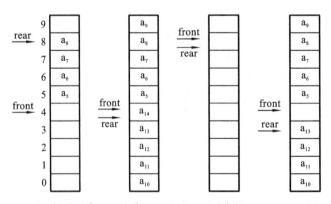

(a) 有4个元素　(b) 队满，front=rear　(c) 队空　(d) (rear＋1)%MAXQSIZE==front

图 3.7　循环队列操作示意图

从而对某些操作产生负面影响。

为了解决上述问题,可考虑三种解决方案。

方案一是少用一个元素空间,即把图 3.7(d)所示的情况就视为队满,此时的状态是队尾指针加 1 就等于队头指针,于是队满的判定条件为(rear+1)%MAXQSIZE==front,与空队列的判定条件 front=rear 可以区别开。

方案二是附设一个实时存储队中元素个数的变量,如 num,当 num==0 时,队列为空队,当 num==MAXQSIZE 时,队列为队满。

方案三是附设一个标志 flag,当 front=rear 且 flag=0 时,队列为队空;当 front=rear 且 flag=1 时,队列为队满。

下面分别给出针对前两种处理方案的循环队列及操作的算法实现,有兴趣的同学可课后自行实现方案三的相关算法。

1. 方案一:类型定义及对应算法

循环队列的类型定义语句如下。

```
typedef  struct
{
    datatype data[MAXQSIZE];        /*数据的存储区*/
    int front, rear;                /*队头、队尾指针*/
}c_SeqQue;                          /*循环队列*/
```

基本操作的相关算法见算法 3.11~算法 3.14。

1) 置空队

算法 3.11

```
c_SeqQue *Init_SeqQue()
{  q=malloc(sizeof(c_SeqQue));
   q->front=q->rear=0;
   return q;
}
```

2) 入队

算法 3.12

```
int  In_SeqQue(c_SeqQue *q, datatype  e)
{  if((q->rear+1)%MAXQSIZE==q->front)
   {  printf("队满");
      return -1;   /*队满不能入队*/
   }
   else
   {  q->rear=(q->rear+1)%MAXQSIZE;
      q->data[q->rear]=e;
      return 1;      /*入队完成*/
   }
}
```

3) 出队

算法 3. 13

```
int  Out_SeqQue(c_SeqQue *q, datatype  *e)
{  if(q->front==q->rear)
   {  printf("队空");
      return -1;                    /*队空不能出队*/
   }
   else
   {  q->front=(q->front+1)%MAXQSIZE;
      *e=q->data[q->front];  /*读出队头元素*/
      return 1;                     /*出队完成*/
   }
}
```

4) 判断队空

算法 3. 14

```
int  Empty_SeqQue(c_SeqQue  *q)
{  if(q->front==q->rear)  return 1;
   else  return 0;
}
```

2. 方案二:类型定义及对应算法

循环队列的类型定义语句如下。

```
typedef  struct
{  datatype data[MAXQSIZE];   /*数据的存储区*/
   int front,rear;            /*队头队尾指针*/
   int num;                   /*队中元素的个数*/
}c_SeqQue;                    /*循环队列*/
```

基本操作的相关算法见算法 3.15~算法 3.18。

1) 置空队

算法 3. 15

```
c_SeqQue *Init_SeqQue()
{  q=malloc(sizeof(c_SeqQue));
   q->front=q->rear=-1;
   q->num=0;
   return q;
}
```

2) 入队

算法 3. 16

```
int  In_SeqQue(c_SeqQue *q, datatype e)
{  if(q->num==MAXQSIZE)
   {  printf("队满");
```

```
            return -1;  /*队满不能入队*/
        }
        else
        { q->rear=(q->rear+1)%MAXQSIZE;
            q->data[q->rear]=e;
            q->num++;
            return 1;    /*入队完成*/
        }
    }
```

3）出队

算法 3.17

```
    int  Out_SeqQue(c_SeqQue *q, datatype  *e)
    { if(q->num==0)
        { printf("队空");
            return -1;  /*队空不能出队*/
        }
        else
        { q->front=(q->front+1)%MAXQSIZE;
            *e=q->data[q->front];  /*读出队头元素*/
            q->num--;
            return 1;    /*出队完成*/
        }
    }
```

4）判断队空

算法 3.18

```
    int  Empty_SeqQue(c_SeqQue  *q)
    { if(q->num==0)  return 1;
        else return 0;
    }
```

3.2.3　队列的链式存储及基本操作

队列的链式存储结构称为链队。与链栈类似，一般用单链表结构来实现链队。根据队列的"先进先出"原则，在进行删除操作时常用到队头，在进行插入操作时常用到队尾，所以为了操作上的方便，需要为该单链表分别设置一个头指针和尾指针，其结构如图 3.8 所示。其中头指针 front 指示的是表头节点，不是队头节点，而尾指针 rear 指示的是队尾节点。

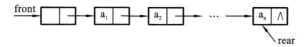

图 3.8　链队示意图

链队的结构描述的语句如下。

```
typedef struct node
{ datatype  data;
   struct  node *next;
}QNode;          /*链队节点的类型*/
typedef struct
{ QNode  *front,*rear;
}LQueue;       /*将队头、队尾指针封装在一起*/
```

定义一个指向链队的指针,即

```
LQueue  *q;
```

按这种思想建立的带头节点的链队,如图 3.9 所示。

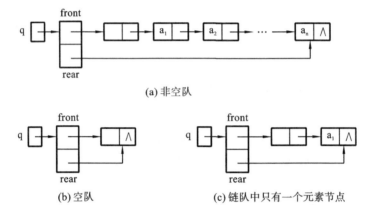

(a) 非空队

(b) 空队   (c) 链队中只有一个元素节点

图 3.9　头尾指针封装在一起的链队

链队的基本操作的算法见算法 3.19~算法 3.22。

1) 创建一个带头节点的空队列

算法 3.19

```
LQueue  *Init_LQue()
{ LQueue  *q;
  QNode*p;
  q=malloc(sizeof(LQueue));   /*申请队头、队尾指针节点*/
  p=malloc(sizeof(QNode));     /*申请链队头节点*/
  p->next=NULL;  q->front=q->rear=p;
  return q;
}
```

2) 入队

算法 3.20

```
void In_LQue(LQueue  *q, datatype  e)
{ QNode *p;
  p=malloc(sizeof(QNode));  /*申请新节点*/
  p->data=e;  p->next=NULL;
  q->rear->next=p;
```

```
    q->rear=p;                          /*队尾指针恒指向当前队尾元素*/
  }
```

3) 判断队空

算法 3.21

```
    int  Empty_LQue(LQueue  *q)
    {  if(q->front==q->rear)  return 0;
       else  return 1;
    }
```

4) 出队

算法 3.22

```
    int Out_LQue(LQueue *q, datatype  *e)
    {  QNode *p;
       if(Empty_LQue(q))
       {  printf("队空"); return 0;
       }                                  /*队空,出队失败*/
       else
       {  p=q->front->next;
          q->front->next=p->next;
          *e=p->data;                     /*队头元素放 e 中*/
          free(p);
          if(q->front->next==NULL)    /*当原队列只有一个元素时*/
             q->rear=q->front;             /*该元素出队后队列为空,注意修改队尾指针*/
          return 1;
       }
    }
```

循环队列和链队的性能与栈的类似,同学们可自行参考理解,此处不再赘述。

3.3 栈的应用举例

如果实际问题有"后进先出"的特点,那么可以考虑利用栈做辅助的数据结构来进行求解。

3.3.1 栈与递归

栈的一个重要应用是在程序设计语言中通过栈这种结构来实现递归过程。现实中,当某个问题面对不同的数据规模时,其解决方案类同,这时就可以考虑采用递归定义来实现。所谓递归定义就是在定义时又用到了概念本身,有时用递归方法可以使许多问题的处理大大简化。

递归函数的调用与多层嵌套函数的调用比较类似,区别仅在于递归函数的调用函数和被调用函数是同一个函数而已。在每次调用时将产生一个"断点",系统将属于各个递归层次"断点"的信息组成一个个活动记录(Activation Record),这个记录中包含本层调用的实参、返回地址、局部变量等信息。在执行递归函数时,一般都要遵循"后调用,先返回"的原则。为了保证递归函数能正确执行,系统会设立一个"递归工作栈",并将这些活动记录保存在系统的"递归工作栈"中,每递归调用一次,就要在栈顶为其建立一个新的活动记录,一旦本次调用结束,就将当前栈顶活动记录出栈,根据获得的返回地址信息返回到本次的调用处(断点)继续执行后续程序。

递归中最为经典的问题就是汉诺塔问题,它来自一个古老的传说。在世界刚被创建的时候,有一座宝塔(塔 A),塔 A 上有 64 个碟子,所有碟子按从大到小的次序依次从塔底堆放至塔顶,旁边还有另外两座宝塔(塔 B 和塔 C)。从世界创始之日起,婆罗门的牧师就一直试图把塔 A 上的碟子借助塔 B 的帮助移动到塔 C 上。移动规则为每次只能移动一个碟子,并且任何时候都不能把一个碟子放在比它小的碟子上面。那么当牧师完成任务时,世界末日也就到了。

三座宝塔可看成三个栈,移动一个碟子相当于从一个栈弹出并压入另一个栈,而移动方法都是一样的,所以该程序可设计成一个递归过程。以塔 A 上有三个碟子为例,将其全部移动到塔 C 上的过程如图 3.10 所示。

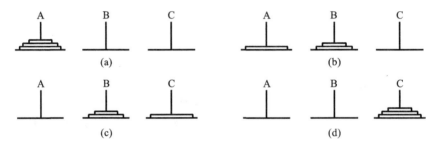

图 3.10 汉诺塔问题求解示意图

从图 3.10 可以看出,对于汉诺塔问题的求解,可以通过以下三个步骤实现:①将塔 A 上的(n-1)个碟子借助塔 C 先移到塔 B 上;②将塔 A 上剩下的一个碟子移到塔 C 上;③将(n-1)个碟子从塔 B 借助塔 A 移到塔 C 上。具体算法见算法 3.23。

算法 3.23

```
void Hanoi(int n, int A, int B, int C)
{
    if(n==1)
        Move(1,A,C);
    else if(n> 1)
    {
        Hanoi(n-1,A,C,B);
        Move(n,A,C);
        Hanoi(n-1,B,A,C);
    }
}
```

递归的方法还可以扩展到求 n 的阶乘(n!)。n! 的定义为

$$n! = \begin{cases} 1, & n=0 \quad /*递归终止条件*/ \\ n\times(n-1)!, & n>0 \quad /*递归步骤*/ \end{cases}$$

根据定义可以写出相应的递归函数的语句,即

```
int fac(int n)
{ if(n==0)  return 1;
   else return(n*fac(n-1));
}
```

递归函数要求有一个终止递归的条件,如汉诺塔算法中的 n=1 和 n! 中的 n=0 为终止递归的条件。

求阶乘算法见算法 3.24。

算法 3.24

```
main()
{ int m,n=3;
   m=fac(n);
   printf("%d!=%d\n",n,m);
}
int fac(int n)
{ int  f;
   if(n==0)  f=1;
   else f=n*fac(n-1);
   return f;
}
```

设主函数中 n=3,算法 3.24 的执行过程如图 3.11 所示。

图 3.11 fac(3)的执行过程

3.3.2 栈与数制转换

十进制数 N 可以转换为 r 进制的数,其转换可利用辗转相除法实现。以 N=3456,r=8 为例,其转换方法如下:

N	N/8(整除)	N%8(求余)	
			低
3456	432	0	
432	54	0	
54	6	6	
6	0	6	高

所以,$(3456)_{10}=(6600)_8$。这就是常说的"除基取余"的方法。由辗转相除法的运算过程可以看到,所转换的八进制数是按低位到高位的顺序来产生的,而通常数据输出都是从高位到

低位,这正好与计算过程相反,具有"后进先出"的特性,所以可以将转换过程中得到的每位八进制数都按序进栈保存,转换完毕后再依次出栈就能得到所要的转换结果。入栈过程如图 3.12 所示。

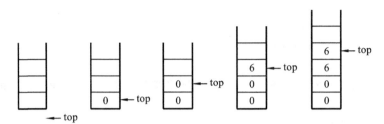

图 3.12 余数入栈示意图

算法思路 N>0,执行如下步骤。

(1) 若 N≠0,则将 N%r 压入栈 s 中,执行第(2)步;若 N=0,将栈 s 的内容依次出栈,算法结束。

(2) 用 N/r 代替 N。

具体算法见算法 3.25。

算法 3.25

```
#define L  20
void conversion(int N,int r)
{  int  s[L],top;          /*定义一个顺序栈*/
   int  x;
   top=-1;                 /*初始化栈*/
   while(N)
   {  s[++top]=N%r;        /*余数入栈 */
      N=N/r;               /*商作为被除数继续除*/
   }
   while(top!=-1)
   {  x=s[top--];
      printf("%d",x);
   }
}
```

算法 3.25 直接用整型数组 s 和整型变量 top 作为一个栈来使用。当应用程序中需要保存一个相反顺序的数据时,就要考虑栈。通常用顺序栈较多,因为执行入栈和出栈操作时调整栈顶指针的位置很便利。

3.3.3 栈与迷宫问题

迷宫问题是实验心理学中的一个经典问题,心理学家把一只老鼠从入口处赶进迷宫。迷宫中设置了很多阻隔,对老鼠前进方向形成了阻碍,心理学家在迷宫的唯一出口处放置了一块奶酪,吸引老鼠在迷宫中寻找通路以到达出口。那么怎样才能找到这条通路呢?

因为迷宫中设置了很多阻隔,所以在求解的过程中可能会多次碰壁,每次碰壁时都需要退回到未碰壁时再寻找下一条路,所以可以考虑使用回溯法求解。回溯法是一种不断试探且及时纠正错误的搜索方法。可以从入口出发,按某一方向向前探索,若能走通(未走过的),则到达新点,否则试探下一方向;若该点所有的方向均没有通路,则沿原路返回到前一点,换下一个方向再继续试探,直到探索到所有可能的通路,或找到一条通路,或无路可走又退回到入口点。

在求解过程中,为了保证在到达某一点后不能向前继续行走,能正确退回到前一点以便继续选择另一个方向再向前试探,需要用栈保存所能够到达的每个点的下标及从该点前进的方向。为什么需要用到栈呢?这是因为我们要退回到的当前点的前一点正是刚刚才被访问过的,具有"后进先出"的特性。

设计算法时用何种数据结构表示迷宫呢?

设迷宫为 m 行 n 列的二维数组 migong[m][n],其中每个数据元素 migong[i][j]=0 或 1,0 表示有通路,1 表示不通。当从某点向前试探时,如果该点是迷宫中部的某点,那么该点有 8 个方向可以试探,而位于 4 个角上的点则只有 3 个方向可以试探,其他在边线上的边缘点则有 5 个方向可以试探,所以当找到一个点时,需要考虑它属于上述哪种情况,比较麻烦。如果都能看成是迷宫中部某点的话,就可以使问题简单化。为了达到该目的,可以用 migong[m+2][n+2] 来表示迷宫,如图 3.13 所示。图 3.13 中双框内的部分为迷宫,而迷宫的四周的值全部为 1(不通)。这样设计,可将迷宫中所有点都演变成迷宫中部的某点,可以保证无论哪个点的试探方向都是 8 个,所以无须再判断当前点的试探方向有几个,同时与迷宫周围是墙壁这一实际问题相一致。

图 3.13 所示的迷宫是一个 6×8 的迷宫。

入口坐标为(1,1),出口坐标为(6,8)。

	0	1	2	3	4	5	6	7	8	9
0	1	1	1	1	1	1	1	1	1	1
1	1	0	1	1	1	0	1	1	1	1
2	1	1	0	1	0	1	1	1	1	1
3	1	0	1	0	0	0	1	0	1	1
4	1	0	1	0	0	0	1	0	1	1
5	1	1	0	0	1	1	0	1	0	1
6	1	0	1	1	0	0	0	0	0	1
7	1	1	1	1	1	1	1	1	1	1

图 3.13 用 migong[m+2][n+2] 表示的迷宫

定义迷宫的语句如下。

```
#define  m  6  /*迷宫的实际行 */
#define  n  8  /*迷宫的实际列 */
int migong[m+2][n+2];
```

迷宫设计好了,在前行的过程中如何来表示试探方向呢?

在用上述数据结构表示迷宫的情况下,每个点都有 8 个方向可以进行试探,如当前点的坐标(a,b),那么与其相邻的 8 个点的坐标都可由该点的相邻方位而得到,如图 3.14 所示。

因为出口在(6,8),因此试探顺序规定为:从当前位置向前试探的方向为从正东方向沿

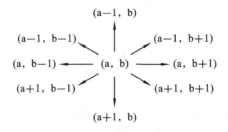

图 3.14 与点(a,b)相邻的 8 个点及其坐标

顺时针方向进行。为了方便求出新点的坐标,可以设计一个增量数组 direc[8],将从正东方向开始沿顺时针进行的这 8 个方向的坐标增量依次放在其中,在增量数组 direc[8]中,每个元素包含有两个域,其中 a 表示横坐标增量,b 表示纵坐标增量。增量数组 direc[8]如图 3.15所示。

定义增量数组 direc[8]的语句如下。

```
typedef  struct
{  int a,b;
} item;
item direc[8];
```

这样对 direc 的设计会很方便地计算出从某点(a,b)按某一方向 v(0≤v≤7)到达的新点(i,j)的坐标,其语句如下。

```
i=a+direc[v].a;   j=b+direc[v].b;
```

前面提到算法中需要用到栈,那么如何设计压入栈中的数据元素呢?

当到达了某点而检测出无路可走时需要退回到前一点,然后再从前一点开始向下一个方向继续试探。因此,仅将顺序到达的各点的坐标值压入栈中是远远不够的,一同压入的应该还要包括从前一点到达本点的方向。对于图 3.13 所示的迷宫,依次入栈数据如图 3.16所示。

	a	b
0	0	1
1	1	1
2	1	0
3	1	−1
4	0	−1
5	−1	−1
6	−1	0
7	−1	1

图 3.15 增量数组 direc[8]

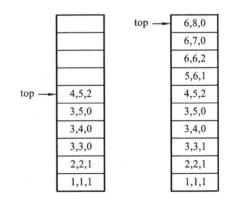

图 3.16 数据入栈及结果

综上所述,栈中元素应该是一个由行、列、方向组成的三元组,它的结构如下。

```
typedef struct
{  int a, b, d;  /*横、纵坐标及方向*/
```

```
}SeqStack;
```

栈的定义为

```
SeqStack s;
```

在迷宫中寻找通路时,如果不能防止重复到达某点,则很有可能发生死循环。那么如何防止重复到达某点呢?

一种方案是另外设置一个标志数组 flag[m][n],它的所有元素都初始化为 0,一旦到达了某一点(i,j)之后,将对应 flag[i][j]置为 1,下次再试探这个位置时,因为该位置已经置为 1 了,就不能再选它了;另一种方案是当到达某点(i,j)后将对应 migong[i][j]置为 -1,而其他未到达过的点的值只能是 1 或 0,所以可以与未到达过的点区别开。第二种方案同样也能起到防止走重复点的目的,而且不需要额外开辟空间,所以本书采用后一种方案。

迷宫求解算法设计思路如下。

(1) 初始化栈。

(2) 将入口点坐标及到达该点的方向(设为 -1)入栈。

(3) while(栈不空)。

```
    {  出栈;
       求出下一个要试探的方向 d++ ;
       while(还有剩余试探方向时)
       {  if(d 方向可走)
       {  (a,b,d)入栈;
          求新点坐标  (i,j);
          将新点(i,j)切换为当前点(a,b);
          if((a,b)= = (m,n))结束;
          else 重置 d= 0;
       }
       else  d++ ;
       }
    }
```

具体算法见算法 3.26。

算法 3.26

```
int  path(migong,direc)
int  migong[m][n];
item direc[8];
{  SeqStack  s;
   SeqStack  temp;
   int a, b, d, i, j;
   temp.a=1;  temp.b=1;  temp.d=-1;
   Push_SeqStack(s,temp);
   while(!Empty_SeqStack(s))
   {  Pop_SeqStack(s, &temp);
      a=temp.a;  b=temp.b;  d=temp.d+1;
```

```
while(d<8)
{  i=a+direc[d].a;  j=b+direc[d].b;
    if(migong[i][j]==0)
    {  temp={a, b, d};
        Push_SeqStack(s, temp);
        a=i;  b=j;  migong[a][b]=-1;
        if(a==m&&b==n)  return 1;  /*迷宫有路*/
        else  d=0;
    }
    else  d++;
  }
}
return  0;                        /*迷宫无路*/
}
```

执行完该算法后,栈中所保存的就是一条迷宫的通路。

3.3.4　栈与表达式求值

给定表达式求值是程序设计语言编译过程中一个最基本的问题,它的实现需要栈这种数据结构。一般采用算符优先分析法来对表达式求值。

任何一个表达式都是由操作数(Operand)、运算符(Operator)和界符(Delimiter)组成的。其中,操作数可以是常数,也可以是被说明为变量或常量的标识符;运算符从运算对象的个数上可分为单目运算符和双目运算符,从运算类型上可分为算术运算符、关系运算符、逻辑运算符;基本界符有左右括弧和表达式结束符等。我们讨论的是只含双目运算符的算术表达式。

在计算机中,对这种二元表达式有 3 种不同的标识方法。

op s_1 s_2 称为表达式的前缀表达式(简称前缀式),s_1 op s_2 称为表达式的中缀表达式(简称中缀式),s_1 s_2 op 称为表达式的后缀表达式(简称后缀式)。其中,中缀表达式和后缀表达式比较常用。

中缀表达式求值还是比较麻烦的,因为要考虑运算规则和运算符的优先级别。为了更加方便地处理表达式,编译程序常把中缀表达式转换成等价的后缀表达式,后缀表达式要求运算符放在对应的所有运算量之后。后缀表达式不再需要括号,所有的计算由运算符出现的顺序来决定,严格从左向右进行,所以无需再考虑运算规则和运算符的优先级,明显比中缀表达式的计算要简单。如中缀表达式"5 * 3^(5+3 * 2— 4 * 2)—8"的等价后缀表达式为"5 3 5 3 2 * +4 2 * — ^ * 8—"。

如何计算一个后缀表达式呢? 只需使用一个运算量栈,从左至右扫描表达式,每遇到一个运算量就送入栈中保存,每遇到一个运算符就进行相关运算,无须向后展望。该运算符放在它所对应的所有运算量之后,因为对应运算量刚刚放入了运算量栈,所以就从栈中取出栈顶的两个运算量进行相关运算,再把运算结果重新入栈,如此操作直到整个表达式结束,那么最终存在运算量栈里的数据就是整个后缀表达式的运算结果。

后缀表达式求值的具体算法见算法 3.27。在算法 3.27 中,假设每个表达式都是合乎语法的,并且假设后缀表达式已被存入字符数组 str 中,且表达式以"♯"为结束字符。

算法 3.27

```
typedef  char datatype;
double calcul_exp(char *str)
{  /*本函数返回由后缀表达式 str 表示的表达式运算结果*/
    SeqStack  s;
    ch=*str++; Init_SeqStack(s);
    while(ch!='#')
    {
        if(ch!=运算符)  Push_SeqStack(s, ch);
        else {  Pop_SeqStack(s, &b);
                Pop_SeqStack(s, &a); /*取出两个运算量*/
                switch(ch)
                {  case ch=='+':  c=a+b; break;
                   case ch=='-':  c=a-b; break;
                   case ch=='* ':  c=a*b; break;
                   case ch=='/':  c=a/b; break;
                   case ch=='%':  c=a%b; break;
                }
                Push_SeqStack(s, c);
        }
        ch=*str++;
    }
    Pop_SeqStack(s, result);
    return  result;
}
```

后缀表达式"5 3 5 3 2 ＊＋4 2 ＊－＾＊8－"在算法 3.27 执行过程中,运算量栈中元素变化情况如表 3.1 所示。

表 3.1　后缀表达式求值过程

当前字符	栈 中 数 据	说　　明
5	5	5 入栈
3	5,3	3 入栈
5	5,3,5	5 入栈
3	5,3,5,3	3 入栈
2	5,3,5,3,2	2 入栈
*	5,3,5,6	计算 3 * 2,将结果 6 入栈

当前字符	栈中数据	说　明
＋	5,3,11	计算 5＋6,将结果 11 入栈
4	5,3,11,4	4 入栈
2	5,3,11,4,2	2 入栈
＊	5,3,11,8	计算 4＊2,将结果 8 入栈
－	5,3,3	计算 11－8,将结果 3 入栈
ˆ	5,27	计算 3ˆ3,将结果 27 入栈
＊	135	计算 5＊27,将结果 135 入栈
8	135,8	8 入栈
－	127	计算 135－8,将结果 127 入栈
结束符♯	空	结果出栈

3.4　队列应用举例

如果实际问题有"先进先出"的特点,那么可以考虑利用队列做辅助的数据结构来进行求解。

3.4.1　键盘输入循环缓冲区问题

在操作系统中,循环队列经常用于实时应用程序。例如,在多任务系统中,当程序正在执行其他任务时,用户还可以从键盘上不断键入所要输入的内容,很多字处理软件就是这样工作的。系统在利用这种方法处理时,用户键入的内容是不能在屏幕上立刻显示出来的,直到当前正在工作的那个进程结束为止。当执行这个进程时,系统其实是在不断地检查键盘状态的,如果检测到用户键入了一个新的字符,就会立刻把它存到系统缓冲区中以避免数据丢失,然后继续运行原来的进程。在当前工作进程结束后,系统就从缓冲区中取出先前键入的字符,然后根据其要求进行处理。

队列的特性可以达到保证输入字符先键入、先保存、先处理的要求,而循环队列结构又能有效地限制缓冲区的大小,并可避免假溢出问题。所以键盘输入缓冲区一般都采用循环队列这种数据结构。

下面用一个程序来模拟这种应用情况:假设有两个进程同时存在于一个程序中,其中第一个进程在屏幕上连续显示字符"a",与此同时,程序不断检测键盘是否有输入,如果有,就读入用户输入的字符并保存到输入缓冲区中。所以,当用户输入字符时,输入的字符并不立即回显在屏幕上。当用户输入一个分号(;)时,表示第一个进程结束,第二个进程便从缓冲区中读取那些已输入的字符并显示在屏幕上。在第二个进程结束后,程序又进入第一个进程,重新显示字符"a",同时用户又可以继续输入字符,重复上述过程,直到用户输入一个实心点号(.)为止,才结束第一个进程,同时也结束整个程序。具体算法见算法 3.28。

算法 3.28

```
main()
{  /*模拟键盘输入循环缓冲区*/
    char ch1,ch2;
    seqQueue  Q;
    int f;
    InitQueue(&Q);              /*队列初始化 */
    for(;;)
    {
        for(;;)                 /*第一个进程*/
        {
          printf("a");
          if(kbhit())
          {
              ch1=bdos(7,0,0);  /*通过 DOS 命令读入一个字符*/
              f=EnterQueue(&Q,ch1);
              if(f==FALSE)
              {
              printf("循环队列已满 \n");
              break;            /*循环队列满时,强制中断第一个进程*/
              }
          }
          if(ch1=='.'||ch1==';')
          break;                /*第一个进程正常结束*/
        }
        while(!IsEmpty(Q))  /*第二个进程*/
        {
          DeleteQueue(&Q,&ch2);
          putchar(ch2);         /*显示输入缓冲区的内容*/
        }
        if(ch1=='.')
          break;                /*整个程序结束*/
        else
          ch1=' ';              /*置空 ch1,程序继续*/
    }
}
```

3.4.2 舞伴配对问题

假设在周末舞会上,男士和女士进入舞厅时,各自排成一队。跳舞开始时,依次从男士队列和女士队列的队头上各出一人配成舞伴。若两队初始人数不相同,则较长的那一队中未配对者将等待下一轮舞曲。可以写一个算法来模拟解决上述舞伴配对问题。

先入队的男士或女士也先出队配成舞伴,因此该问题具有典型的先进先出特性,所以可用队列作为该算法的数据结构。

在算法中,假设男士和女士的记录存放在一个数组中作为输入,然后依次扫描该数组的各元素,并根据性别来决定是进入男士队列还是女士队列。在这两个队列构造完成之后,依次将两队当前的队头元素出队来配成舞伴,直至某队列变空为止。此时,若某队列未空仍有等待配对者,算法输出此队列中等待者的人数及排在队头的等待者的名字,他(或她)将是下一轮舞曲开始时第一个可获得舞伴的人。具体算法及相关的类型定义见算法 3.29。

算法 3.29

```
typedef struct{
  char name[20];
  char sex;                    /*性别,'F'表示女性,'M'表示男性*/
}Person;
typedef Person DataType;   /*将队列中元素的数据类型改为 Person*/
void DancePartner(Person dancer[],int num)
{  /*数组 dancer 中存放跳舞的男士和女士,num 是跳舞的人数*/
  int i;
  Person p;
  CirQueue Mdancers,Fdancers;
  InitQueue(&Mdancers);              /*男士队列初始化*/
  InitQueue(&Fdancers);              /*女士队列初始化*/
  for(i=0;i<num;i++){                /*依次将跳舞者依其性别入队列*/
    p=dancer[i];
    if(p.sex=='F')
      EnQueue(&Fdancers,p);          /*排入女士队列*/
    else
      EnQueue(&Mdancers,p);          /*排入男士队列*/
  }
  printf("The dancing partners are: \n \n");
  while(!QueueEmpty(&Fdancers)&&!QueueEmpty(&Mdancers))
  {  /*依次输入男士、女士舞伴名字*/
    p=DeQueue(&Fdancers);           /*女士出队*/
    printf("%s    ",p.name);        /*打印出队女士名字*/
    p=DeQueue(&Mdancers);           /*男士出队*/
    printf("%s\n",p.name);          /*打印出队男士名字*/
  }
  if(!QueueEmpty(&Fdancers))        /*输出女士队列剩余人数及队头女士名字*/
  {  printf("\n There are%d women waitin for the next   round.\n",Fdancers.count);
    p=QueueFront(&Fdancers); /*取队头*/
    printf("%s will be the first to get a partner. \n",p.name);
```

```
    }
    else if(!QueueEmpty(&Mdancers))      /*输出男士队列剩余人数及队头男士名字*/
    {
      printf("\n There are%d men waiting for the next   round.\n",Mdacers.count);
      p=QueueFront(&Mdancers);
      printf("%s will be the first to get a partner.\n",p.name);
    }
  }
```

3.4.3　杨辉三角问题

杨辉三角是一个古老的数学问题,它的特点是由若干数字组成一个等腰三角形,三角形两个腰上的数字都为1,其他位置上的数字是其上一行中与之相邻的两个数之和。杨辉三角如图 3.17 所示。

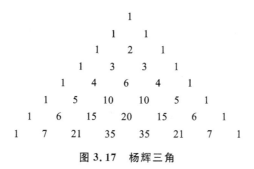

图 3.17　杨辉三角

如何打印出杨辉三角呢? 从图 3.17 可以看出,因为某位置上的数字是其上一行中与之相邻的两个数之和,所以只有在上一行的数据全部计算出来后才能计算下一行的数据,符合先进先出的特点,可以考虑采用队列这种数据结构。因为上一行用于计算过的数据以后就不需要了,所以为了节省存储空间,可以利用循环队列顺序打印杨辉三角。在打印过程中,第 i 行上的数字要由第 i−1 行中的数字来生成,所以在循环队列中依次存放第 i−1 行上的数字,然后逐个出队并打印,同时利用杨辉三角的特性来生成第 i 行数字并入队,具体算法见算法 3.30。

算法 3.30

```
#define MAXSIZE 7
#define LINE MAXSIZE-4
typedef struct {
  int data[MAXSIZE];
  int front;
  int rear;
}SeqQueue;
SeqQueue *InitQueue()
{
  SeqQueue*q;
  q=(SeqQueue *)malloc(sizeof(SeqQueue));
```

```
       q->front=q->rear=0;
       return q;
       }
void EnQueue(SeqQueue *q, int x)
{
    if((q->rear+1)%MAXSIZE==q->front) exit(1);
    q->data[q->rear]=x;
    q->rear=(q->rear+1)%MAXSIZE;
}
datatype DeQueue(SeqQueue *q)
{
    int x;
    if(q->front==q->rear) exit(1);
    x=q->data[q->front];
    q->front=(q->front+1)%MAXSIZE;
    return x;
}
int QueueEmpty(SeqQueue *q)
{
    return(q->front==q->rear);
}
int GetHead(SeqQueue *q)
{
    int x;
    if(q->front==q->rear) return 0;
    else x=q->data[q->front];
    return x;
}
void TraversalSq(SeqQueue q)
{
    do
    {
       printf("%d\t",DeQueue(&q));
    }while(!QueueEmpty(&q));
}
void YangHui(int n)
{
    SeqQueue *q;
    int i,j,s,t;
    printf("1\n");
    q=InitQueue();
    EnQueue(q,0);    /*开始*/
```

```
EnQueue(q,1);      /*第 1 行*/
EnQueue(q,1);
for(j=1;j<=n;j++)
{
    EnQueue(q,0);      /*第 j 行的结束符*/
    do
    {
        s=DeQueue(q);
        t=GetHead(q);
        if(t)
            printf("%d\t",t);   /*非 0 输出,否则换行*/
        else
            printf("\n");
        EnQueue(q,s+t);
    }while(t!=0);                  /*遇到结束符前循环*/
}
DeQueue(q);
TraversalSq(*q);
}
int main(void)
{
    YangHui(LINE);
    getch();
    return 0;
}
```

小　　结

本章介绍了两种操作受限的线性表:栈和队列。

栈是一种只允许在一端进行插入和删除的线性表,它是一种操作受限的线性表。在表中只允许进行插入和删除的一端称为栈顶,另一端称为栈底。栈顶元素总是最后入栈的,因而是最先出栈的;栈底元素总是最先入栈的,因而也是最后出栈的。因此,栈也称为"后进先出"的线性表。

栈可以采用顺序存储结构,也可以采用链式存储结构。

队列是一种只允许在一端进行插入,而在另一端进行删除的线性表。在表中只允许进行插入的一端称为队尾,只允许进行删除的一端称为队头。队头元素总是最先进队列的,也总是最先出队列的;队尾元素总是最后进队列的,因而也是最后出队列的。因此,队列也称为"先进先出"的线性表。

队列采用顺序存储结构时,为了解决假溢出问题,常设计成首尾相连的循环队列。

队列也可以用一组任意的存储单元(可以是不连续的)来存储队列中的数据元素,这种结构的队列称为链队列。

习　题　3

1. 填空题

(1) 设有一个空栈,栈顶指针为 1000H,现输入序列为 1,2,3,4,5,经过 push,push, pop,push,pop,push,push 后,输出序列是_____,栈顶指针为_____。

(2) 栈通常采用的两种存储结构是_____和_____;其判定栈空的条件是_____,判定栈满的条件是_____。

(3) 栈和队列是两种特殊的线性表,栈的操作特性是_____,队列的操作特性是_____,栈和队列的主要区别在于_____。

(4) 循环队列的引入是为了克服_____。

(5) 用循环链表表示的队列长度为 n,若只设头指针,则出队和入队的时间复杂度分别是_____和_____。

2. 选择题

(1) 若一个栈的输入序列是 1,2,3,…,n,输出序列的第一个元素是 n,则第 i 个输出元素是(　　)。

A. 不确定　　　　B. n−i　　　　C. n−i−1　　　　D. n−i+1

(2) 一个栈的入栈序列是 1,2,3,4,5,则栈的不可能的输出序列是(　　)。

A. 5,4,3,2,1　　B. 4,5,3,2,1　　C. 4,3,5,1,2　　D. 1,2,3,4,5

(3) 设计一个判别表达式中左右括号是否配对的算法,采用(　　)数据结构最佳。

A. 顺序表　　　　B. 栈　　　　C. 队列　　　　D. 链表

(4) 栈和队列的主要区别在于(　　)。

A. 它们的逻辑结构不一样　　　　B. 它们的存储结构不一样

C. 插入、删除操作的限定不一样　　D. 所包含的操作不一样

(5) 设数组 S[n] 作为两个栈 S_1 和 S_2 的存储空间,对于任何一个栈,只有当 S[n] 全满时才不能进行进栈操作。为这两个栈分配空间的最佳方案是(　　)。

A. S_1 的栈底位置为 0,S_2 的栈底位置为 n−1

B. S_1 的栈底位置为 0,S_2 的栈底位置为 n/2

C. S_1 的栈底位置为 0,S_2 的栈底位置为 n

D. S_1 的栈底位置为 0,S_2 的栈底位置为 1

(6) 已知循环队列的存储空间为数组 A[20],front 指向队头元素的前一个位置,rear 指向当前队尾元素。假设当前 front 和 rear 的值分别是 9 和 4,则该队列长度为(　　)。

A. 5　　　　B. 6　　　　C. 15　　　　D. 17

(7) 栈和队列具有相同的(　　)。

A. 抽象数据类型　　B. 逻辑结构　　C. 存储结构　　D. 基本操作

(8) 设栈 S 和队列 Q 的初始状态均为空,元素 a_1,a_2,a_3,a_4,a_5,a_6 依次通过栈 S,各元素出栈后随即进入队列 Q。若 6 个元素出队的顺序是 a_2,a_4,a_3,a_6,a_5,a_1,则栈 S 的容量至少

应该为( )。

A. 6 B. 4 C. 3 D. 2

(9) 一般情况下,将递归算法转换成等价的非递归算法应该设置( )。

A. 栈 B. 队列 C. 栈或队列 D. 数组

(10) 在解决计算机主机与打印机之间速度不匹配问题时通常设置一个打印数据缓冲区,主机将要输出的数据依次写入缓冲区中,而打印机则从缓冲区中取出数据并打印,该缓冲区应该是一个( )结构。

A. 栈 B. 队列 C. 数组 D. 线性表

3. 简答题

(1) 简述栈、队列与一般线性表的区别。

(2) 链栈中为何不设头节点?

4. 算法设计题

(1) 假设以不带头节点的循环链表表示队列,并且只设一个指针指向队尾节点,但不设头指针。试设计相应的入队和出队的算法。

(2) 设计算法实现将队列中所有元素逆转。

第 4 章 串

本章主要知识点

◈ 串的基本概念
◈ 串的顺序存储结构与相关操作
◈ 串的堆存储结构

计算机处理的非数值对象大多是字符串数据,例如,在汇编语言和高级语言的编译程序中,源程序和目标程序都是字符串数据;在商业贸易处理程序中,顾客的姓名、地址,货物的产地、名称等,一般也是作为字符串处理的。因而字符串作为一种变量类型出现在越来越多的程序设计语言中,所以针对字符串的各种操作应运而生。字符串,简称串,是一种特殊的线性表,它的特殊性在于其数据元素仅由单个字符组成,另外串还具有自身的特性,常常把串作为一个整体来处理。

4.1 串及其类型定义

4.1.1 串及其相关术语

1. 串的定义

串是由零个或多个任意字符所组成的有限字符序列,一般记为

$$S = "a_1 a_2 \cdots a_n"$$

其中,S 是串名,双引号作为串的界符,双引号内部的字符序列为串值,双引号本身不属于串值。$a_i (1 \leqslant i \leqslant n)$ 可以是一个任意的字符(注意不是符号)型数据,称为串的一个数据元素,是构成串的基本单位,i 代表的是它在整个串中的序号;n 称为串的长度,代表串中所包含的字符个数,当 n=0 时,串称为空串,即 S="",通常用 Φ 来表示。

2. 相关术语

子串与主串:串中任意连续的字符所组成的子序列称为该串的子串。包含子串的串称为主串。这是一对具有相对关系的概念。

子串的位置:子串的第一个字符在主串中的序号称为子串的位置。

例如,a="STUDENT",b="STU",则它们的长度分别为 7、3,b 是 a 的子串,b 在 a 中的位置是 1。

串的长度:串中所包含的字符个数。

串相等:两个串的长度相等且对应位置上的字符都相等。

空格串:由一个或多个空格组成的串,其长度为串中空格字符的个数。请注意空格串与

空串的区分。

4.1.2 串的抽象数据类型

串的抽象数据类型定义如下。

```
ADT String {
数据对象:
       D={ a_i|a_i∈CharacterSet, i=1,2,…,n, n≥0 }
数据关系:
       R1={ <a_i-1, a_i>  | a_i-1, a_i∈D, i=2,…,n }
基本操作:/*串的操作有很多,下面介绍部分基本运算*/
```

(1) 串赋值:StrAssign(s1,s2)

初始条件:s1 是一个串变量,s2 是一个串常量

操作结果:将 s2 的串值赋值给 s1,并覆盖 s1 原来的值

(2) 串拷贝:StrCopy(s1,s2)

初始条件:s1 是一个串变量,s2 是一个串变量

操作结果:将 s2 的串值拷贝给 s1,并覆盖 s1 原来的值

(3) 求串长:StrLength(s)

初始条件:串 s 存在

操作结果:求出串 s 的长度

(4) 连接操作 1:StrConcat1(s1,s2,s)

初始条件:串 s1、s2 存在

操作结果:将一个串的串值紧靠放在另一个串的后面,连接成一个新串 s,s1 和 s2 不改变

例如, s1="he",s2=" bei",操作结果是 s="he bei",s1="he",s2=" bei",s1、s2 均未改变

(5) 连接操作 2:StrConcat2(s1,s2)

初始条件:串 s1、s2 存在

操作结果:将一个串的串值紧靠放在另一个串的后面,连接成一个串,即在 s1 的后面连接 s2 的串值,s1 改变, s2 不改变

例如, s1="he",s2="bei",操作结果是 s1="he bei",s2="bei",s2 未改变

(6) 串比较:StrCmp(s1,s2)

初始条件:串 s1、s2 存在

操作结果:若 s1=s2,操作返回值为 0;若 s1<s2,返回值小于 0;若 s1>s2,返回值大于 0

(7) 求子串:SubStr(s,i,len)

初始条件:串 s 存在,1≤i≤StrLength(s),0≤len≤StrLength(s)-i+1

操作结果:返回从串 s 的第 i 个字符开始的长度为 len 的子串,当 len=0 时,得到的是空串

例如,SubStr("abcdefghi",2,4)="bcde"

(8) 子串定位:StrIndex(s,t)

初始条件:串 s、t 存在

操作结果:若 t∈s,则操作返回 t 在 s 中首次出现的位置,否则返回值为-1

例如,StrIndex("abcdaebda","da")=4

StrIndex("abcdaebda","ba")=-1

(9) 串插入:StrInsert(s,i,t)

初始条件:串 s、t 存在,1≤i≤StrLength(s)+1

操作结果:将串 t 插入串 s 的第 i 个字符位置上,s 的串值发生变化

例如,StrInsert("abcebda",4,"da")="abcdaebda"

(10) 串删除:StrDelete(s,i,len)

初始条件:串 s 存在,1≤i≤StrLength(s),0≤len≤StrLength(s)-i+1

操作结果:删除串 s 中从第 i 个字符开始的长度为 len 的子串,s 的串值改变

例如,StrDelete("abcdefghi",2,4)="afghi"

(11) 串替换:StrRep(s,t,r)

初始条件:串 s、t、r 存在,t 不为空

操作结果:用串 r 替换串 s 中出现的所有与串 t 相等的不重叠的子串,s 的串值改变

例如,StrRep("abcdaebda","da","gh")="abcghebgh"

}

4.2 串的定长顺序存储

串也称为特殊线性表,它的特殊性在于其数据元素类型被固定为字符型。既然仍属于线性表范畴,线性表的存储方式也适用于串,但线性表的基本操作大多以"单个元素"作为操作对象,而鉴于字符操作的特殊性,串的基本操作通常以"串的整体"来作为操作对象,所以串在存储与基本运算实现时还存在与一般线性表的不同之处。

4.2.1 串的定长顺序存储结构

串的定长顺序存储结构类似于顺序表,可以分配一组地址连续的存储单元并依次存储串值中的字符序列。所谓定长是指按预定义的大小,为每个串变量分配一个固定长度的存储区,如

```
# define MAXSSIZE  100
char  s[MAXSSIZE];
```

则串的最大长度不能超过 100。100 标识的是串的最大长度,或称为串的最大容量。那么串的实际长度要如何来标识呢?

1. 串的顺序存储方式 1

设置一个变量来实时指向当前串的最后一个字符,其语句如下。

```
typedef struct
{  char  data[MAXSSIZE];
    int  len;
} SeqString;
```

定义一个串变量,即

```
SeqString s;
```

串的当前实际长度为 s.len+1,如图 4.1 所示。

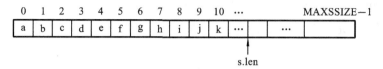

图 4.1 串的顺序存储方式 1

2. 串的顺序存储方式 2

在串尾存储一个不会在串中出现的特殊字符作为串的终结符,以此表示串的结尾。例如,C 语言中处理定长串的方法就是这样的,采用空字符'\0'来表示串的结束。这种存储方法虽不能直接得到串的长度,但可以通过边计数边判断当前字符是否是空字符'\0'来确定串是否结束,从而求得串的长度,如图 4.2 所示。

```
char  S[MAXSSIZE];
```

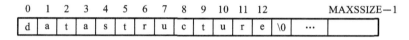

图 4.2 串的顺序存储方式 2

3. 串的顺序存储方式 3

开辟固定空间存储实际长度,即

```
char  s[MAXSSIZE+1];
```

用 s[0]存放串的实际长度,串值存放在 s[1]~s[MAXSSIZE]中,此时字符的序号和存储位置一一对应,使用很方便。

4.2.2 定长顺序串的基本操作

串的基本操作很多,这里只选比较常用的如定长串连接、求子串、串比较操作等进行讨论。设串结束用'\0'来标识,StrLength(s)代表求串长的函数。

(1) 串连接:把两个串 s₁ 和 s₂ 首尾连接成一个新串 s。

因为串是定长的,所以两个串连接起来的长度就有可能会超过定长,这时连接操作失败,所以写算法时一定要进行判断,具体算法见算法 4.1。

算法 4.1

```
int StrConcat(char *s1,char *s2,char *s)
{  int i=0, j, len1, len2;
   len1=StrLength(s1); len2=StrLength(s2);
   if(len1+len2>MAXSSIZE-1)   return   0; /*s 长度不够*/
   j=0;
   while(s1[j]!='\0'){   s[i]=s1[j];i++; j++; }
   j=0;
   while(s2[j]!='\0'){   s[i]=s2[j];i++; j++; }
```

```
        s[i]='\0';   return 1;
    }
```

(2) 求子串：寻找从串 s 的第 i 个字符开始的长度为 len 的子串。

该算法要注意先行判定位置参数 i、长度参数 len 是否有效,具体算法见算法 4.2。

算法 4.2

```
    int StrSub(char *sub, char *s, int i, int len)
    /*用 sub 返回串 s 中第 i 个字符开始的长度为 len 的子串,1≤i≤串长*/
    {   int slen;
        slen=StrLength(s);
        if(i<1 || i>slen || len<0 || len>slen-i+1)
        {   printf("参数取值不正确"); return 0; }
        for(j=0; j<len; j++)
            sub[j]=s[i+j-1];
        sub[j]='\0';   /*子串 sub 的结束标志*/
        return 1;
    }
```

(3) 串比较：对两个串 s_1 和 s_2 进行比较,若 $s_1 = s_2$,则返回值为 0;若 $s_1 < s_2$,则返回值小于 0;若 $s_1 > s_2$,则返回值大于 0。可根据最后的返回值来判定两个串 s_1 和 s_2 的关系,具体算法见算法 4.3。

算法 4.3

```
    int StrComp(char *s1, char *s2)
    {   int j=0;
        while(s1[j]==s2[j] && s1[j]!='\0')   j++;
        return(s1[j]-s2[j]);
    }
```

4.2.3 模式匹配

设 s 和 t 是给定的两个串,在主串 s 中找到与串 t 相等的子串的位置的过程称为模式匹配,串 t 称为模式。若在 s 中找到等于 t 的子串,则称匹配成功,模式匹配函数将返回 t 在 s 中第一次出现的存储位置(或序号);否则,匹配失败,返回 0。为了使字符序号与存储位置一致,可以按照存储方式中提到的第 3 种方式,将字符串的长度存储在 0 号单元,而串值从 1 号单元开始存储,这样就可以保证字符序号与存储位置一致。

1. 简单的模式匹配算法

简单的模式匹配算法又称为 BF 算法,其算法设计思想如下:将主串 s 的第 pos 个字符 s_{pos} 和模式 t 的第 1 个字符 t_1 开始比较,若相等,则继续逐一比较其后续字符;若不相等,则从主串 s 的下一字符 s_{pos+1} 起,重新与 t 的第 1 个字符 t_1 比较。重复上述过程,直到主串 s 的某一个连续子串字符序列与模式 t 相等,其返回值为 s 中与模式 t 匹配的子序列的第一个字符的序号,此时表示匹配成功;否则,表示主串 s 中找不到与模式 t 相等的连续子串字符序列,匹配失败,返回值 0。

设主串 s＝"ababbabbcda"，模式 t＝"abbcd"，匹配过程如图 4.3 所示。

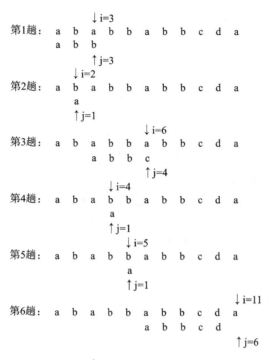

图 4.3　简单模式匹配的匹配过程

依据该算法的设计思想，具体算法见算法 4.4。

算法 4.4

```
int  BF_StrIndex(char *s, char *t)
/*从串 s 的第 1 个字符开始查找首次与串 t 相等的子串*/
{  int i=1, j=1;
   while(i<=s[0] && j<=t[0])        /*串 s 和 t 都没搜索到串尾处*/
   if(s[i]==t[j])
   { i++;j++; }                      /*继续比较下一个位置上的字符*/
   else
   {    i=i-j+2; j=1; }              /*回溯*/
   if(j>t[0])  return(i-t[0]);       /*匹配成功,返回序号位置*/
   else  return 0;
}
```

设主串 s 长度为 n，模式串 t 长度为 m，在匹配成功的情况下，分析它的时间复杂度，需要考虑以下两种极端情况。

（1）最好情况下，每趟匹配不成功的时机都发生在第 1 对字符进行比较时，即每趟都只需比较一次就可以知道该趟是否匹配，这种情况下可以将比较次数降至最少。例如，主串 s＝"xxxxxxxxxyyz"，模式串 t＝"yyz"，此时每趟匹配不成功都发生在第 1 对字符进行比较时。

设匹配成功发生在 s_i 处，那么 i－1 趟不成功的匹配中字符间共比较了(i－1)次，第 i 趟匹配成功，这一趟共比较了 m 次，所以总共比较了(i－1＋m)次，而在 s 中所有匹配成功的位置共有$(n-m+1)$种情况,设从s_i开始与t串匹配成功的概率为P_i,则在等概率情况下$P_i=1/(n-m+1)$,因此最好情况下平均比较的次数为

$$\sum_{i=1}^{n-m+1} P_i \times (i-1+m) = \sum_{i=1}^{n-m+1} \frac{1}{n-m+1} \times (i-1+m) = \frac{(n+m)}{2} \qquad (4.1)$$

即最好情况下的时间复杂度是$O(n+m)$。

(2) 最坏情况下,为了使每趟不成功的匹配的比较次数达到最大,那么每趟不成功的匹配都需要比较到t的最后一个字符才可以确定,而且最后匹配成功的那一趟要扫描完全部主串s,所以主串s前$(n-m)$个位置都部分匹配到子串的最后一位,即这$(n-m)$位中的每一位都比较了m次,这样可以将比较次数增至最多,例如,主串$s=$"000000000001",模式串t="001",就可以达到这样的效果。

设匹配成功发生在s_i处,则$(i-1)$趟匹配中共比较了$(i-1)\times m$次,第i趟成功的匹配共比较了m次,所以总共比较了$i\times m$次,匹配成功的概率P_i在等概率情况下,$P_i=1/(n-m+1)$,因此最坏情况下平均比较的次数为

$$\sum_{i=1}^{n-m+1} P_i \times (i \times m) = \sum_{i=1}^{n-m+1} \frac{1}{n-m+1} \times (i \times m) = \frac{m \times (n-m+2)}{2} \qquad (4.2)$$

即最坏情况下的时间复杂度是$O(n\times m)$。

算法4.4中的匹配是从串s的第1个字符开始的,当然算法也可以要求从指定位置开始进行匹配,这时需要在算法的参数表中增加一个位置参数pos,函数名可改为BF_StrIndex(char *s, int pos, char *t),那么该算法中的匹配是从串s的pos处开始的。算法4.4可以看成pos=1的情况。

2. 改进后的模式匹配算法

简单的模式匹配算法即算法4.4虽然简单,但效率较低,为了提高其执行效率,可对该模式匹配算法进行改进。有一种改进的模式匹配算法是由克努丝(Knuth)、莫里斯(Morris)和普拉特(Pratt)同时发现的,所以称为KMP算法。

通过分析算法4.4的执行过程,可以看到造成该算法执行速度慢的原因是存在回溯,即在某趟匹配过程失败后,对于主串s需要退回到本趟开始字符的下一个字符处,而模式串t也要退回到第1个字符,这些都是回溯。那么这些回溯是否必要呢?从图4.3所示的匹配过程可以看到,在第3趟匹配过程中,$s_3 \sim s_6$和$t_1 \sim t_4$是匹配成功的,而$s_7 \neq t_5$导致匹配失败,因此有了第4趟匹配,其实这个第4趟匹配是不必要的。由图4.3还可以看出,因为在第3趟中有$s_4=t_2$,而$t_1 \neq t_2$,肯定有$t_1 \neq s_4$。同理还有若干趟也是没有必要进行的。在传统的模式匹配算法中,当出现主串中的字符与子串中的字符不等时,同时向前回溯了两个指针,一个是主串的指针,一个是子串的指针。而改进的模式匹配算法——KMP算法就是要尽量利用已经部分匹配的结果信息来进行后面的匹配工作,尽量让主串s的指针i不要回溯,而只回溯模式串t的指针来进行模式匹配,这样做就省去了主串指针回溯进行比较的时间,从而加快了模式串的滑动速度。

综上所述,在某趟的s_i和t_j处匹配失败后,主串s的指针i并不回溯,模式串t向右"滑动"至某个位置上,使得t_k对准s_i继续向右进行匹配。此时需要考虑两个问题:①如何由当前部分匹配结果确定模式向右滑动的新比较起点k?②模式串应该向右滑动多远才是高效

率的?

假设这个位置为 k,即 s_i 和 t_j 匹配失败后,指针 i 不动,模式串 t 向右"滑动"一段距离,使 t_k 和 s_i 对准后继续向右进行比较。如果要满足这一假设,则必须使得式(4.3)成立。

$$"t_1 t_2 \cdots t_{k-1}" = "s_{i-k+1} s_{i-k+2} \cdots s_{i-1}" \tag{4.3}$$

式(4.3)左边是 t_k 前面的(k-1)个字符,右边是 s_i 前面的(k-1)个字符,这两个子串必然是相等的。

本趟匹配失败是在 s_i 和 t_j 处,已经得到的部分匹配结果为

$$"t_1 t_2 \cdots t_{j-1}" = "s_{i-j+1} s_{i-j+2} \cdots s_{i-1}" \tag{4.4}$$

因为 k<j,所以有

$$"t_{j-k+1} t_{j-k+2} \cdots t_{j-1}" = "s_{i-k+1} s_{i-k+2} \cdots s_{i-1}" \tag{4.5}$$

式(4.5)左边是 t_j 前面的(k-1)个字符,右边是 s_i 前面的(k-1)个字符。

由式(4.3)和式(4.5)可得

$$"t_1 t_2 \cdots t_{k-1}" = "t_{j-k+1} t_{j-k+2} \cdots t_{j-1}" \tag{4.6}$$

即在某趟匹配过程中,当在 s_i 和 t_j 处匹配失败时,如果模式串中有满足式(4.6)的子串存在,即模式串 t 中的前(k-1)个字符与模式串 t 中 t_j 字符前面的(k-1)个字符相等,则模式串 t 就可以向右"滑动"至使 t_k 和 s_i 对准,继续向右进行比较即可。

很明显,模式串 t 中的每个 t_j 都会对应一个 k 值,由式(4.6)可知,这个 k 值与模式串 t 本身字符序列的构成存在唯一依赖关系,而与主串 s 并无关系。所以由模式串 t 的构成就可以计算出对应的 k 值。常用数组 next[]存储模式串 t 中各个 t_j 对应的 k 值,数组 next[]的元素值有如下性质:

① next[j]是一个整数,取值范围为 0≤next[j]<j;

② 为了使模式串 t 在右移的过程中不丢失任何匹配成功的可能,针对某个 t_j,如果存在多个满足式(4.6)的 k 值,则应取最大的 k 值,这样可使得模式串 t 向右"滑动"的距离最短,其"滑动"的字符个数为 j-next[j]。

next[]定义为

$$next[j] = \begin{cases} 0, & j=1 \\ \max\{k \mid 1<k<j \text{ 且 } "t_1 t_2 \cdots t_{k-1}" = "t_{j-k+1} t_{j-k+2} \cdots t_{j-1}"\} \\ 1, & \text{其他情况} \end{cases} \tag{4.7}$$

其中,next[1]=0 表示任意串的第一个字符的模式值规定为 0;针对模式串 t 中下标为 j 的字符,若 j 的前面(k-1)个字符与开头的(k-1)个字符相等,即 t[1]t[2]…t[k-1]=t[j-k+1]t[j-k+2]…t[j-1],则有 next[j]=k;其他情况下均有 next[j]=1。

设有模式串 t="abbabb",则它的 next[j]为

j	1	2	3	4	5	6
模式串	a	b	b	a	b	b
next[j]	0	1	1	1	2	3

设有模式串 t="ababcaabc",则它的 next[j]为

j	1	2	3	4	5	6	7	8	9
模式串	a	b	a	b	c	a	a	b	c
next[j]	0	1	1	2	3	1	2	2	3

next[j]表示模式串 t 中最大相同前缀子串和后缀子串的长度。

可见,模式串中相似部分越多,则 next[j]越大,也就表示模式串 t 中字符之间的相关度越高,又表示 j 位置以前与主串部分匹配的字符数越多,即 next[j]越大,模式串下一趟与主串进行比较的次数越少,当然匹配算法的时间复杂度就越低。

在求得模式串 t 的 next[]之后,便可按如下操作流程进行匹配。假设以指针 i 和 j 分别指示主串和模式串中的对应比较字符,设 i 的初值为主串起始比较位 pos,j 的初值为 1。若在匹配过程中 $s_i = t_j$,则 i 和 j 分别增 1。若 $s_i \neq t_j$ 导致本趟匹配失败,则 i 不变,j 退到next[j]位置再开始下一趟比较:若相等,则指针 i 和 j 分别增 1 指向各自的下一个字符;若不相等,则指针 j 将再退到下一个 next[]值的位置,依此类推。直至出现下列两种情况:一种是指针 j 退到某个 next[j]值时字符比较相等,则指针 i,j 分别增 1 继续进行后续匹配;另一种是指针 j 退到某个 next[j]值为零(模式串的第一个字符就失败),此时指针 i,j 也要分别增 1,表明需要从主串的下一个字符起与模式串重新开始匹配。

在假设已有 next[]的情况下,KMP 算法见算法 4.5。

算法 4.5
```
int   KMP_StrIndex(char *s,char *t,int pos)
/*从主串 s 的第 pos 个字符开始查找首次与模式串 t 相等的子串*/
{ int i=pos,j=1,slen,tlen;
   while(i<=s[0] && j<=t[0])    /*主串和模式串都没扫描到结束符*/
    if(j==0||s[i]==t[j]) { i++; j++; }
    else  j=next[j];  /*指针 j 回溯*/
   if(j>t[0])  return  (i-t[0]);  /*匹配成功,返回存储位置*/
   else  return 0;
}
```

设主串 s="ababbaabbabbcde",子串 t="abbabb",图 4.4 是一个利用 next[]进行匹配的过程示意图。

从算法 4.5 可以看出,求得 next[]值非常重要,而 next[]值仅取决于模式串本身的构成而与主串并无关系。通过分析 next[]值的定义,可以用递推的方法来求得 next[]值。

由定义知

$$next[1] = 0 \tag{4.8}$$

设 next[j]=k,有

$$"t_1 t_2 \cdots t_{k-1}" = "t_{j-k+1} t_{j-k+2} \cdots t_{j-1}" \tag{4.9}$$

那么 next[j+1]等于多少呢?通常有以下两种情况。

第一种情况:若 $t_k = t_j$,则表明在模式串 t 中有

$$"t_1 t_2 \cdots t_k" = "t_{j-k+1} t_{j-k+2} \cdots t_j" \tag{4.10}$$

这就是说,next[j+1]=k+1,即

$\downarrow$i=3

第1趟　a b a b b a a b b a b b c d e

　　　　a b b a b b

　　　　　$\uparrow$j=3, next[3]=1

$\downarrow$i=7

第2趟　a b a b b a a b b a b b c d e

　　　　a b b a b b

　　　　　　　$\uparrow$j=5, next[5]=2

$\downarrow$i=7

第3趟　a b a b b a a b b a b b c d e

　　　　　　a b b a b b

　　　　　　　　$\uparrow$j=2, next[2]=1

$\downarrow$i=13

第4趟　a b a b b a a b b a b b c d e

　　　　　　a b b a b b

　　　　　　　　　　$\uparrow$j=7

图 4.4　利用模式 next 进行匹配的过程示例

$$next[j+1] = next[j] + 1 \tag{4.11}$$

第二种情况:若 $t_k \neq t_j$,则表明在模式串中有

$$"t_1 t_2 \cdots t_k" \neq "t_{j-k+1} t_{j-k+2} \cdots t_j" \tag{4.12}$$

此时可把求 next[] 值的问题也看成是一个模式匹配问题,整个模式串既是主串又是模式。由于在当前匹配的过程中,已有式(4.9)成立,则当 $t_k \neq t_j$ 时,应将模式向右滑动,使得第 next[k] 个字符和主串中的第 j 个字符相比较。若 next[k]=k′,且 $t_{k'} = t_j$,则说明在主串中的第(j+1)个字符之前存在一个最大长度为 k′ 的子串,有

$$"t_1 t_2 \cdots t_k" = "t_{j-k'+1} t_{j-k'+2} \cdots t_j" \tag{4.13}$$

因此

$$next[j+1] = next[k] + 1 \tag{4.14}$$

若 $t_{k'} \neq t_j$,则将模式继续向右滑动至使第 next[k′] 个字符和 t_j 对齐,依此类推,直至 t_j 和模式中的某个字符匹配成功或不存在任何 k′(1<k′<k<…<j)满足式(4.13),则有

$$next[j+1] = 1 \tag{4.15}$$

求 next[] 值过程的算法见算法 4.6。

算法 4.6

```
void Getnext(char *t, int next[ ])
/*求模式串 t 的 next 值并存入数组 next 中*/
{  int i=1,j=0;
   next[1]=0;
   while(i<t[0])
   {  if(j==0||t[i]==t[j])  {  ++i;++j; next[i]=j; }
```

```
        else j=next[j];
    }
}
```

设模式串的长度为 m,那么算法 4.6 的时间复杂度与其长度成正比,即为 O(m)。但一般模式串的长度 m 要比主串的长度 n 小得多,所以耗时并不算多。算法 4.5 在算法 4.4 中提及的最坏情况下的时间复杂度也是 O(n×m),但在一般情况下,实际的执行时间近似于 O(n+m)。KMP 算法与简单的模式匹配算法相比,在执行速度方面还是有了较大的改善,但算法本身还是增加了很大难度。

4.3 串的堆存储结构

4.3.1 堆存储结构

在实际应用程序中,参与运算的串变量之间的长度不等,相差较大,并且操作中串值的长度变化也比较大,所以采用为串变量预分配固定大小的空间的方式不太合理,分配过大会造成不必要的空间浪费,分配过小又有可能使很多操作因为空间不够而产生溢出错误。

在 C 语言中,提供了一个称为"堆"的共享空间,可以在程序运行过程中,由系统利用函数 malloc( )和 free( )来动态地申请或释放一块连续空间。

由于在 C 语言中可以用指针对数组进行访问和操作,因此在串的存储和操作上也可以充分利用上述特性。

串的堆存储结构仍旧属于串的顺序存储结构范畴,同样是以一组地址连续的存储单元来依次存储串值字符序列的,但它与前面谈到的定长顺序存储方式的区别在于其存储空间是在程序执行过程中动态分配的,而不是静态分配的。

4.3.2 堆结构上的基本操作

串的堆存储结构定义有以下两种方式:

(1) typedef char *string;   /*C 语言中的串库相当于此类型定义*/

(2) typedef struct
  { char *ch;   /*指针域:指向存放串值的存储空间基址*/
   int length;   /*整型域:存放串长*/
  }Hstring;

在这种存储结构下,串仍然以一维数组存储的字符序列表示,因此针对此类串的操作均是首先为新生成的串动态分配一定存储空间,然后再进行"字符序列的复制"。例如,串插入操作 StrInsert(s,i,t)(将串 t 插入串 s 的第 i 个字符之前)的算法是,为串 s 重新分配大小等于串 s 和 t 长度之和的存储空间,然后再按位置要求将串 s 和 t 的值复制到新分配存储空间中。下面所介绍的相关基本操作都是以第(2)种方式定义的串进行的。

1.串赋值

该算法的功能是将一个字符型数组中的串送入堆中,具体算法见算法 4.7。

算法 4.7

```
status strassign(Hstring t,char *chars)
{ /*生成一个其值等于串常量 chars 的串 t*/
    if(t.ch)  free(t.ch);
    for(i=0,c=chars;c;++i,++c);
    if(!i) {
        t.ch=NULL; t.length=0;   /*若 i=0,则生成空串 t*/
    }
    else{
        if(!(t.ch=(char *)malloc(i*sizeof(char))))
            exit(overflow);
        t.ch[0..i-1]=chars[0..i-1];
        t.length=i;
    }
}
```

2. 串复制

算法 4.8 的功能是将堆中的一个串复制到一个新串中。

算法 4.8

```
void  StrCopy(Hstring *s1,Hstring s2)
{  /*生成一个其值等于串 s2 的串 s1*/
    if(s1.ch)  free(s1.ch);
    if(!s2.length) {
        s1.ch=NULL; s1.length=0;   /*若 s2 的串长为 0,则生成空串 s1*/
    }
    else{
        if(!(s1.ch=(char *)malloc(s2.length *sizeof(char))))
            exit(overflow);
        s1.ch[0.. s2.length-1]=s2.ch[0.. s2.length-1];
        s1.length=s2.length;
    }

}
```

3. 求子串

算法 4.9 的功能是将主串中从第 i 个字符开始的长度为 len 的子串送到一个新串中。

算法 4.9

```
Status substr(Hstring sub, Hstring s, int i, int len)
{
    if(i<1 || i>s.length || len<0 || len>s.length-i+1)
        return error;
    if(sub.ch)  free(sub.ch);
    if(!len){
```

```
            sub.ch=NULL;
            sub.length=0;
        }
        else{
            sub.ch=(char *)malloc(len*sizeof(char));
            sub.ch[0..len-1]=s[i-1..i+len-2];
            sub.length=len;
        }
    }
```

4. 串连接

算法 4.10 的功能是将两个串首尾相连后赋值到一个新串中。

算法 4.10

```
    status concat(Hstring s, Hstring s1, Hstring s2)
    {/*将两个串 s1、s2 首尾相连后赋值到一个新串 s 中*/
        if(s.ch)  free(s.ch);
        if(!(s.ch)=(char*)malloc((s1.length+s2.length)*sizeof(char)))
            exit(overflow);
        s.ch[0..s1.length-1]=s1.ch[0..s1.length-1];
        s.length=s1.length+s2.length;
        s.ch[s1.length..s.length-1]=s2.ch[0..s2.lenqth-1];
    }
```

定长顺序存储和堆存储这两种存储方式通常都被高级程序设计语言所采用。由于堆存储结构的串既有顺序存储结构的特点,处理方便,操作中对串长又没有任何限制,更显灵活,因此常应用于串处理的应用程序中。

4.4 串的链式存储结构

在采用顺序存储结构的串上进行插入和删除操作并不方便,与顺序表对应操作一样需要移动大量的字符。因此,可以考虑采用单链表来存储串值,串的这种链式存储结构称为链串,具体结构定义如下。

```
    typedef struct node{
      char data;
      struct node *next;
    }Lstring;
    Lstring str;   /*一个链串由头指针 str 唯一确定*/
```

这种结构便于进行插入和删除操作,只需修改相关指针即可,但存储空间利用率太低,因为每个字符构成一个节点都需要一个指针域,导致这种结构下的存储密度偏低。

存储密度＝串值所占存储位/实际分配存储位

显然,该存储结构的存储密度较低,操作比较方便,然而,存储占用的空间较大。

为了解决存储密度偏低的问题,可以考虑采用一个节点里不只存放一个字符,而是存放多个字符的结构,此时形成了串的块链结构,具体结构定义如下。

```
#define nodesize 80
typedef struct node{
    char data[nodesize];   /*每个节点可以存储 nodesize 个字符*/
    struct node *next;
}Lstring;
```

　　当节点大小大于 1 时,串长一般不能保证一定是节点大小的整数倍,所以链表中的最后一个节点不一定全被串值占满,为了表示该串已结束,通常会在该节点未被占满处补上"♯"或其他的非串值字符。对于块链而言,在做插入、删除操作时,可能会引起节点之间字符的移动,算法实现起来比较复杂。

4.5　串的应用举例

4.5.1　文本编辑

　　常用的文本编辑程序有 WPS、Word 等。文本编辑程序常用于源程序的输入和修改,公文书信、报刊和书籍的编辑、排版等。文本编辑的实质是修改字符型数据的形式和格式,虽然各个文本编辑程序的功能可能有所不同,但基本操作是一样的,一般都包括串的查找、插入和删除等。

　　为了方便编辑处理,采用分页符将文本分为若干页,利用换行符又将每页分成若干行。当把整个文本当成一个字符串时,称为文本串,那么页是文本串的子串,而行则是页的子串。

　　通常采用前面介绍的堆存储结构来存储文本,并且同时设立页指针、行指针和字符指针,分别指向当前操作的页、行和字符,同时,为了便于管理,还建立了用于存储每页、每行起始位置和长度的页表和行表。

　　假设有如下源程序段:

```
int max(int x,y)
{   int z;
    if x>y z=x;
    else z=y;
    return z;
}
```

该程序输入内存后放到一个堆结构中,如图 4.5 所示,其中↙为换行符。

i	n	t		m	a	x	(	i	n	t		x	,	y	)
↙	{		i	n	t		z	;	↙		i	f		x	>
y		z	=	x	;	↙		e	l	s	e		z	=	y
;	↙		r	e	t	u	r	n		z	;	↙	}	↙	

图 4.5　文本格式示例

页表的每项中页号标识对应页,起始位置给出了该页的起始行号,而长度指的是该页记录的字符数,具体结构如图 4.6 所示。

页号	起始位置	长度
1	1	63

图 4.6　页表结构

行表的每项对应的分别是行号、该行起始字符位置和该行对应字符串长度,具体结构如图 4.7 所示。

行号	起始位置	长度
1	1	17
2	18	9
3	27	13
4	40	11
5	50	11
6	61	2

图 4.7　行表结构

由图 4.5 至图 4.7 可以看出,当在某行内插入或删除字符时,需要修改行表中该行的长度,若该行的长度超出了分配给它的存储空间,则要重新给它分配存储空间并且同时修改它的起始位置和长度。如果想要插入或删除一行,就要对行表本身进行插入和删除操作;如果行的插入和删除涉及页的变化,则需要对页表进行修改。

4.5.2　恺撒密码

在密码学中,恺撒密码(也称为恺撒加密、恺撒变换、变换加密)是一种最简单且最广为人知的加密技术。它是一种替换加密的技术,明文中的所有字母都在字母表上向后(或向前)按照一个固定数目进行偏移后被替换成密文。例如,当偏移量是 3 时,所有的字母 A 被替换成 D,B 被替换成 E,依此类推,而 X 被替换成 A,Y 被替换成 B,Z 被替换成 C。据说恺撒是率先使用加密函的古代将领之一,因此这种加密方法称为恺撒密码。与所有的利用字母表进行替换的加密技术一样,恺撒密码非常容易破解,在实际应用中无法保证通信安全。

恺撒密码的映射关系为

$$F(x)=(x+m) \bmod n$$

其中,x 是要加密的字母,m 是移动的位数,n 是字母表的长度。

在接收方得到密文后,若要解密信息,则只需将每个字母向前移动相同数目的字符即可。例如,如果 m 等于 3,对于已加密的信息 gdwd vwuxfwxuh,将解密为 data structure。

设要加密的信息为一个串,组成串的字符均取自 ASCII 中的小写英文字母 a 到 z,串采用定长顺序存储结构,串的长度存放在数组的 0 号单元中,串值从 1 号单元开始存放。具体的恺撒密码的加密、解密算法见算法 4.11 和算法 4.12。

算法 4.11

```
void Caesarjiami(char *s,char *t, int m) /*s 为明文,t 为密文,m 代表移动位数*/
{   t[0]=s[0];
    for(i=1; i<=s[0];i++)
        t[i]=(s[i]-'a'+m)%26+'a';
}
```

算法 4.12

```
void Caesarjiemi(char *t,char *s, int m) /*s 为明文,t 为密文,m 代表移动位数*/
{   s[0]=t[0];
    for(i=1; i<=t[0];i++)
        if(t[i]>='a'+m) s[i]=(t[i]-'a'-m)%26+'a';
        else s[i]=t[i]+26-m;
}
```

小　　结

本章重点介绍了另一种类型的特殊线性表:串。

串的特殊性在于串中的每个数据元素都是字符型的,而每个字符占一个字节。串也是许多非数值计算问题处理的主要对象。

C 语言中串的特点是在串尾自动加一个结束符。

串的相关操作一般是把一个整体作为操作对象,相关操作的函数包括求串长、复制、连接、比较、查找字符、查找子串等。

串的存储方式有定长存储方式、堆存储方式和块链存储方式三种。其中前两种属于顺序存储结构,后一种属于链式存储结构。

习　题　4

1. 填空题

(1) 串是一种特殊的线性表,其特殊性体现在_____。

(2) 两个串相等的充分必要条件是_____。

(3) 设 s="I_ am_ a_student",其长度为_____。

(4) 设有两个串 s 和 t,求 t 在 s 中首次出现的位置的操作称为_____。

(5) 空格串是指_____,其长度等于_____。

(6) 字符串的长度是指_____。

(7) 设 s1="Data Structure Course",s2="Structure",s3="Base",则

① Length(s1)=_____;

② Compare(s2,s3)=_____;

③ Insert(s1,5,s3)=_____;

④ Delete(s1,5,10)=_____;

⑤ SubString(s1,6,9,t)＝＿＿＿＿＿；

⑥ Search(s1,0,s2)＝＿＿＿＿＿；

⑦ Replace(s1,0,s2,s3)＝＿＿＿＿＿。

2. 简答题

(1) 简述下列每对术语的区别:空串和空格串,串常量与串变量,主串和子串,串变量的名字和串变量的值。

(2) 若串 s1＝"ABCDEFG",s2＝"9898",s3＝"♯♯♯",s4＝"012345",执行 concat(replace(s1,substr(s1,length(s2),length(s3)),s3),substr(s4,index(s2,'8'),length(s2)))操作后的结果是什么?

(3) 求串"ababaaababaa"的 next 值。

3. 算法设计题

(1) 用顺序存储结构存储串 s,编写算法删除 s 中第 i 个字符开始的连续 j 个字符。

(2) 对于采用顺序存储结构的串 s,编写一个函数删除其值等于 ch 的所有字符。

(3) 设计将一个字符串倒置的算法。

(4) 输入一个字符串,内有数字和非数字字符,如 ak123x456 17960?302gef4563,将其中连续的数字作为一个整体,依次存放到数组 a 中,如 123 放入 a[0],456 放入 a[1],……编写算法统计其共有多少个整数,并输出这些整数。

(5) 输入一个文本行(最多 80 个字符),编写算法求某一个不包含空格的子串在文本行中出现的次数。

(6) 试编写一个算法,判别读入的一个以'♯'为结束符的字符序列是否是"回文"。

第 5 章　数组与广义表

本章主要知识点

❖ 数组
❖ 特殊矩阵的压缩存储
❖ 稀疏矩阵
❖ 广义表

数组这种数据结构可以看成是线性表的推广,它的组成元素是可以分解的,即每个元素可以具有某种结构,但属于同一种数据类型。数组是一种人们非常熟悉的数据结构,几乎所有的程序设计语言都支持这种数据结构或将这种数据结构设定为语言的固有类型。

科学计算中涉及大量的矩阵问题,程序设计语言一般都采用数组来存储矩阵,矩阵被描述成一个二维数组。但当矩阵规模很大且具有特殊结构(对角矩阵、三角矩阵、对称矩阵、稀疏矩阵等)时,为减少程序的时间和空间需求,则采用自定义的描述方式。

广义表是一种特殊的结构,它兼有线性表、树、图等结构的特点。从各层元素各自具有的线性关系来看,它属于线性表。但是,广义表的元素不仅可以是单元素,还可以是一个广义表,因此,广义表也是拓展形式的线性表。广义表是一种灵活的数据结构,在许多方面有广泛的应用。

5.1　数组及其操作

5.1.1　数组的定义

数组是由类型相同的数据元素构成的有序集合,每个数据元素称为一个数组元素(简称为元素),每个元素受 $n(n \geq 1)$ 个线性关系的约束,每个元素在 n 个线性关系中的序号 $i_1, i_2, \cdots, i_n$ 称为该元素的下标,该数组称为 n 维数组,n 称为该数组的维数。

1. 数组的特点

数组的特点主要包括以下几个方面。

(1) 数组中的数据元素具有相同的数据类型。数据元素可以具有某种结构,但必须属于同一数据类型。例如,可以把一维数组看成是线性表,可以把二维数组元素看成是线性表的线性表,依此类推。所以,可以把数组看成是线性表的拓展,如图 5.1 所示。

(2) 数组是一种随机存取结构,给定一组下标,就可以访问与其对应的数据元素。

(3) 数组中的数据元素个数是固定的。一旦定义了数组,它的维数和元素数目也就确定了。

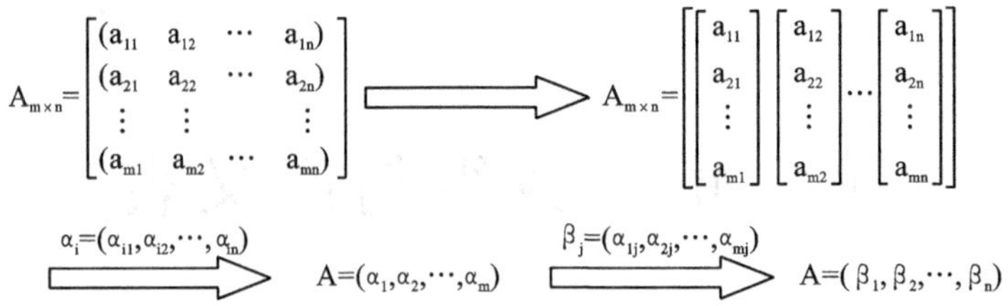

$$A_{m \times n} = \begin{bmatrix} (a_{11} & a_{12} & \cdots & a_{1n}) \\ (a_{21} & a_{22} & \cdots & a_{2n}) \\ \vdots & \vdots & & \vdots \\ (a_{m1} & a_{m2} & \cdots & a_{mn}) \end{bmatrix} \Longrightarrow A_{m \times n} = \begin{bmatrix} a_{11} \\ a_{21} \\ \vdots \\ a_{m1} \end{bmatrix} \begin{bmatrix} a_{12} \\ a_{22} \\ \vdots \\ a_{m2} \end{bmatrix} \cdots \begin{bmatrix} a_{1n} \\ a_{2n} \\ \vdots \\ a_{mn} \end{bmatrix}$$

$\alpha_i = (a_{i1}, a_{i2}, \cdots, a_{in})$ $\Longrightarrow$ $A = (\alpha_1, \alpha_2, \cdots, \alpha_m)$ $\beta_j = (a_{1j}, a_{2j}, \cdots, a_{mj})$ $\Longrightarrow$ $A = (\beta_1, \beta_2, \cdots, \beta_n)$

图 5.1 数组是拓展的线性表

2. 数组的操作

数组是一个具有固定格式和数量的数据集合,在数组上一般不做插入、删除操作。因此,除了初始化和销毁操作外,通常在数组中只有以下两种操作。

(1) 存取:给定一组下标,存取相应的数据元素。

(2) 修改:给定一组下标,修改相应的数据元素的值。

3. 数组的抽象数据类型定义

数组的抽象数据类型定义如下。

```
ADT Array{
数据对象:
    j_i= 0,…,b_i,i= 1,2,…,n,
    D= {a_{j_1 j_2 … j_n} |n(> 0)称为数组的维数,b_i是数组中第 i 维的长度,j_i是第 i 维的下标,
        a_{j_1 j_2 … j_n} ∈ ElemSet}
数据关系:
    R= {R_1,R_2,…,R_n}
基本操作:
(1) ArrayInit(A,n,bound1..boundn)
    初始条件:多维数组 A 不存在
    操作结果:构造了一个空的 n 维数组,各维长度由 bound1..boundn 决定
(2) ArrayValue(A,index1,…,indexn)
    初始条件:多维数组 A 不存在
    操作结果:取出对应数组元素值
(3) ArrayAssign(A,e,index1,…,indexn)
    初始条件:多维数组 A 不存在
    操作结果:将 e 赋值给确定的数组元素
}ADT Array
```

在每个关系中,元素 $a_{j_1 j_2 \cdots j_n}$ $(0 \leqslant j_i \leqslant b_i - 1)$ 都有一个直接后继。因此,就单个关系而言,这 n 个关系仍是线性表。当 n=1 时,显然 n 维数组就退化为定长的线性表。反之,n 维数组也可以看成是线性表的拓展。

由上述定义可知,n 维数组中有 $b_1 \times b_2 \times \cdots \times b_n$ 个数据元素,每个数据元素都受到 n 维关系的约束。

5.1.2 数组的顺序表示及实现

一般不对数组做插入和删除操作,也就是说,一旦建立数组,结构中的元素个数和元素

间的关系就不再发生变化。因此,一般都是采用顺序存储的方法来表示数组。

由于计算机的内存结构是一维(线性)地址结构,对于多维数组,将其存放(映射)到内存一维结构时,有个次序约定问题,即必须按照某种次序将数组元素排成一个线性序列,然后将这个线性序列存放到内存中。

二维数组是最简单的多维数组,以此为例说明多维数组存放(映射)到内存一维结构时的次序约定问题。

如图 5.2 所示,数组在内存的存储通常有两种顺序存储方式。

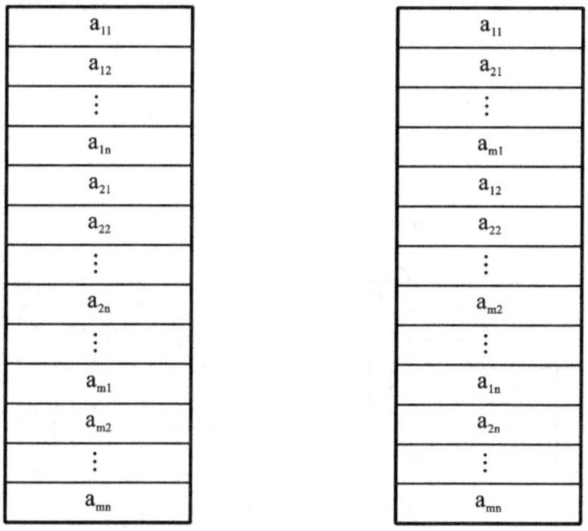

a_{11}
a_{12}
⋮
a_{1n}
a_{21}
a_{22}
⋮
a_{2n}
⋮
a_{m1}
a_{m2}
⋮
a_{mn}

a_{11}
a_{21}
⋮
a_{m1}
a_{12}
a_{22}
⋮
a_{m2}
⋮
a_{1n}
a_{2n}
⋮
a_{mn}

(a) 二维数组的行优先顺序存储　　　　(b) 二维数组的列优先顺序存储

图 5.2　二维数组的顺序存储方式

不论按行优先顺序存储还是按列优先顺序存储,多维数组在内存被映像为向量,即用向量作为数组的一种存储结构,这是因为内存的地址空间是一维的。数组的行、列固定后,通过一个映像函数,可根据数组元素的下标得到它的存储地址。

设有二维数组 $A=(a_{ij})_{m \times n}$,若每个元素占用 L 个存储单元,a_{11} 作为该数组的第一个元素,$LOC[a_{11}]$ 表示元素 a_{11} 的首地址,即数组的首地址。

1. 以行优先顺序存储

行优先顺序(Row Major Order):将数组元素按行排列,第(i+1)个行向量紧接在第 i 个行向量之后。对于二维数组,按行优先顺序存储的线性序列为

$$a_{11},a_{12},\cdots,a_{1n},a_{21},a_{22},\cdots,a_{2n},\cdots,a_{m1},a_{m2},\cdots,a_{mn}$$

PASCAL、C 语言是按行优先顺序存储的,如图 5.2(a)所示。

(1) 第 1 行中的每个元素对应的地址为

$$LOC[a_{1j}]=LOC[a_{11}]+(j-1) \times L, j=1,2,\cdots,n$$

(2) 第 2 行中的每个元素对应的地址为

$$LOC[a_{2j}]=LOC[a_{11}]+n \times L+(j-1) \times L, j=1,2,\cdots,n$$

(3) 第 m 行中的每个元素对应的地址为

$$LOC[a_{mj}]=LOC[a_{11}]+(m-1)\,n \times L+(j-1) \times L, j=1,2,\cdots,n$$

由此可知,二维数组中任意元素 a_{ij} 的地址为

$$LOC[a_{ij}] = LOC[a_{11}] + [(i-1) \times n + (j-1)] \times L, \quad i=1,2,\cdots,m, j=1,2,\cdots,n$$
$$(5.1)$$

根据式(5.1),对于三维数组 $A = (a_{ijk})_{m \times n \times p}$,若每个元素占用 L 个存储单元,$LOC[a_{111}]$ 表示元素 a_{111} 的首地址,即数组的首地址。以行优先顺序存储在内存中,那么从图5.3可以看出,三维数组中任意元素 a_{ijk} 的地址为

$$LOC(a_{ijk}) = LOC[a_{111}] + [(i-1) \times n \times p + (j-1) \times p + (k-1)] \times L \quad (5.2)$$

推而广之,对 n 维数组 $A = (a_{j_1 j_2 \cdots j_n})$,若每个元素占用 L 个存储单元,$LOC[a_{11\cdots1}]$ 表示元素 $a_{11\cdots1}$ 的首地址。以行优先顺序存储在内存中,n 维数组中任一元素 $a_{j_1 j_2 \cdots j_n}$ 的地址为

$$LOC[a_{j_1 j_2 \cdots j_n}] = LOC[a_{11\cdots1}] + [(b_2 \times \cdots \times b_n) \times (j_1 - 1)$$
$$+ (b_3 \times \cdots \times b_n) \times (j_2 - 1) + \cdots + b_n \times (j_{n-1} - 1) + (j_n - 1)] \times L$$
$$(5.3)$$

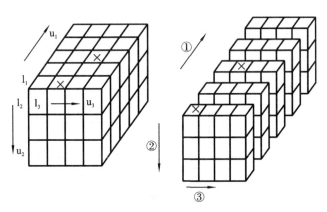

图 5.3 三维数组的表示

2. 以列优先顺序存储

列优先顺序(Column Major Order):将数组元素按列向量排列,第(j+1)个列向量紧接在第 j 个列向量之后。对于二维数组,按列优先顺序存储的线性序列为

$$a_{11}, a_{21}, \cdots, a_{m1}, a_{12}, a_{22}, \cdots, a_{m2}, \cdots, a_{1n}, a_{2n}, \cdots, a_{mn}$$

FORTRAN 语言是按列优先顺序存储的,如图5.2(b)所示。

(1) 第1列中的每个元素对应的地址为
$$LOC[a_{j1}] = LOC[a_{11}] + (j-1) \times L, j=1,2,\cdots,m$$

(2) 第2列中的每个元素对应的地址为
$$LOC[a_{j2}] = LOC[a_{11}] + m \times L + (j-1) \times L, j=1,2,\cdots,m$$

(3) 第n列中的每个元素对应的地址为
$$LOC[a_{jn}] = LOC[a_{11}] + (n-1) \times m \times L + (j-1) \times L, j=1,2,\cdots,m$$

由此可知,二维数组中任意元素 a_{ji} 的地址为
$$LOC[a_{ji}] = LOC[a_{11}] + [(i-1) \times m + (j-1)] \times L, i=1,2,\cdots,n, j=1,2,\cdots,m$$
$$(5.4)$$

例5.1 若6行5列的数组以列优先顺序存储,基地址为1000,每个元素占2个存储单

元,则第 3 行第 4 列元素(假定无第 0 行第 0 列)的地址是多少?

解　根据式(5.4),LOC(a_{34})＝LOC[a_{11}]＋[(4－1)×6＋(3－1)]×2＝1000＋[(4－1)×6＋(3－1)]×2＝1040,所以第 3 行第 4 列元素的地址是 1040 号单元。

例 5.2　若矩阵 $A_{m×n}$ 中存在某个元素 a_{ij} 满足:a_{ij} 是第 i 行中最小值且是第 j 列中的最大值,则该元素称为矩阵 A 的一个鞍点。试编写一个算法,找出 A 中的所有鞍点。

解　基本思想:先在矩阵 A 中求出每行的最小值元素,然后判断该元素是否是它所在列中的最大值,是则打印,接着处理下一行。矩阵 A 用一个二维数组表示。

具体算法见算法 5.1。

算法 5.1

```
void  saddle(int A[ ][ ],int m, int n)    /*m 和 n 是矩阵 A 的行数和列数*/
{  int i,j,min;
   for(i=0;i<m;i++)                        /*按行处理*/
   {  min=A[i][0]
      for(j=1; j<n; j++)
        if(A[i][j]<min) min=A[i][j];       /*找第 i 行的最小值*/
      for(j=0; j<n; j++)                    /*检测该行中的每个最小值是否是鞍点*/
        if(A[i][j]==min)
        {  k=j;   p=0;
           while(p<m && A[p][j]<=min)    p++;
           if(p>=m) printf("%d,%d,%d\n", i,k,min);
        }
   }
}
```

不难得出,算法 5.1 的时间复杂度为 O(m×(n＋m×n))。

5.2　特殊矩阵的压缩存储

在使用高级语言编程时,通常将一个矩阵描述为一个二维数组。这样,可以对其元素进行随机存取,各种矩阵运算也非常简单。具有数学意义的矩阵是这样定义的:它是一个由 m×n 个元素排成的 m 行(横向)、n 列(纵向)的表。图 5.4 所示的就是一个 m×n 矩阵。

$$\begin{bmatrix} a_{11} & a_{12} & \cdots & a_{1n} \\ a_{21} & a_{22} & \cdots & a_{2n} \\ \vdots & \vdots & & \vdots \\ a_{m1} & a_{m2} & \cdots & a_{mn} \end{bmatrix}$$

图 5.4　m×n 矩阵

所谓特殊矩阵就是元素值的排列具有一定规律的矩阵。常见的这类矩阵有对称矩阵、下(上)三角矩阵、对角线矩阵等。可以利用特殊矩阵的规律来进行压缩存储,即为多个值相同的元素只分配一个存储空间,对 0 元素不分配存储空间,因此就不必占用 m×n 个空间。

5.2.1　对称矩阵

若一个 n 阶方阵 $A＝(a_{ij})_{n×n}$ 中的元素满足如下性质:

$$a_{ij}＝a_{ji}, \quad 1\leqslant i,j\leqslant n \text{且} i\neq j$$

$$A = \begin{bmatrix} 3 & 6 & 4 & 7 & 8 \\ 6 & 2 & 8 & 4 & 2 \\ 4 & 8 & 1 & 6 & 9 \\ 7 & 4 & 6 & 0 & 5 \\ 8 & 2 & 9 & 5 & 7 \end{bmatrix}$$

图 5.5 五阶对称矩阵

则 A 称为对称矩阵。图 5.5 所示的矩阵是五阶对称矩阵。

对称矩阵关于主对角线对称,因此只需存储上三角或下三角部分即可。例如,若只存储下三角中的元素 a_{ij},其特点是 $j \leqslant i$ 且 $1 \leqslant i \leqslant n$,对于上三角中的元素 a_{ji},它和对应的 a_{ij} 相等,因此当访问的元素在上三角时,直接去访问和它对应的下三角元素即可,这样,原来需要 $n \times n$ 个存储单元,现在只需要 $n(n+1)/2$ 个存储单元了,节约了 $n(n-1)/2$ 个存储单元。当 n 较大时,这是相当可观的一部分存储资源。可用数组 $SA[n(n+1)/2]$ 来压缩存储该对称矩阵,如图 5.6 所示。

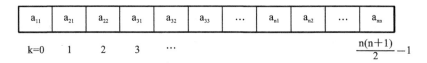

图 5.6 对称矩阵的存储顺序

下三角中的元素 a_{ij},其特点是:$i \geqslant j$ 且 $1 \leqslant i \leqslant n$,存储到 SA 中后,根据存储原则,它前面有 $(i-1)$ 行,共有 $(1+2+\cdots+i-1)$ 个 $=[i \times (i-1)/2]$ 个元素,而 a_{ij} 又是它所在的行中的第 j 个,所以在上面的排列顺序中,a_{ij} 是第 $[i \times (i-1)/2+j]$ 个元素,因此它在 SA 中的下标 k 与 i,j 的关系为

$$k = i \times (i-1)/2 + j - 1, \quad 0 \leqslant k < n \times (n+1)/2 \tag{5.5}$$

若 $i < j$,则 a_{ij} 是上三角中的元素,因为 $a_{ij} = a_{ji}$,这样,访问上三角中的元素 a_{ij} 时,只需访问和它对应的下三角中的 a_{ji} 即可,因此将式(5.5)中的行列下标交换就是上三角中的元素在 SA 中的对应关系,即

$$k = j \times (j-1)/2 + i - 1, \quad 0 \leqslant k < n \times (n+1)/2 \tag{5.6}$$

综上所述,对于对称矩阵中的任意元素 a_{ij},若令 $I = \max(i,j)$,$J = \min(i,j)$,则将式(5.5)、式(5.6)综合起来得到式(5.7),即

$$k = I \times (I-1)/2 + J - 1 \tag{5.7}$$

5.2.2 三角矩阵

以主对角线划分,三角矩阵有上三角和下三角两种。如图 5.7 所示,其中 c 为某个常数。其中图 5.7(a)所示的为下三角矩阵,主对角线以上均为同一个常数;图 5.7(b)所示的为上三角矩阵,主对角线以下均为同一个常数。下面讨论它们的压缩存储方法。

$$\begin{bmatrix} 3 & c & c & c & c \\ 6 & 2 & c & c & c \\ 4 & 8 & 1 & c & c \\ 7 & 4 & 6 & 0 & c \\ 8 & 2 & 9 & 5 & 7 \end{bmatrix} \qquad \begin{bmatrix} 3 & 4 & 8 & 1 & 0 \\ c & 2 & 9 & 4 & 6 \\ c & c & 1 & 5 & 7 \\ c & c & c & 0 & 8 \\ c & c & c & c & 7 \end{bmatrix}$$

(a)下三角矩阵   (b)上三角矩阵

图 5.7 三角矩阵

上三角矩阵的下三角(不包括主对角线)中的元素均为常数 c(一般为 0)。下三角矩阵正好相反,它的主对角线上方均为常数。对于三角矩阵,考虑压缩存储时就是把上三角或下三角中的常数只存储在一个空间即可,不要存储多个,这样便可节省部分空间。

1. 下三角矩阵

三角矩阵中的重复元素 c 可共享一个存储空间,其余的元素正好有 n(n+1)/2 个,因此,三角矩阵可压缩存储到数组 SA[0..n(n+1)/2]中,其中 c 存放在数组的最后一个分量 SA[n(n+1)/2]中。

下三角矩阵的存储与对称矩阵的基本类似,不同之处在于存储完下三角中的所有元素之后,紧接着存储对角线上方的常量,因为是同一个常数,所以存入一个元素即可,这样一共存储了[n×(n+1)/2+1]个元素,设存入数组 SA[n×(n+1)/2+1]中,这种存储方式可节约[n×(n−1)/2−1]个存储单元,SA[k]与 a_{ji} 的对应关系见式(5.8),存储形式如图 5.8 所示。

$$k = \begin{cases} i \times (i-1)/2 + j - 1, & i \geqslant j \\ n \times (n+1)/2, & i < j \end{cases} \tag{5.8}$$

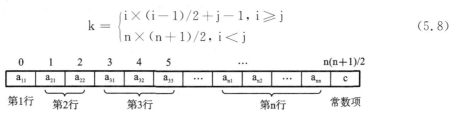

图 5.8　下三角矩阵压缩存储图

2. 上三角矩阵

对于上三角矩阵,存储方法与下三角矩阵的类似,以行优先顺序存储上三角部分,最后存储对角线下方的常量。第 1 行存储 n 个元素,第 2 行存储(n−1)个元素,…,第 p 行存储(n−p+1)个元素,a_{ij} 的前面有(i−1)行,共存储[n+(n−1)+…+(n−p+1)]个 = $\sum_{p=1}^{i-1} n-i+1 = (i-1) \times (2n-i+2)/2$ 个元素。

a_{ij} 是它所在的行中要存储的第(j−i+1)个,也就是上三角存储顺序中的第[(i−1)×(2n−i+2)/2+(j−i+1)]个,因此它在 SA 中的下标为 k=(i−1)×(2n−i+2)/2+j−i。

综上所述,SA[k]与 a_{ij} 的对应关系为

$$k = \begin{cases} (i-1) \times (2n-i+2)/2 + j - i, & i \leqslant j \\ n \times (n+1)/2, & i > j \end{cases} \tag{5.9}$$

5.2.3　对角矩阵

何为对角矩阵呢? 在一个矩阵中,除了主对角线和主对角线上方或下方若干条对角线上的元素外,其余元素皆为零或常数,即所有的非零元素集中在以主对角线为中心的带状区域中。n 阶矩阵 A 称为带状矩阵,如果存在最小正数 m,满足当|i−j|≥m 时,$a_{ij}=0$,w=2m−1 称为矩阵 A 的带宽。图 5.9 所示的是一个 w=3(m=2)的带状矩阵。带状矩阵也称为对角矩阵。

不失一般性,下面以三对角矩阵为例,讨论如何将对角矩阵存储到一维数组中。对于 n 阶三对角矩阵,当以行优先顺序存储时,第 1 行和第 n 行需要保存的是 2 个非零元素,其余

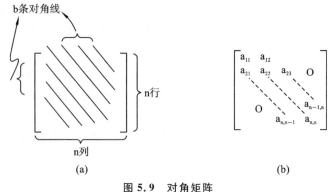

图 5.9　对角矩阵

每行的非零元素都是 3 个,则需要存储的元素个数总量为 3n－2。若存入的数组空间为 B[1..3n－2],则不难得出,元素在一维数组 B 中的下标 k 和元素在矩阵中的下标 i 和 j 的对应关系为

$$k=3(i-1)\quad(主对角线左下角,即\ i=j+1)$$
$$k=3(i-1)+1\quad(主对角线上,即\ i=j)$$
$$k=3(i-1)+2\quad(主对角线右上角,即\ i=j-1)$$

由以上三式,得

$$k=2(i-1)+j,\ 1\leqslant i,j\leqslant n,1\leqslant k\leqslant 3n-2 \tag{5.10}$$

数组 B 中的元素 B[k]与三对角矩阵中的元素 a_{ij} 存在一一对应关系,在 a_{ij} 之前有(i－1)行,共有[3×(i－1)－1]个非零元素,在第 i 行,a_{ij} 之前还有(j－i＋1)个非零元素,所以,非零元素 a_{ij} 的地址为

$$LOC[a_{ij}]=LOC[a_{11}]+[3\times(i-1)-1+(j-i+1)]\times L$$
$$=LOC[a_{11}]+[2\times(i-1)+j-1]\times L$$

例 5.3　a_{34} 应该存储在数组 B 的哪个位置上?数组 a 的首元是 a_{11},数组 B 的首元是 B_1。

解　由式(5.10)得

$$k=2\times(i-1)+j=2\times2+4=8$$

上述各种特殊矩阵,其非零元素的分布都是有规律的,因此总能找到一种方法将它们压缩存储到一个一维数组中,并且一般都能找到矩阵中的元素与该数组的对应关系,通过这个关系,仍能对矩阵的元素进行随机存取。

5.3　稀疏矩阵

$$\begin{bmatrix} 3 & 0 & 0 & 0 & 7 \\ 0 & 0 & -1 & 0 & 0 \\ -1 & -2 & 0 & 0 & 0 \\ 0 & 0 & 0 & 0 & 0 \\ 0 & 0 & 0 & 2 & 0 \end{bmatrix}$$

图 5.10　稀疏矩阵

设矩阵 A 是一个 m 行、n 列的矩阵,其中含 t 个非零元素,则 $\delta=\dfrac{t}{m\times n}$ 称为矩阵的稀疏因子。如果某一矩阵的稀疏因子 δ 满足 $\delta\leqslant 0.05$,则该矩阵称为稀疏矩阵(Sparse Matrix),如图 5.10 所示。

很明显,一个稀疏矩阵里存在大量的零元素,若以常规方法,即以二维数组来表示高阶的稀疏矩阵时产生如下问题:

（1）零元素占了很多空间；

（2）如果进行计算,则会进行很多与零值有关的计算,如进行除法计算,还需判别除数是否为零。

要考虑如何来避免这些问题,则需要采取一些非常规的存储方式。

5.3.1　稀疏矩阵的三元组存储

对于稀疏矩阵,因为存在大量的零元素,这些零元素并不需要存储,所以当采用压缩存储方法时,可以只存储非零元素。为了能准确定位该非零元素,必须存储非零元素的行下标、列下标、元素值。因此,可以用一个三元组(i, j, a_{ij})来唯一确定稀疏矩阵的一个非零元素。

1. 稀疏矩阵的三元组的定义

图 5.10 所示的稀疏矩阵 A 的三元组线性表为$((1,1,3),(1,5,7),(2,3,-1),(3,1,-1),(3,2,-2),(5,4,2))$。若以行优先顺序存储,稀疏矩阵中所有非零元素的三元组,就可以得到构成该稀疏矩阵的一个三元组顺序表。

三元组节点定义如下。

```
#define MAX_SIZE 101
typedef int elemtype;
typedef struct
{
    int  row;        /*行下标*/
    int  col;        /*列下标*/
    elemtype value;  /*元素值*/
}Triple;
```

三元组顺序表定义如下。

```
typedef struct
{
    int  rn;   /*行数*/
    int  cn;   /*列数*/
    int  tn;   /*非零元素个数*/
    Triple  data[MAX_SIZE];
}TMatrix;
```

如图 5.11(a)所示,稀疏矩阵对应的三元组顺序表如图 5.11(b)所示。

为什么在定义三元组顺序表时一定要标识出该稀疏矩阵的行数和列数呢? 因为只有在给出了该稀疏矩阵的行数和列数,以及非零元素的三元组顺序表后,才能唯一对应该稀疏矩阵。

2. 稀疏矩阵的转置

在压缩存储方式下,如何实现该稀疏矩阵的转置操作呢?

一个 $m \times n$ 的矩阵 M,它的转置矩阵 T 是一个 $n \times m$ 的矩阵,且 $T[i][j] = M[j][i]$,$0 \leqslant i \leqslant n$,$0 \leqslant j \leqslant m$,即 T 的行是 M 的列,T 的列是 M 的行。

如图 5.12 所示,设稀疏矩阵 A 是按行优先顺序压缩存储在三元组顺序表 a.data 中的,若仅仅是简单地交换 a.data 中 i 和 j 的内容,得到三元组顺序表 b.data,b.data 将是一个按

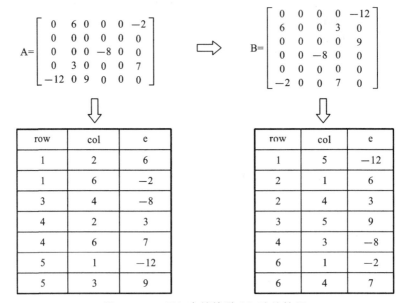

图 5.11 稀疏矩阵的三元组存储

列优先顺序存储的稀疏矩阵 B,要得到按行优先顺序存储的 b. data,就必须重新排列三元组顺序表 b. data 中元素的顺序。

$$A = \begin{bmatrix} 0 & 6 & 0 & 0 & 0 & -2 \\ 0 & 0 & 0 & 0 & 0 & 0 \\ 0 & 0 & 0 & -8 & 0 & 0 \\ 0 & 3 & 0 & 0 & 0 & 7 \\ -12 & 0 & 9 & 0 & 0 & 0 \end{bmatrix} \Rightarrow B = \begin{bmatrix} 0 & 0 & 0 & 0 & -12 \\ 6 & 0 & 0 & 3 & 0 \\ 0 & 0 & 0 & 0 & 9 \\ 0 & 0 & -8 & 0 & 0 \\ 0 & 0 & 0 & 0 & 0 \\ -2 & 0 & 0 & 7 & 0 \end{bmatrix}$$

row	col	e
1	2	6
1	6	-2
3	4	-8
4	2	3
4	6	7
5	1	-12
5	3	9

row	col	e
1	5	-12
2	1	6
2	4	3
3	5	9
4	3	-8
6	1	-2
6	4	7

图 5.12 三元组存储的稀疏矩阵的转置

求转置矩阵的基本算法思想如下。

(1) 将矩阵的行、列下标交换,即将三元组顺序表中的行、列下标相互交换。

(2) 重排三元组顺序表中元素的顺序,即交换后仍然是按行优先顺序存储的。

1) 方法 1

算法思路:按稀疏矩阵 A 的三元组顺序表 a. data 中的列次序依次找到相应的三元组存入 b. data 中。

每找到转置后矩阵的一个三元组,需从头至尾扫描整个三元组顺序表 a. data。按此方法找到之后自然就成为按行优先顺序转置矩阵的压缩存储表示。具体算法见算法 5.2。

算法 5.2

```
void TransMatrix(TMatrix a, TMatrix b)
{
```

```
        int p, q, col;
        /*转置三元组顺序表 b.data 的行数、列数和非零元素个数*/
        b.rn=a.cn;  b.cn=a.rn;  b.tn=a.tn;
        if(b.tn==0)    printf("The Matrix A=0\n");
        else {
                q=0;
                for(col=1; col<=a.cn; col++) /*每循环一次找到转置后的一个三元组*/
                  for(p=0;p<a.tn; p++)        /*循环次数是非零元素个数*/
                    if(a.data[p].col==col)
                    {
                        b.data[q].row=a.data[p].col;
                        b.data[q].col=a.data[p].row;
                        b.data[q].value=a.data[p].value;
                        q++;
                    }
        }
    }
```

算法 5.2 的主要工作是在 p 和 col 的两个 for 循环中完成的,故算法的时间复杂度为 $O(cn \times tn)$,即算法时间复杂度与矩阵的列数和非零元素的个数的乘积成正比。

一般传统矩阵的转置算法为

```
    for(col=1; col<=n;++col)
        for(row=1; row<=m;++row)
            b[col][row]=a[row][col];
```

其时间复杂度为 $O(n \times m)$。当非零元素的个数 tn 和 $m \times n$ 同数量级时,TransMatrix 的时间复杂度为 $O(m \times n^2)$。由此可见,虽然节省了存储空间,但时间复杂度却大大增加。所以上述算法只适合于稀疏矩阵中非零元素的个数 tn 远远小于 $m \times n$ 的情况。

2) 方法 2

算法思路: 一遍扫描三元组顺序表 A.data,将每个元素放到转置后的三元组顺序表 B.data 的正确位置上,无须为了找到转置后矩阵的每个三元组,都从头至尾扫描整个三元组顺序表 A.data。此算法为快速转置算法。为了做到这一点,需要求出矩阵 A 中每列第 1 个非零元素的位置和每列非零元素的个数。为此,增加存放每列非零元素个数的一维数组 number[]和每列第 1 个非零元素在 B 中位置的一维数组 position[],其关系为

$$position[j] = \begin{cases} 0, & j=1 \\ position[j-1]+number[j-1], & 1<j \leqslant A.n \end{cases} \qquad (5.11)$$

矩阵 A 的 number[]和 position[]的值如图 5.13 所示。

快速转置算法见算法 5.3。

算法 5.3

```
    TMatrix FastTransMatrix(TMatrix A, TMatrix B)
    {  /*在三元组顺序表上实现矩阵的快速转置的算法*/
        int j,t,p;
```

row	col	e
1	2	6
1	6	−2
3	4	−8
4	2	3
4	6	7
5	1	−12
5	3	9

A.data

row	col	e
1	5	−12
2	1	6
2	4	3
3	5	9
4	3	−8
6	1	−2
6	4	7

B.data

j	1	2	3	4	5	6
number[j]	1	2	1	1	0	2
position[j]	0	1	3	4	5	5

图 5.13 三元组存储的稀疏矩阵的快速转置

```
B.m=A.n;  B.n=A.m;  B.len=A.len;
if(A.len)
{  for(j=1;j<=A.n;j++)        /*矩阵 A 每列非零元素初始化为零*/
      number[j]=0;
   for(t=1;t<=A.len;t++)      /*求矩阵 A 每列非零元素的个数*/
      number[A.data[t].col]++;
   position[1]=0;
   for(j=2;j<=A.n;j++)        /*求 A.data 第 j 列第 1 个非零元素在 B.data 中的序号*/
      position[col]=position[col-1]+number[col-1];
      for(p=1;p<=A.len;p++)   /*求转置矩阵 B 的三元组顺序表*/
      {  j=A.data[p].col;  q=position[j];
         B.data[q].row=A.data[p].col;
         B.data[q].col=A.data[p].row;
         B.data[q].e=A.data[p].e;
         position[j]++;
      }
}
   return B;
}
```

FastTransMatrix 的时间复杂度为 $O(n+len)$,约为 $O(m \times n)$。

3. 稀疏矩阵的乘法

在压缩存储方式下如何实现稀疏矩阵的乘法呢?

设有两个矩阵 $A=(a_{ij})_{m \times n}$,$B=(b_{ij})_{n \times p}$,设 A 与 B 的乘积为 $C=(c_{ij})_{m \times p}$,则

$$c_{ij} = \sum a_{ik} \times b_{kj}, 1 \leqslant k \leqslant n, 1 \leqslant i \leqslant m, 1 \leqslant j \leqslant p$$

经典算法是三重循环,即

```
for(i=1; i<=m;++i)
```

```
    for(j=1; j<=p;++j)
    {
        c[i][j]=0;
        for(k=1; k<=n;++k)
            c[i][j]=c[i][j]+a[i][k]*b[k][j];
    }
```

此算法的时间复杂度为 $O(m \times n \times p)$。

在经典算法中,无论 a[i][k] 或 b[k][j] 的值是否为 0,都要进行一次乘法运算,而实际上,只要两个值中有一个为 0,其积就为 0。特别是当 m、n、p 很大且矩阵又是稀疏矩阵时,上述经典算法明显做了许多无效的运算。

设有两个稀疏矩阵 $A = (a_{ij})_{m \times n}$,$B = (b_{ij})_{n \times p}$,其存储结构采用行优先顺序存储的三元组顺序表。

算法思路:(1) A 中第 i 行和 B 中的第 j 列元素进行运算。

(2) A 中第 i 行的第 k 列元素 A[i][k] 始终与 B 中的第 k 行元素进行运算。

(3) 可以考虑按行运算:设置一个数组,用于记录 A[i][k] 和 B 的第 k 行元素的乘积,当 k 从 0 到 n_1 变化时,计算并依次累加即可。

改进的三元组顺序表的类型定义如下:

```
#define MAXSIZE 1000        //用户自定义
#define MAXROW 100          //用户自定义
typedef struct              //三元组
{   int row,col;            //非零元素的行号、列号
    ElemType e;             //非零元素的值
}Triple;
typedef struct
{   Triple data[MAXSIZE+1]; //三元组顺序表,data[0]未用
    int position[MAXROW+1]; //各行第 1 个非零元素的位置表
    int m,n,len;            //矩阵的行数、列数和非零元素的个数
}TSMatrix;
```

矩阵乘法的具体算法实现见算法 5.4。

算法 5.4

```
int MultMatrix(TSMatrix A, TSMatrix B, TSMatrix *C)
{   /*采用改进的三元组顺序表表示法,求矩阵乘积 C=A*B*/
    int crow,ccol,q,p;
    if(A.n!=B.m) return 0;
    C->m=A.m; C->n=B.n; C->len=0;
    if(A.len*B.len!=0)
    {
        p=0;
        while(p<A.len)/*处理 A 的当前元素*/
        {
```

```
crow=A.data[p].row;
for(ccol=0;ccol<C->n;ccol++) sum[ccol]=0;   /*当前列各元素清零*/
while(p<A.len && A.data[p].row==crow)
{
    brow=A.data[p].col;        /*B的当前行等于A的当前元素的列号*/
    for(q=B.position[brow];q<B.position[brow+1];q++)
                                              /*处理B的当前行*/
    {
        ccol=B.data[q].col;    /*乘积元素在C中的列号*/
        sum[ccol]+=A.data[p].e*B.data[q].e;
    }
    p++;
}//while(p<A.len && A.data[p].row==crow)
for(ccol=0;ccol<C->n;ccol++)
/*压缩存储该行非零元素到三元组顺序表C.data中*/
    if(sum[ccol])
    {
        if(++C->len>MAXSIZE)   return 0;
        C->data[C->len].row=crow;
        C->data[c->len].col=ccol;
        C->data[C->len].e=sum[ccol];
    }
}
return 1;
}
```

5.3.2 稀疏矩阵的十字链表存储

对于稀疏矩阵,当非零元素的个数和位置在操作过程中变化较大时,采用链式存储结构表示比三元组的线性表更方便。

首先,矩阵中非零元素的节点所含的域有行、列、值、行指针(指向同一行的下一个非零元素)、列指针(指向同一列的下一个非零元素)。其次,十字链表还有一个头节点,节点的结构如图 5.14 所示。

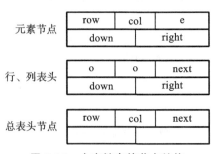

图 5.14　十字链表的节点结构

由定义可知,稀疏矩阵中同一行的非零元素由 right 指针域链接成一个行链表,由 down 指针域链接成一个列链表,则每个非零元素既是某个行链表中的一个节点,同时又是某个列链表中的一个节点,所有的非零元素构成一个十字交叉的链表,所以称为十字链表。节点结构可用 C 语言定义如下:

```
typedef struct OLNode
{   int row,col;
    union
    {
        struct OLNode *next;      /*表头节点使用 next 域*/
        ElemType   e;             /*元素节点使用 e 域*/
    }uval;
    struct OLNode *down,*right;
}*Olink;
```

有一个稀疏矩阵(见图 5.15),它的十字链表存储结构是怎样的?

用十字链表表示稀疏矩阵的基本思想:将每个非零元素存储为一个节点,节点由 5 个域组成,其结构如图 5.14 所示,其中,row 存储非零元素的行号,col 存储非零元素的列号,e 存储非零元素的值,right、down 是两个指针域。根据此结构,可得图 5.15 所示稀疏矩阵 A 的存储结构,如图 5.16 所示。

$$A=\begin{bmatrix} 0 & 6 & 0 & 0 & 0 & -2 \\ 0 & 0 & 0 & 0 & 0 & 0 \\ 0 & 0 & 0 & -8 & 0 & 0 \\ 0 & 3 & 0 & 0 & 0 & 7 \\ -12 & 0 & 9 & 0 & 0 & 0 \end{bmatrix}$$

图 5.15 稀疏矩阵 A

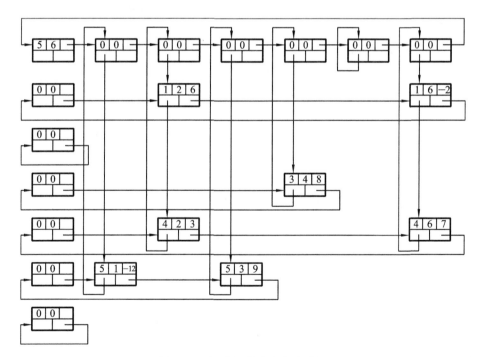

图 5.16 矩阵 A 的十字链表结构

对于稀疏矩阵,如何用算法来建立其十字链表呢? 具体算法见算法 5.5。

算法 5.5

```
OLink CreatCrossList()
{/*建立十字链表*/
    int m,n,t,maxn;
    scanf(&m,&n,&t);                    /*读入行数、列数及非零元素的个数*/
    if(m>n)  maxmn=m;
    else     maxmn=n;
    head=(OLNode *)malloc(sizeof(OLNode));
    head->row=m;    head->col=n;
    h[maxmn]=head;                      /*h[maxmn+1]为一组指示行、列表头节点的指针*/
    for(i=0;i<maxmn;i++)               /*建立表头节点的循环链表*/
    { p=(OLNode *)malloc(sizeof(OLNode));
      p->row=0;   p->col=0;
      p->down=p;  p->right=p;
      h[i]=p;
      if(i==0) head->uval.next=p;
      else h[i-1]->uval.next=p;
    }
    p->uval.next=head;                 /*最后一个节点指向表头节点*head*/
    for(num=1;num<=t;num++)
    { scanf(&row,&col,&e);             /*输入一个非零元素的三元组*/
      p=(OLNode *)malloc(sizeof(OLNode));  /*生成节点*/
      p->row=row;    p->col=col;  p->uval.e=e;
      q=h[row];
      while(q->right!=h[row] && q->right->col< col)  /*查*p在row行的插入位置*/
        q=q->right;
      p->right=q->right;q->right=p;    /*把*p插入第row行的循环链表中*/
      q=h[col];
      while(q->down!=h[col] && q->down->row< row)
        q=q->down;                     /*查*p在col列的插入位置*/
      p->down=q->down; q->down=p;      /*把*p插入第col列的循环链表中*/
    }
    return head;
}
```

从上述算法可以分析出,建立十字链表算法的时间复杂度为 $O(t \times \max(m,n))$,其中 t 为非零元素的个数。

5.4　广义表

5.4.1　广义表的定义

广义表,又称为列表,是线性表的另一种拓展。前面已经知道,线性表定义为 n(n≥0)个元素 $a_1, a_2, a_3, \cdots, a_n$ 的有限序列。线性表的元素仅限于原子,原子作为结构上不可分割的成分,它可以是一个数,也可以是一个结构,若放松对表元素的这种限制,允许它们各自具有其结构,这样就产生了广义表的概念。

广义表是 n(n≥0)个元素 $a_1, a_2, a_3, \cdots, a_n$ 的有限序列,其中 a_i 或是原子,或是一个广义表,通常记作 LS＝$(a_1, a_2, a_3, \cdots, a_n)$。LS 是广义表的名字,n 为广义表的长度。若 a_i 是广义表,则它为 LS 的子表。

通常用圆括号将广义表括起来,用逗号分隔其中的元素。为了区别原子和广义表,书写时用大写字母表示广义表,用小写字母表示原子。若广义表 LS(n≥1)非空,则 a_1 是 LS 的表头,其他元素组成的表$(a_2, a_3, \cdots, a_n)$称为 LS 的表尾。

显然广义表是递归定义的,这是因为在定义广义表时又用到了广义表的概念。

1. 广义表的形式

(1) A＝( ):表 A 是一个空表,其长度为 0。

(2) B＝(e,f):表 B 有两个原子,B 的长度为 2。

(3) C＝(a,(b,c)):表 C 的长度为 2,两个元素分别为原子 a 和子表(b,c)。

(4) D＝(B,A,C):表 D 的长度为 3,三个元素都是广义表。显然,将子表的值代入后,则有 D＝((e,f),( ),(a,(b,c)))。

(5) E＝(a,E):这是一个递归的表,它的长度为 2,E 相当于一个无限的广义表 E＝(a,(a,(a,(a,⋯))))。

2. 广义表的重要性质

广义表的性质主要有以下几个方面。

(1) 广义表是一种多层次的数据结构。广义表的元素可以是单元素,也可以是子表,而子表的元素还可以是子表。

(2) 广义表可以是递归的表。广义表的定义并没有限制元素的递归,即广义表也可以是其自身的子表。如表 E 就是一个递归的表。

(3) 广义表可以为其他表所共享。例如,表 A、表 B、表 C 是表 D 的共享子表。在表 D 中可以不必列出子表的值,而用子表的名称来引用。

广义表的上述特性对于它的使用价值和应用效果起到了很大的作用。

广义表可以看成是线性表的拓展,线性表是广义表的特例。广义表的结构相当灵活,在某种前提下,它可以兼容线性表、数组、树和有向图等常用的数据结构。

当二维数组的每行(或每列)作为子表处理时,二维数组即为一个广义表。另外,后述章节提到的树和有向图也可以用广义表来表示。

由于广义表不仅集中了线性表、数组、树和有向图等常见数据结构的特点,而且可有效地利用存储空间,因此在计算机的许多应用领域都有成功使用广义表的实例。

广义表有两个重要的基本操作,即取表头操作(Head 或 GetHead)和取表尾操作(Tail 或 GetTail)。

由广义表的表头、表尾的定义可知,对于任意一个非空的列表,其表头可能是单元素,也可能是列表,而表尾必为列表。

此外,在广义表上可以定义与线性表类似的一些操作,如建立、插入、删除、拆开、连接、复制、遍历等。

例 5.4 求下列广义表操作的结果。

(1) GetHead((a,b,c))。

(2) GetTail((a,b,c,d))。

(3) GetHead(((a,b),(d)))。

(4) GetTail(((a,b),(d)))。

(5) GetHead(GetTail(((a,b),(c,d))))。

解 (1) 取表头:GetHead((a,b,c))=a。

(2) 取表尾:GetTail((a,b,c,d))=(b,c,d)。

(3) 取表头:GetHead(((a,b),(d)))=(a,b)。

(4) 取表尾:GetTail(((a,b),(d)))=((d))。

(5) 取表头:GetHead(GetTail(((a,b),(c,d))))=(c,d)。

5.4.2 广义表的存储结构

由于广义表中的数据元素可以具有不同的结构,因此难以用顺序的存储结构来表示。而链式的存储结构分配较为灵活,易于解决广义表的共享与递归问题,所以通常采用链式的存储结构来存储广义表。在这种表示方式下,每个数据元素可用一个节点来表示。

按节点形式的不同,广义表的链式存储结构又可分为不同的两种存储方式:一种称为头尾表示法,另一种称为孩子兄弟表示法。

1. 头尾表示法

若广义表不空,则可分解成表头和表尾;反之,一对确定的表头和表尾可唯一地确定一个广义表。头尾表示法就是根据这一性质设计而成的一种存储方法。

由于广义表中的数据元素既可能是列表,也可能是单元素。相应地,在头尾表示法中节点的结构形式有两种:一种是表节点,用于表示列表;另一种是原子节点,用于表示单元素。在表节点中应该包括一个指向表头的指针和指向表尾的指针;而在原子节点中应该包括所表示单元素的元素值。为了区分这两类节点,在节点中还要设置一个标志域,如果标志为1,则表示该节点为表节点;如果标志为 0,则表示该节点为原子节点,具体结构如图 5.17 所示。

(a) 表节点　　　　　　　　　　　　　(b) 原子节点

图 5.17　头尾表示法节点的结构

头尾表示法节点的定义如下：

```
typedef enum{ATOM,LIST}ElemTag;    /*ATOM=0 表示原子,LIST=1 表示子表*/
typedef struct GLNode
{  ElemTag tag;                      /*公共部分,用于区分原子节点和表节点*/
   union                            /*原子节点和表节点的联合部分*/
   {  AtomType atom;                /*原子节点的值域*/
      struct { struct GLNode *hp,*tp;}ptr;
      /*ptr 是表节点的指针域,ptr.hp 和 ptr.tp 分别指向表头和表尾*/
   } val;
}*GList;                            /*广义表类型*/
```

如图 5.18 所示,采用头尾表示法容易分清列表中单元素或子表所在的层次。例如,在广义表 D 中,单元素 a 和 e 在同一层次上,而单元素 b、c、d 在同一层次上且比 a 和 e 低一层,子表 B 和 C 在同一层次上。另外,最高层的表节点的个数即为广义表的长度。例如,在广义表 D 的最高层有三个表节点,其广义表的长度为 3。

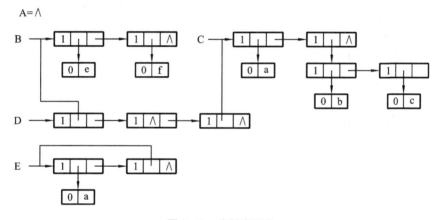

图 5.18　头尾表示法

2. 孩子兄弟表示法

广义表的另一种表示法称为孩子兄弟表示法。在孩子兄弟表示法中,也有两种节点形式:一种是有孩子节点,用于表示列表;另一种是无孩子节点,用于表示单元素。有孩子节点中包括一个指向第一个孩子(长子)的指针和一个指向兄弟的指针;而无孩子节点中包括一个指向兄弟的指针和该元素的元素值。为了区分这两类节点,在节点中还要设置一个标志域。如果标志为 1,则表示该节点为有孩子节点;如果标志为 0,则表示该节点为无孩子节点,具体结构如图 5.19 所示。

tag=1	hp	tp

(a) 表节点

tag=0	atom	tp

(b) 原子节点

图 5.19　孩子兄弟表示法节点的结构

孩子兄弟表示法节点的定义如下：

```
typedef enum{ATOM,LIST}ElemTag;   /*ATOM=0 表示原子,LIST=1 表示子表*/
```

```
typedef struct GLNode
{   ElemTag tag;                /*公共部分,用于区分原子节点和表节点*/
    union                       /*原子节点和表节点的联合部分*/
    {   AtomType atom;          /*原子节点的值域*/
        struct GLNode *hp;      /*表节点的表头指针*/
    }val;
    struct GLNode *tp;          /*相当于线性链表的 next,指向下一个原子节点*/
}*GList;                        /*广义表类型是一种扩展的线性链表*/
```

如图 5.20 所示,采用孩子兄弟表示法时,表达式中的左括号"("对应存储表示中的 tag=1 的节点,且最高层节点的 tp 必为 NULL。

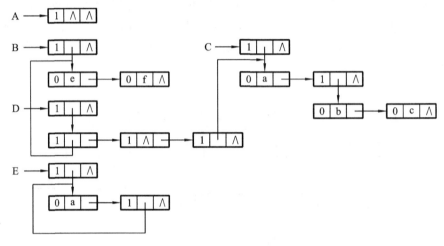

图 5.20　孩子兄弟表示法

5.4.3　广义表的基本操作

本书以头尾表示法来存储广义表,在此基础上讨论广义表的有关操作的实现。由于广义表的定义是递归的,因此相应的算法一般也都是递归的。下面分别给出广义表基本操作的 C 语言程序,供读者参考。

1. 广义表的取头、取尾

广义表的取头、取尾算法见算法5.6。

算法 5.6

```
GList Head(GList ls)
{
    if(ls->tag==1)
        p=ls->hp;
    return  p;
}
GList Tail(GList ls)
{
```

```
        if(ls->tag==1)
            p=ls->tp;
        return  p;
    }
```

2. 建立广义表的存储结构

建立广义表的存储结构算法见算法 5.7。

算法 5.7

```
    int  Create(GList *ls, char *S)
    {  Glist  p;  char  *sub;
       if(StrEmpty(S))  *ls=NULL;
       else {
            if(!(*ls=(GList)malloc(sizeof(GLNode))))  return  0;
            if(StrLength(S)==1) {
                (*ls)->tag=0;  (*ls)->data=S; }
            else {
                (*ls)->tag=1;p=*ls;
                hsub=SubStr(S,2,StrLength(S)-2);
                do {
                    sever(sub,hsub);
                    Create(&(p->ptr.hp), sub);
                    q=p;
                    if(!StrEmpty(sub)){
                        if(!(p=(GList)malloc(sizeof(GLNode))))  return 0;
                        p->tag=1; q->ptr.tp=p;}
                }while(!StrEmpty(sub));
                q->ptr.tp=NULL;  }  }
        return 1;
    }
    int  sever(char *str, char *hstr)
    {  int  n=StrLength(str);
       i=1; k=0;
       for(i=1, k=0; i<=n|| k!=0;++i)
       {  ch=SubStr(str,i,1);
          if(ch=='(')  k++;
          else  if(ch==')')  k--; }
       if(i<=n) {
          hstr=SubStr(str,1,i-2);
          str=SubStr(str,i,n-i+1); }
       else {
            StrCopy(hstr,str);
            ClearStr(str); }
    }
```

3. 以表头、表尾建立广义表

以表头、表尾建立广义表的算法见算法 5.8。

算法 5.8

```
int  Merge(GList ls1,GList ls2, Glist *ls)
{  if(!(*ls=(GList)malloc(sizeof(GLNode))))
      return 0;
   *ls->tag=1;
   *ls->hp=ls1;
   *ls->tp=ls2;
   return 1;
}
```

4. 求广义表的深度

求广义表的深度的算法见算法 5.9。

算法 5.9

```
int Depth(GList ls)
{  if(!ls)
      return  1;                   /*空表深度为 1*/
   if(ls->tag==0)
      return  0;                   /*单元素深度为 0*/
   for(max=0,p=ls; p; p=p->ptr.tp)
   {  dep=Depth(p->ptr.hp); /*求以 p->ptr.hp 尾头指针的子表深度*/
      if(dep>max)  max=dep;
   }
   return max+1;                   /*非空表的深度是各元素的深度的最大值加 1*/
}
```

5. 复制广义表

复制广义表的算法见算法 5.10。

算法 5.10

```
int  CopyGList(GList ls1, GList *ls2)
{  if(!ls1)  *ls2=NULL;            /*复制空表*/
   else {
         if(!(*ls2=(Glist)malloc(sizeof(Glnode)))) return 0;/*建表节点*/
         (*ls2)->tag=ls1->tag;
         if(ls1->tag==0)(*ls2)->data=ls1->data;     /*复制单元素*/
         else {
               /*复制广义表 ls1->ptr.hp 的一个副本*/
               CopyGList(&((*ls2)->ptr.hp), ls1->ptr.hp);
               /*复制广义表 ls1->ptr.tp 的一个副本*/
               CopyGList(&((*ls2)->ptr.tp), ls1->ptr.tp);
         }
   }
   return 1;
```

```
}
```

6. 计算广义表的所有原子节点数据域之和

计算广义表的所有原子节点数据域之和的算法见算法 5.11。

算法 5.11

```
int Count(glist *gl)
/*求广义表原子节点数据域之和,其节点数据域定义为整型*/
{  if(gl==NULL) return0;
   else if(gl->tag==0)  return((gl->data)+count(gl->link));
   else  return(count(gl->sublist)+count(gl->link));
}
```

例如,对广义表(3,(2,4,5),(6,3))而言,它的所有原子节点数据域之和为 23。

小　　结

数组可以看成是线性表的拓展,多维数组的组成元素是可以分解的。

二维数组即矩阵。普通矩阵的存储需要较多的空间,对于特殊矩阵,可根据其规律采取压缩存储来节省空间;而稀疏矩阵因零元素太多,故只以三元组存储结构(行、列、元素值)来顺序存储非零元素或以十字链表方式来进行链式存储。

从各层元素各自具有的线性关系来看,广义表属于线性表。但是广义表的元素不仅可以是单元素,还可以是一个广义表,因此,广义表也是拓展形式的线性表。

习　题　5

1. 填空题

(1) 可以进行压缩存储的三种特殊矩阵是_____、_____、_____矩阵。

(2) 对称矩阵的下三角元素 a[i,j],存放在一维数组 V 的元素 V[k]中,k 与 i,j 的关系是 k=_____。

(3) 在 n 维数组中,每个元素都受到_____个条件的约束。

(4) 对称的 n 阶矩阵的下三角各元素存储在一维数组 V 中,则 V 包含_____个元素。

(5) n 阶三角矩阵的上三角元素值相等,进行压缩存储时,该值存储在下标为_____的数组元素中。

(6) 数组的三元组存储是对_____矩阵的压缩存储。

(7) 对稀疏矩阵进行压缩存储,矩阵中每个非零元素对应的三元组包括该元素的_____、_____和_____三项信息。

(8) 稀疏矩阵中有 n 个非零元素,则其三元组有_____行。

(9) 有一个二维数组 A,行下标的范围是 0～8,列下标的范围是 1～5,每个数组元素用相邻的 4 个字节存储,存储器按字节编址。假设存储数组元素 A[0,1]的第 1 个字节的地址是 0。存储数组 A 的最后一个元素的第 1 个字节的地址是(A)。若按行优先顺序存储,则

A[3,5]和A[5,3]的第1个字节的地址分别是(B)和(C)。若按列优先顺序存储,则A[7,1]和A[2,4]的第1个字节的地址分别是(D)和(E)。

供选择的答案如下:

①28 ②44 ③76 ④92 ⑤108 ⑥116 ⑦132 ⑧176 ⑨184 ⑩188

A=_____,B=_____,C=_____,D=_____,E=_____。

(10) 求下列广义表操作的结果:

① GetHead(((a,b),(c,d)))=_____;

② GetHead(GetTail(GetHead(((a,b),(c,d)))))=_____;

③ GetHead(GetTail(((a,b),(c,d))))=_____;

④ GetTail(GetHead(GetTail(((a,b),(c,d)))))=_____。

2. 选择题

(1) 已知一个稀疏矩阵的三元组顺序表为(1,2,3,),(1,6,1),(3,1,5),(3,2,-1),(4,5,4),(5,1,-3),其转置矩阵的三元组顺序表中第3个三元组为( )。

A. (2,1,3) B. (3,1,5) C. (3,2,-1) D. (2,3,-1)

(2) 二维数组a[4][4],数组的元素起始地址LOC(a[0][0])=1000,元素长度为2,LOC(a[2][2])为( )。

A. 1000 B. 1010 C. 1008 D. 1020

(3) 一个非空广义表的表头( )。

A. 不可能是子表 B. 只能是子表 C. 只能是原子 D. 可以是子表或原子

(4) 一旦说明一个数组,其占用空间的大小( )。

A. 已固定 B. 可以改变 C. 不能固定 D. 动态变化

(5) 设有一个五阶上三角矩阵A[1..5,1..5],现将其上三角中的元素按列优先顺序存储在一维数组B[1..15]中。已知B[1]的地址为100,每个元素占用2个存储单元,则A[3,4]的地址为( )。

A. 116 B. 118 C. 120 D. 122

(6) 同一个数组中的元素( )。

A. 长度可以不同 B. 类型不限 C. 类型相同 D. 长度不限

(7) 数组结构一旦确定,其元素的个数是( )。

A. 不变的 B. 可变的 C. 任意的 D. 0

(8) 数组占用的空间( )。

A. 必须连续 B. 可以不连续 C. 不能连续 D. 不必连续

(9) 数组与一般线性表的区别主要在( )。

A. 存储方面 B. 元素类型一致

C. 逻辑结构方面 D. 不能进行插入、删除操作

(10) 稀疏矩阵采用压缩存储的目的主要是( )。

A. 使表达变得简单 B. 对矩阵元素的存取变得简单

C. 去掉矩阵中的多余元素 D. 减少不必要的存储空间的开销

第6章 树与二叉树

本章主要知识点

❖ 树、二叉树的基本概念
❖ 二叉树的存储结构
❖ 二叉树的多种遍历方式
❖ 二叉树的线索化
❖ 最优二叉树哈夫曼树

前面已讨论过的数据结构都属于线性结构范畴,它主要针对"一对一"(具有单一的直接前驱和直接后继)这种类型的数据关系进行描述,其显著特点是逻辑结构简单,常用的查找、插入和删除等操作都易于实现。而现实社会中的许多事物之间的关系并不是"一对一"这么简单,如家族族谱、企业组织机构、城市交通网、通信网络等,这些社会事物中数据间的联系都是非线性的,所以采用非线性结构进行描述会更明确和便利。

非线性结构指的是,在该结构中至少存在一个数据元素,有两个或两个以上的直接前驱(或直接后继)元素,不再是单纯的"一对一"关系。后续章节要学习的树形结构和图形结构就是十分重要的非线性结构,它们一般可以用于描述客观世界中广泛存在的层次结构和网状结构的关系。

本章对树形结构及应用十分广泛的二叉树结构进行讨论。

6.1 树

6.1.1 树的逻辑结构

1. 树的定义

树:n(n≥0)个节点的有限集合,当 n=0 时,称为空树。任意一棵非空树满足以下条件:

(1) 有且仅有一个特定的称为根(Root)的节点;

(2) 当 n>1 时,除根节点之外的其他节点被分成 m(m>0)个互不相交的有限集合 T_1,T_2,…,T_m,其中每个集合又是一棵树,并称为该根节点的子树。

树的抽象数据类型定义如下:

```
ADT Tree{
数据对象 D:
    D是具有相同特性的数据元素的集合
```

数据关系 R:

若 D 为空集,则称为空树。否则,①在 D 中存在唯一的称为根的数据元素 root;②当n>1时,其余节点可分为 m(m>0)个互不相交的有限集合 $T_1,T_2,\cdots,T_m$,其中每一个子集本身又是一棵符合本定义的树,称为根 root 的子树

基本操作:

(1) InitTree(&T)

  操作结果:初始化置空树 T

(2) CreateTree(&T, definition)

  操作结果:按定义 definition 构造树 T

(3) ClearTree(&T)

  初始条件:树 T 存在

  操作结果:将树 T 清空

(4) DestroyTree(&T)

  初始条件:树 T 存在

  操作结果:销毁树 T 的结构

(5) Assign(T, cur_node,value)

  初始条件:树 T 存在,cur_node 是 T 中某节点

  操作结果:为 value 赋值为当前节点 cur_node

(6) Root(T)

  初始条件:树 T 存在

  操作结果:求树 T 的根节点

(7) Value(T, cur_node)

  初始条件:树 T 存在,cur_node 是 T 中某节点

  操作结果:求当前节点 cur_node 的元素值

(8) Parent(T, cur_node)

  初始条件:树 T 存在,cur_node 是 T 中某节点

  操作结果:求当前节点 cur_node 的双亲节点,若 cur_node 是根节点,则返回"空"

(9) LeftChild(T, cur_node)

  初始条件:树 T 存在,cur_node 是 T 中某节点

  操作结果:求当前节点 cur_node 的最左孩子,若 cur_node 是叶子节点,则返回"空"

(10) RightSibling(T, cur_node)

  初始条件:树 T 存在,cur_node 是 T 中某节点

  操作结果:求当前节点 cur_node 的右兄弟,若 cur_node 无右兄弟,则返回"空"

(11) TreeEmpty(T)

  初始条件:树 T 存在

  操作结果:判定树 T 是否为空树

(12) TreeDepth(T)

  初始条件:树 T 存在

  操作结果:求树 T 的深度

(13) TraverseTree(T, Visit())

  初始条件:树 T 存在,Visit()代表一应用函数

  操作结果:按某种次序对树 T 的每个节点进行遍历

(14) InsertChild(&T, &p, i,r)

　　　初始条件:树 T 存在

　　　操作结果:将以 r 为根的树插入作为树 T 中节点 p 的第 i 棵子树

(15) DeleteChild(&T, &p, i)

　　　初始条件:树 T 存在

　　　操作结果:删除树 T 中节点 p 的第 i 棵子树

　　}

2. 树的表示法

树的表示形式多种多样,大致有如下几种方式。

(1) 树形表示法:用自然界倒长的树来表示,根在上,叶子在下,如图 6.1 所示,A 代表根节点,D、I、J、F、G、H 代表叶子节点。

(2) 集合表示法:用集合的形式来表示,如图 6.2 所示。

(3) 凹入表示法:类似于书的编目,如图 6.3 所示,不同的长度代表不同的层次,相同的长度代表相同的层次。

(4) 嵌套括号表示法:用广义表表示,如(A(B(D)(E(I)(J))(F))(C(G)(H)))。

树的表示法的多样性从另一角度说明了树的应用的广泛性,与社会生活的方方面面都相关。

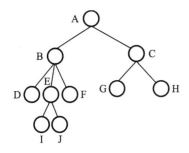

图 6.1　树形表示法

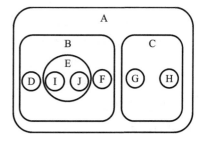

图 6.2　集合表示法

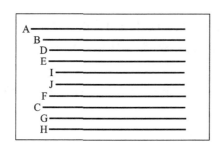

图 6.3　凹入表示法

3. 树的基本术语

树的基本术语主要包含以下几个方面。

(1) 树的节点:由一个数据元素和若干指向其子树的分支组成。

(2) 节点的度:节点所拥有的子树的个数,即分支数称为该节点的度。

(3) 叶子节点:度为 0 的节点称为叶子节点,或称为终端节点。

(4) 分支节点:度不为 0 的节点称为分支节点,或称为非终端节点。一棵树的节点除叶子节点外,其余的都是分支节点。

(5) 孩子节点、双亲节点、兄弟节点:树中一个节点的子树的根节点称为这个节点的孩子节点;这个节点称为它孩子节点的双亲节点;具有同一个双亲的孩子节点互称为兄弟节点。

(6) 路径、路径长度:如果一棵树的一串节点 $n_1, n_2, \cdots, n_k$ 存在节点 n_i 是 n_{i+1} 的双亲节点($1 \leqslant i < k$),则把 $n_1, n_2, \cdots, n_k$ 称为一条由 n_1 至 n_k 的路径。路径长度是指路径上经过的边的数量,所以这条路径的长度是 $k-1$。

(7) 祖先、子孙:在树中,如果有一条路径从节点 M 到节点 N,那么 M 就称为 N 的祖先,而 N 称为 M 的子孙。

(8) 节点的层数:规定树的根节点的层数为 1,其余节点的层数等于它的双亲节点的层数加 1。

(9) 树的深度:树中所有节点的最大层数。

(10) 树的度:树中各节点度的最大值。

(11) 有序树、无序树:如果一棵树中节点的各子树从左到右是有次序的、不能交换的,则这棵树称为有序树;反之,称为无序树。

(12) 森林:$m (m \geqslant 0)$ 棵互不相交的树的集合。

(13) 同构:对两棵树,若通过对节点适当重命名,就可以使这两棵树完全相同(节点对应相等,节点对应关系也相等),则称这两棵树同构。

(14) 层序编号:将树中节点按照从上层到下层、同层从左到右的次序依次给它们编以从 1 开始的连续自然数。

4. 树的遍历

树的遍历:从根节点出发,按照某种次序依次访问树中所有节点,使得每个节点被访问一次且仅被访问一次。

遍历操作的实质是将树结构从非线性结构转化为线性结构。

一棵树由根节点和 m 棵子树构成,那么只要一次遍历根节点和 m 棵子树就可以遍历整棵树。

树通常有前序(根)遍历、后序(根)遍历和层序(次)遍历三种方式。

1) 前序(根)遍历

若树为空,则返回空操作;否则:

(1) 访问根节点;

(2) 按照从左到右的顺序以前序遍历方式遍历根节点的每一棵子树。

2) 后序(根)遍历

若树为空,则返回空操作;否则:

(1) 按照从左到右的顺序以后序遍历方式遍历根节点的每一棵子树;

(2) 访问根节点。

3）层序(次)遍历

从树的第一层(根节点)开始,自上而下逐层遍历,在同一层中,按从左到右的顺序对节点逐个访问。

6.1.2　树的存储结构

如何将非线性结构的树存储到计算机中并且能体现出元素间的逻辑关系呢? 可采用如下几种方法。

1. 双亲表示法

树中每个节点如果有双亲节点的话,其双亲节点都是唯一的,所以可以用一维数组来存储树的各个节点(一般按层序存储)。数组中的一个元素将对应树中的一个节点,且该元素包含节点的数据信息及该节点的双亲节点在数组中的下标(这种结构与静态链表的类似),其形式化描述如下:

```
typedef struct tnode
{ datatype  data;      /*存储树中节点的数据信息*/
   int      parent;    /*存储该节点的双亲节点在数组中的下标*/
}tree[n]
```

这就是常说的双亲表示法。

2. 孩子表示法

存储树也可以从孩子的角度出发。因为树中节点可能含有多个孩子节点,所以一般采用多重链表来表示,链表中的每个节点都包括一个数据域和多个指针域,每个指针域指向该节点的一个孩子节点。那么"多个指针域"到底有多少个呢? 这个数量其实是不定的,所以在设计中有如下两种方法。

(1) 同构:按节点的度的最大值(树的度)来设置指针域数量,即 1 个数据域和 d(树的度)个指针域,如图 6.4 所示。

| data | child$_1$ | child$_2$ | child$_3$ | ... | child$_d$ |

图 6.4　同构节点的结构图

图 6.4 中,data 为数据域,存放该节点的数据信息;child$_1$～child$_d$为指针域,指向该节点的孩子节点。

因为树中会有较多节点的度达不到树的度,所以会造成很多指针域为空,容易造成空间浪费。

(2) 异构:按节点各自的度设置指针域数量,即节点有几棵子树就设置几个指针,如图6.5 所示。

| data | degree | child$_1$ | child$_2$ | ... | child$_d$ |

图 6.5　异构节点的结构图

图 6.5 中,data 为数据域,存放该节点的数据信息;degree 为度域,存放该节点的度;

$child_1 \sim child_d$ 为指针域,指向该节点的孩子节点。

因为每个节点的指针域数量可能不一样,所以节点结构不一定一致,这给设计和管理带来了不便。

上述两种结构设计中都会出现不同的问题,为了综合解决这些问题,可把每个节点的孩子节点排列起来,看成一个线性表,用单链表来存储,那么 n 个节点共有 n 个孩子链表。每个孩子链表都会有 1 个头指针,这 n 个单链表共有 n 个头指针,这 n 个头指针又可以组成一个线性表,为了便于查找,可以采用顺序存储结构。最后,将存放 n 个头指针的数组和存放 n 个节点的数组结合起来,构成孩子链表的表头数组,其形式描述如下:

```
typedef struct tagnode                    /*表节点*/
{  int   child;
   struct tagnode *next;
}node, *link;
typedef struct                            /*头节点*/
{  datatype data;
   link firstchild;
}headnode;
typedef headnode childlink[maxnode];      /*表头数组*/
```

如果还想方便找到双亲节点,可在记录下孩子节点的同时也记录下双亲节点,即在头节点中增加一个双亲域,此法称为带双亲的孩子链表表示法,其形式描述如下:

```
typedef struct                            /*头节点*/
{  datatype data;
   int parent;
   link firstchild;
}headnode;
```

其具体结构如图 6.6 所示。

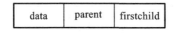

data	parent	firstchild

图 6.6   头节点的结构图

3. 孩子兄弟表示法

该方法以二叉链表作为存储结构,节点的 2 个指针域分别指向该节点的第一个孩子节点和右边的兄弟节点,其形式化描述如下:

```
typedef struct treenode
{  datatype data;
   struct treenode *firstchild,*rightsib;
}treenode,*tree;
```

其具体结构如图 6.7 所示。

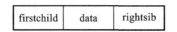

firstchild	data	rightsib

图 6.7   孩子兄弟表示法节点的结构图

图 6.7 中，data 为数据域，存储该节点的数据信息；firstchild 为指针域，指向该节点第一个孩子节点；rightsib 为指针域，指向该节点的右边的兄弟节点。

6.2　二叉树定义与性质

6.2.1　二叉树的基本概念

1. 二叉树

二叉树（Binary Tree）也是一种树形结构，它同样是一个有限元素的集合，该集合可以为空，也可以由一个称为根的元素和两棵互不相交的、分别称为左子树和右子树的二叉树组成。如果此集合为空，则该二叉树称为空二叉树。

二叉树中每个节点最多只有两棵子树，所以节点的度不会超过 2。二叉树是一棵有序树，其左、右子树不能交换，若将其左、右子树交换，将成为另一棵不同的二叉树。二叉树中某节点即使只有一棵子树，也要说明它是左子树还是右子树。

二叉树有 5 种基本形态，如图 6.8 所示。其中图 6.8(a)表示空二叉树，图 6.8(b)表示只有一个根节点的二叉树，图 6.8(c)和图 6.8(d)表示根节点只含左子树或右子树的二叉树，图 6.8(e)表示根节点同时含有左、右子树的二叉树。

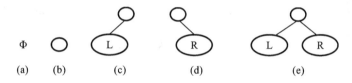

图 6.8　二叉树的 5 种基本形态

2. 满二叉树

在一棵二叉树中，如果所有分支节点都有左子树和右子树，并且所有叶子节点都在同一层上，这样的一棵二叉树称为满二叉树，如图 6.9 所示。其中图 6.9(a)是一棵符合定义的满二叉树，图 6.9(b)是非满二叉树，因为，虽然该二叉树中的所有节点要么是含有左、右子树的分支节点，要么是叶子节点，但由于它的所有叶子节点并未出现在同一层上，所以不是满二叉树。满二叉树中只有度为 0 和 2 的节点，没有度为 1 的节点。

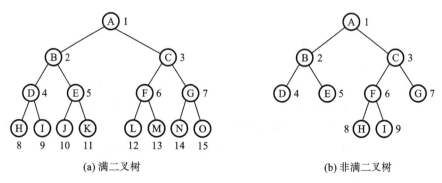

图 6.9　满二叉树和非满二叉树示意图

3. 完全二叉树

一棵深度为 k 的有 n 个节点的二叉树,将树中的节点按照从上至下、从左至右的顺序依次进行编号,如果编号为 i(1≤i≤n)的节点与满二叉树中编号为 i 的节点在二叉树中的位置相同,则这棵二叉树称为完全二叉树。在满二叉树中,从最后一个节点开始,往前连续去掉任意节点,就可以得到一棵完全二叉树。

完全二叉树的特点:①叶子节点只能出现在最下层和次下层,且最下层的叶子节点均集中在二叉树的左部;②深度为 k 的完全二叉树在(k−1)层上一定是满二叉树;③至多有一个度为 1 的节点。

在一棵完全二叉树中,若某节点无左孩子节点,那么它一定也没有右孩子节点;若某节点没有右孩子节点,那么按层序编号比它大的节点一定没有孩子节点。

显然,一棵满二叉树必定是一棵完全二叉树,而完全二叉树不一定是满二叉树,有时又称满二叉树是完全二叉树的特例。图 6.10(a)为一棵完全二叉树,图 6.10(b)为非完全二叉树。

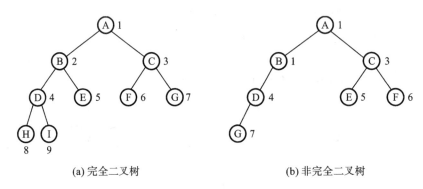

(a) 完全二叉树   (b) 非完全二叉树

图 6.10 完全二叉树和非完全二叉树

4. 斜树

所有节点都只有左子树的二叉树称为左斜树;所有节点都只有右子树的二叉树称为右斜树;左斜树和右斜树统称为斜树,也称为单枝二叉树。

斜树的特点:①在斜树中,每一层只有一个节点;②斜树的节点个数与其深度相同;③斜树中不存在度为 2 的节点。

6.2.2 二叉树的主要性质

性质 1 一棵非空二叉树的第 i 层上最多有 2^{i-1}(i≥1)个节点。

证明 用数学归纳法来证明。

当 i=1 时,第 1 层只有 1 个根节点,而 $2^{i-1}=2^0=1$,结论显然成立。

假定当 i=k 时,结论成立,即第 k 层上至多有 2^{k-1} 个节点,则当 i=k+1 时,因为第(k+1)层上的节点都是第 k 层上节点的孩子节点,而二叉树中每个节点至多有 2 个孩子节点,所以在第(k+1)层上最多节点个数为第 k 层上的最多节点个数的 2 倍,即 $2×2^{k-1}=2^k$。结论成立。

性质 2 一棵深度为 k 的二叉树中,最多有(2^k-1)个节点。

证明　设第 i 层的节点数为 $m_i(1 \leqslant i \leqslant k)$，深度为 k 的二叉树的节点数为 N，由性质 1 可知，第 i 层的节点数 m_i 最多为 2^{i-1}，则有

$$N = \sum_{i=1}^{k} m_i \leqslant \sum_{i=1}^{k} 2^{i-1} = 2^k - 1 \tag{6.1}$$

性质 3　对于一棵非空的二叉树，设叶子节点数为 n_0，度为 2 的节点数为 n_2，则有

$$n_0 = n_2 + 1$$

证明　设 n 为二叉树的节点总数，n_1 为二叉树中度为 1 的节点数，则有

$$n = n_0 + n_1 + n_2 \tag{6.2}$$

在二叉树中，除根节点外，其他节点都有双亲节点，所以这些节点都有唯一的一个分支来指向。设 B 为二叉树中的分支数，则有

$$B = n - 1 \tag{6.3}$$

B 所代表的这些分支都是由度为 1 和度为 2 的节点发出的，一个度为 1 的节点发出 1 个分支，一个度为 2 的节点发出 2 个分支，所以有

$$B = n_1 + 2n_2 \tag{6.4}$$

综合式(6.2)至式(6.4)可以得到：

$$n_0 = n_2 + 1 \tag{6.5}$$

性质 4　具有 n 个节点的完全二叉树的深度 k 为 $\lfloor \text{lb } n \rfloor + 1$。

证明　由完全二叉树的定义和性质 2 可知，当一棵完全二叉树的深度为 k、节点个数为 n 时，有

$$2^{k-1} - 1 < n \leqslant 2^k - 1$$

即

$$2^{k-1} \leqslant n < 2^k$$

对该不等式取对数，有

$$k - 1 \leqslant \text{lb } n < k$$

即

$$\text{lb } n < k \leqslant \text{lb } n + 1$$

由于 k 是整数，所以有 $k = \lfloor \text{lb } n \rfloor + 1$。

性质 5　对于具有 n 个节点的完全二叉树，如果按照从上至下和从左至右的顺序对二叉树中的所有节点从 1 开始顺序编号，则对于任意的序号为 i 的节点，有如下规律。

(1) 如果 $i > 1$，则序号为 i 的节点的双亲节点的序号为 $i/2$；如果 $i = 1$，则序号为 i 的节点是根节点，无双亲节点。

(2) 如果 $2i \leqslant n$，则序号为 i 的节点的左孩子节点的序号为 $2i$；如果 $2i > n$，则序号为 i 的节点无左孩子节点。

(3) 如果 $2i + 1 \leqslant n$，则序号为 i 的节点的右孩子节点的序号为 $2i + 1$；如果 $2i + 1 > n$，则序号为 i 的节点无右孩子节点。

6.3　二叉树的存储与基本操作实现

6.3.1　二叉树的存储

对于二叉树这种非线性结构，同样可以采用顺序和链式两种类型的存储结构来存储，关

键是在存储元素值的同时也要体现元素间的逻辑关系。

1. 顺序存储结构

二叉树的顺序存储结构,即用一组连续的存储单元来存放二叉树中的节点,存储二叉树节点时一般按照从上至下、从左至右的顺序存储。那么此时节点在存储位置上的关系并不能与它们逻辑上的父子关系一一对应,所以必须借助一些方法确定某节点在逻辑上的双亲节点和左、右孩子节点。完全二叉树和满二叉树采用顺序存储结构比较合适,因为由性质 5 可知,完全二叉树和满二叉树都可以通过节点的序号来找到它的双亲节点和孩子节点,这样就可以唯一地反映节点之间的逻辑关系。很明显,完全二叉树和满二叉树采用这种方式存储既可以最大限度地节省存储空间,又可以利用数组元素的下标值来确定节点在二叉树中的位置,以及节点之间的逻辑关系。图 6.11 给出了图 6.10(a)所示的完全二叉树的顺序存储示意图。各节点间的逻辑关系都可以通过数组下标来体现。

A	B	C	D	E	F	G	H	I

数组下标 0 　 1 　 2 　 3 　 4 　 5 　 6 　 7 　 8

图 6.11　完全二叉树的顺序存储示意图

对于一般的二叉树,如果仍按上述方式将二叉树中的节点顺序存储在一维数组中,则数组元素下标之间的关系并不能够反映二叉树中节点之间的逻辑关系,此时必须对该二叉树做一些修改,增加一些并不存在的虚节点,使之演变成为一棵完全二叉树的形式,然后再用一维数组来顺序存储。图 6.12(a)为一棵一般二叉树,经改造后成为图 6.12(b)所示的完全二叉树,其对应的顺序存储状态示意图如图 6.12(c)所示。从图 6.12 可以看出,这种存储方式需要通过增加若干虚节点才能将一棵一般二叉树改造成为一棵完全二叉树,而这些虚节点在顺序存储时都需要在数组中占据相应的空间,否则将无法根据数组下标计算每个节点的双亲节点和左、右孩子节点的位置,所以不可避免会造成空间的浪费。最坏的情况则是,如果二叉树是一棵斜树,如图 6.13 所示,则一棵深度为 h 的右斜树只有 h 个节点,为了能体现其逻辑关系,需要分配(2^h-1)个存储单元,其中却只有 h 个空间得到有效利用,空间浪费很大。所以一般来说,只有近似完全二叉树才采用顺序存储结构,其他类型的二叉树并

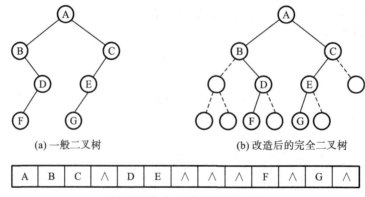

(a) 一般二叉树　　　　　　　　　(b) 改造后的完全二叉树

A	B	C	∧	D	E	∧	∧	∧	F	∧	G	∧

(c) 改造后的完全二叉树的顺序存储状态

图 6.12　一般二叉树及其顺序存储示意图

不宜采用顺序存储结构来存储。

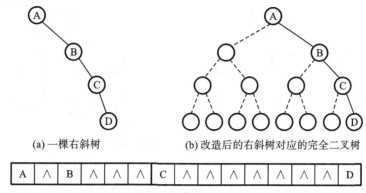

(a) 一棵右斜树　　　　(b) 改造后的右斜树对应的完全二叉树

A	∧	B	∧	∧	∧	C	∧	∧	∧	∧	∧	∧	∧	D

(c) 斜树改造后的完全二叉树的顺序存储状态

图 6.13　右斜树及其顺序存储示意图

二叉树的顺序存储结构描述如下：

```
#define MAXBTSIZE   100                  /*二叉树的最大节点数*/
typedef datatype SqBiTree[MAXBTSIZE]     /*0号单元存放根节点*/
```

语句"SqBiTree bt;"将 bt 定义为含有 MAXBTSIZE 个 datatype 类型元素的一维数组。

2. 链式存储结构

二叉树的链式存储结构是采用链表的方式来表示一棵二叉树,元素间的逻辑关系可以通过链节点的指针来指示。

1) 二叉链表存储方式

在二叉树中,因为一个节点最多有左、右两个孩子节点,所以可以将链表的每个节点设计成三个域,除了数据域外,还有分别用于指向该节点左、右孩子节点所在节点的两个指针域。二叉链表节点的结构图如图 6.14 所示。

lchild	data	rchild

图 6.14　二叉链表节点的结构图

图 6.14 中,data 存放某节点的数据信息;lchild 与 rchild 分别存放指向左、右孩子节点的指针,若该节点的左孩子节点或右孩子节点不存在,则相应指针域值为空。

图 6.10(b)所示的一棵二叉树的二叉链表表示形式如图 6.15(a)所示。

和前面介绍的链式结构类似,为了算法设计上的方便,二叉链表一般也以带头节点的方式存储,如图 6.15(b)所示。

2) 三叉链表存储方式

如果用二叉链表来存储二叉树,那么寻找每个节点的左、右孩子节点就比较方便,直接通过对应指针域即可找到,但要寻找该节点的双亲节点则相对比较麻烦,需要从头节点出发来顺着左、右孩子节点的指针域向下搜索。为了便于在找到每个节点的左、右孩子节点的同时也能方便找到其双亲节点,可以设计成三叉链表存储方式。在三叉链表存储方式下,每个节点由四个域组成,具体结构如图 6.16 所示。

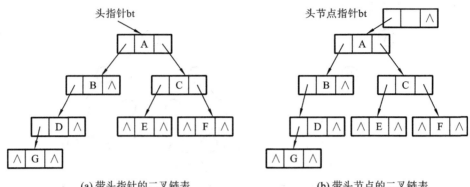

(a) 带头指针的二叉链表　　　　　　　(b) 带头节点的二叉链表

图 6.15　二叉树的二叉链表表示示意图

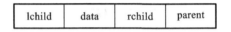

图 6.16　三叉链表节点的结构图

图 6.16 中,data、lchild 及 rchild 三个域的意义与二叉链表结构中对应域的意义相同;增加的 parent 为指向该节点双亲节点的指针。若采用这种存储结构,既便于查找孩子节点,也便于查找双亲节点,时间复杂度均为常量 O(1)。但是,节点中有三个指针域,较之前者增加了一个指针域,所以增加了一定量的空间开销。

图 6.17 给出了图 6.10(b)所示的一棵二叉树的三叉链表表示示意图。

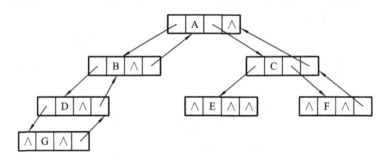

图 6.17　二叉树的三叉链表表示示意图

对于一般情况的二叉树,二叉链表方式比顺序存储结构节省空间,空间利用率也比较高。因此,若不以双亲节点作为查找的重点,那么二叉链表将是最常用的二叉树存储方式。本书一般用二叉链表结构来存储二叉树。

二叉树的二叉链表存储形式描述如下:

```
typedef struct BTNode{
    datatype data;
    struct BTNode *lchild,*rchild;          /*左、右孩子节点指针*/
}BTNode,*BiTree;
```

将 BiTree 定义为指向二叉链表节点结构的指针类型。

6.3.2 二叉树的基本操作与实现

算法的实现与具体的存储结构息息相关,所以当二叉树采用不同的存储结构时,各种操作的实现算法也是不同的。下面讨论的都是基于二叉链表这种存储结构上的各种基本操作的实现算法。

1. 建立二叉树

建立一棵以 root 为根节点的数据域值,以二叉树 lbt 和 rbt 分别为左、右子树的二叉树。当建立成功时,返回所建二叉树根节点的指针;当建立失败时,返回空指针。具体算法见算法 6.1。

算法 6.1

```
BiTree Create(datatype root,BiTree lbt,BiTree rbt)
{   /*生成一棵以 root 为根节点的数据域值,以 lbt 和 rbt 为左、右子树的二叉树*/
    BiTree  p;
    if((p=(BTNode *)malloc(sizeof(BTNode)))==NULL)  return NULL;
    p->data=root;
    p->lchild=lbt;
    p->rchild=rbt;
    return p;
}
```

但更常用的创建二叉树是通过遍历方式实现的,具体可参看算法 6.23。

2. 作为左孩子节点插入二叉树

将 data 为 e 的节点插入二叉树 bt 中作为节点 par 的左孩子节点。如果节点 par 原来有左孩子节点,则将节点 par 原来的左孩子节点作为节点 e 的左孩子节点。具体算法见算法 6.2。

算法 6.2

```
BiTree InsertL(BiTree bt,datatype e,BiTree par)
{   /*在二叉树 bt 的节点 par 的左子树插入节点数据元素 e*/
    BiTree  p;
    if(par==NULL)
    {  printf("\n 插入出错");
       return NULL;
    }
    if((p=(BTNode *)malloc(sizeof(BTNode)))==NULL)  return NULL;
    p->data=e;
    p->lchild=NULL;
    p->rchild=NULL;
    if(par->lchild==NULL) par->lchild=p;
    else {  p->lchild=par->lchild;
            par->lchild=p;
    }
    return bt;
}
```

3. 作为右孩子节点插入二叉树

与算法 6.2 类似，将 data 为 e 的节点插入二叉树 bt 中作为节点 par 的右孩子节点。如果节点 par 原来有右孩子节点，则将节点 par 原来的右孩子节点作为节点 e 的右孩子节点。具体算法见算法 6.3。

算法 6.3

```
BiTree InsertR(BiTree bt,datatype e,BiTree par)
{   /*在二叉树 bt 的节点 par 的右子树插入节点数据元素 e*/
    BiTree  p;
    if(par==NULL)
    {  printf("\n 插入出错");
       return NULL;
    }
    if((p=(BTNode *)malloc(sizeof(BTNode)))==NULL)  return NULL;
    p->data=e;
    p->lchild=NULL;
    p->rchild=NULL;
    if(par->rchild==NULL) par->rchild=p;
    else {  p->rchild=par->rchild;
            par->rchild=p;
    }
    return bt;
}
```

4. 删除左子树

在二叉树 bt 中删除节点 par 的左子树。当 par 或 par 的左孩子节点为空时，删除失败。当删除成功时，返回根节点指针；当删除失败时，返回空指针。具体算法见算法 6.4。

算法 6.4

```
BiTree  DeleteL(BiTree bt,BiTree par)
{   /*在二叉树 bt 中删除节点 par 的左子树*/
    BiTree  p;
    if(par==NULL||par->lchild==NULL)
    {  printf("删除出错,失败");
       return NULL;
    }
    p=par->lchild;
    par->lchild=NULL;
    if(p->lchild==NULL)&&(p->rchild==NULL)  free(p);
    /*当 p 为叶子节点时,释放所删节点 p 的空间,当 p 为非叶子节点时,free(p)操作仅仅释
        放了所删左子树根节点 p 的空间,实际需要删除左子树分支中的各节点,可借助遍历操
        作来实现*/
    else {…}
    return br;
}
```

5．删除右子树

与算法 6.4 类似,在二叉树 bt 中删除节点 par 的右子树。当 par 或 par 的右孩子节点为空时,删除失败。当删除成功时,返回根节点指针;当删除失败时,返回空指针。具体算法见算法 6.5。

算法 6.5

```
BiTree  DeleteR(BiTree bt,BiTree par)
{  /*在二叉树 bt 中删除节点 par 的右子树*/
   BiTree  p;
   if(par==NULL||parent->rchild==NULL)
   {  printf("删除出错,失败");
      return NULL'
   }
     p=par->rchild;
   if(p->lchild==NULL)&&(p->rchild==NULL)  free(p);
   /*当 p 为叶子节点时,释放所删节点 p 的空间,当 p 为非叶子节点时,free(p)操作仅仅释
      放了所删右子树根节点 p 的空间,实际需要删除右子树分支中的所有节点,可借助遍历
      操作来实现*/
   else {…}
   return br;

}
```

6．按某种方式遍历二叉树 bt 的全部节点

因为遍历方式有很多种,所以各种遍历方式的具体实现算法见第 6.4 节。

6.4　二叉树的遍历

遍历是任何数据结构均有的操作,对线性结构而言,因为每个节点最多只有一个直接后继,所以只存在一条搜索路径,故不需要另加讨论。而二叉树是非线性结构,每个节点可能有两个孩子节点,则存在按什么样的搜索路径遍历的问题。

6.4.1　二叉树的遍历方法及算法实现

二叉树的遍历是指按照给定的某种顺序来依次访问二叉树中的每个节点,使每个节点被访问一次且仅被访问一次。在实际应用中,经常需要按一定顺序对二叉树中的每个节点逐个来进行访问,查找到那些符合某些特点的节点,然后对这些满足条件的节点进行相关处理。

通过一次完整的遍历,便可得到一个与之对应的遍历序列,这样一来就使得二叉树中的节点信息由原来的非线性排列变为某种特定意义上的线性排列,即遍历操作可将非线性结构线性化。那么如何来确定遍历的次序呢?

由二叉树的定义可知,一棵二叉树由根节点、根节点的左子树和根节点的右子树三部分组成。所以,只要依次遍历完这三部分,就相当于遍历了整棵二叉树。若以 D、L、R 分别表示根节点、左子树和右子树,则二叉树的遍历方式有 DLR、LDR、LRD、DRL、RDL 和 RLD六种。若按习惯限定先左后右,则只有前三种方式,即 DLR(称为前序遍历)、LDR(称为中

序遍历）和 LRD（称为后序遍历）。

1. 前序遍历

前序遍历的遍历过程：若二叉树为空，则遍历结束；否则，①访问根节点，②前序遍历根节点的左子树，③前序遍历根节点的右子树。

因为左子树和右子树都是采用类似的遍历方式，只是对象不同，所以可以采用递归的方式来设计算法。前序遍历二叉树的递归算法见算法 6.6。

算法 6.6

```
void  PreOrder(BiTree bt)
{  /*前序遍历二叉树 bt*/
    if(bt==NULL) return;
    visit(bt->data);        /*访问节点的数据域*/
    PreOrder(bt->lchild);   /*前序递归遍历 bt 的左子树*/
    PreOrder(bt->rchild);   /*前序递归遍历 bt 的右子树*/
}
```

图 6.10(b)所示的二叉树，按前序遍历所得到的节点序列为 A B D G C E F。

算法 6.6 中涉及 visit( ) 函数，该函数只是一个抽象意义上的函数，表示"访问"的意思，至于"访问"时做些什么工作，实际应用时可根据具体操作去描述。

当然，也可以用非递归的方式来设计算法。如果用非递归的方式来写算法，则需要用到栈来辅助实现，因为访问根节点之后还需要利用它找到左、右孩子节点，而且最近访问过的节点的左、右孩子节点也会先被访问，符合"后进先出"的特性，所以要用到栈。前序遍历二叉树的非递归算法见算法 6.7。

算法 6.7

```
#define maxsize 100
typedef struct
{
    BiTree Elem[maxsize];
    int top;
}SqStack;
void PreOrderUnrec(BiTree bt)
{
    SqStack s;
    StackInit(s);
    p=bt;
    while(p!=NULL || !StackEmpty(s))
    {
        while(p!=NULL)
        {
            visit(p->data);   /*访问根节点*/
            push(s,p);
            p=p->lchild;        /*遍历左子树*/
        }
```

```
        if(!StackEmpty(s))
        {
            p=pop(s);          /*根节点出栈*/
            p=p->rchild;       /*遍历右子树*/
        }
    }
}
```

2. 中序遍历

中序遍历的遍历过程:若二叉树为空,则遍历结束;否则,①中序遍历根节点的左子树,②访问根节点,③中序遍历根节点的右子树。

中序遍历二叉树的递归算法见算法 6.8。

算法 6.8

```
void InOrder(BiTree bt)
{  /*中序遍历二叉树 bt*/
    if(bt==NULL) return;
    InOrder(bt->lchild);      /*中序递归遍历 bt 的左子树*/
    visit(bt->data);          /*访问节点的数据域*/
    InOrder(bt->rchild);      /*中序递归遍历 bt 的右子树*/
}
```

同样,也可以写出相应的非递归算法。中序遍历二叉树的非递归算法见算法 6.9,它与前序遍历的类似,同样采用了栈这种数据结构来辅助实现算法。

算法 6.9

```
#define maxsize 100
typedef struct
{
    BiTree Elem[maxsize];
    int top;
}SqStack;
void MidOrderUnrec(BiTree bt)
{
    SqStack s;
    StackInit(s);
    p=bt;
    while(p!=NULL || !StackEmpty(s))
    {
        while(p!=NULL)              /*遍历左子树*/
        {
            push(s,p);
            p=p->lchild;
        }
        if(!StackEmpty(s))
```

```
    {
        p=pop(s);
        visit(p->data);              /*访问根节点*/
        p=p->rchild;                 /*通过下一次循环实现右子树遍历*/
    }
    }
}
```

对于图 6.10(b)所示的二叉树,按中序遍历所得到的节点序列为 G D B A E C F。

3. 后序遍历

后序遍历的遍历过程:若二叉树为空,则遍历结束;否则,①后序遍历根节点的左子树,②后序遍历根节点的右子树,③访问根节点。

后序遍历二叉树的递归算法见算法 6.10。

算法 6.10

```
void  PostOrder(BiTree bt)
{   /*后序遍历二叉树 bt*/
    if(bt==NULL) return;
    PostOrder(bt->lchild);    /*后序递归遍历 bt 的左子树*/
    PostOrder(bt->rchild);    /*后序递归遍历 bt 的右子树*/
    visit(bt->data);          /*访问节点的数据域*/
}
```

后序遍历非递归算法的设计中同样要用到栈,但它的设计要比前序遍历和中序遍历的都要复杂,因为在对二叉树进行后序遍历的过程中,必须遵循"左、右、根"这种遍历顺序,所以当指针 p 指向某一节点(可以把它看成根)时,该节点并不能马上访问,而是要先遍历其左子树,所以需要将此节点先入栈;在遍历完其左子树后,该节点出栈,但此时该节点还是不能马上被访问,而是利用它找到其右子树,再继续遍历其右子树,所以该节点需要再一次入栈。只有在其右子树也被遍历完后,该节点将再一次出栈,此时它才能被访问。综上所述,因为该节点要两次入栈,所以引入一标志变量 flag 来区分这是第几次入栈,不同的入栈时机对应的操作不一样。后序遍历非递归算法见算法 6.11。

算法 6.11

```
#define maxsize 100
typedef struct
{
    BiTree ptr;
    int flag;
}stacknode;
typedef struct
{
    stacknode Elem[maxsize];
    int top;
}SqStack;
```

```
void PostOrderUnrec(BiTree bt)
{
    SqStack s;
    stacknode x;
    StackInit(s);
    p=bt;
    while(p!=NULL|| !StackEmpty(s))
    { if(p!=NULL)                    /*节点第一次进栈*/
        { x.ptr=p;
          x.flag=1;
          push(s,x);
          p=p->lchild;               /*找该节点的左孩子节点*/
        }
      else { x=pop(s);
             if(x.flag==1)           /*节点第二次进栈*/
             { x.flag=2;             /*标记第二次出栈*/
               p=x.ptr;
               push(s,x);
               p=p->rchild;
             }
             else {  p= x.ptr; visit(p->data);    /*访问该节点的数据域*/
                     p=NULL;
                  }
           }
    }
}
```

对于图 6.10(b)所示的二叉树,按后序遍历所得到的节点序列为 G D B E F C A。

4. 层次遍历

除了上述三种遍历方式外,还可以对二叉树进行层次遍历,即按照二叉树的层次顺序,从二叉树的第一层(根节点)开始,从上至下逐层遍历,而在同一层中,则按从左至右的顺序对节点逐个访问。对于图 6.10(b)所示的二叉树,按层次遍历所得到的结果序列为 A B C D E F G。

进行层次遍历时,先访问完某一层的所有节点,再根据它们被访问的先后次序依次对各个节点的左、右孩子节点(下一层节点)继续顺序访问,这样一层一层依次遍历下去,那么在这个遍历过程中,先访问过的节点其左、右孩子也会先被访问,符合“先进先出”的特性,该特性与队列的操作特性吻合。所以,在进行层次遍历时,可设置一个队列结构。遍历时先将根节点指针入队列,然后从队列中取出一个元素,每取一个元素,执行下述两步操作:

(1) 访问该元素所指节点;

(2) 若该元素所指节点的左、右孩子节点非空,则将该元素所指节点的左、右孩子节点顺序入队。

重复上述两步,直至队列为空时,二叉树的层次遍历才结束。

二叉树以二叉链表形式存放,一维数组 Que[MAXSIZE]表示队列,变量 front 和 rear 分别指示当前队首元素和队尾元素在数组中的位置。

层次遍历的算法见算法 6.12。

算法 6.12

```
    int  LevelOrder(BiTree bt)
    /*层次遍历二叉树 bt*/
    {  BiTree Que[MAXSIZE];
       int front,rear;
       if(bt==NULL) return 0;
       front=-1;
       rear=0;
       Que[rear]=bt;
       while(front!=rear)                    /*队列不为空*/
       {  front++;
          visit(Que[front]->data);      /*访问队首节点的数据域*/
          if(Que[front]->lchild!=NULL)  /*将队首节点的左孩子节点入队列*/
          {  rear++;
             Que[rear]=Que[front]->lchild;
          }
          if(Que[front]->rchild!=NULL)  /*将队首节点的右孩子节点入队列*/
          {  rear++;
             Que[rear]=Que[front]->rchild;
          }
       }
       return 1;
    }
```

6.4.2 从遍历序列推导二叉树

给定二叉树后,规定遍历顺序可得到唯一对应的遍历序列,即任意一棵二叉树节点的前序遍历序列、中序遍历序列和后序遍历序列都是唯一的。那么,若给定相关遍历序列,能否得到对应二叉树呢?这样确定的二叉树又是否是唯一的呢?

若已知节点的前序遍历序列和中序遍历序列,能否确定这棵二叉树呢?

根据定义,二叉树的前序遍历是先访问根节点,再按前序遍历方式遍历根节点的左子树,最后按前序遍历方式遍历根节点的右子树。所以在前序遍历序列中,第一个节点一定是该二叉树的根节点。而中序遍历是先中序遍历左子树,然后访问根节点,最后中序遍历右子树。所以在中序遍历序列中,根节点会将该遍历序列分割成两个子序列,其中根节点之前的那一个子序列是根节点的左子树的中序遍历序列,而根节点之后的那一个子序列是根节点的右子树的中序遍历序列。对于这两个子序列,可以使用上述同样的方法找到左子树的根节点和右子树的根节点。同理,左子树和右子树的根节点又可以在其对应中序遍历序列中分别把左子序列和右子序列划分成两个子序列,如此递归操作下去,便可以得到一棵二叉树。

若已知节点的后序遍历序列和中序遍历序列,能否确定这棵二叉树呢? 方法是一样的,由二叉树的后序遍历序列和中序遍历序列也可唯一地确定一棵二叉树。因为依据后序遍历和中序遍历的定义,后序遍历序列的最后一个节点就如同前序遍历序列的第一个节点一样,代表的也是根节点,利用它可将中序遍历序列分成两个子序列,分别代表这个节点的左子树的中序遍历序列和右子树的中序遍历序列,再将左子树对应的中序遍历序列和后序遍历序列依上所述继续进行分解,如此递归操作下去,便可以得到一棵二叉树。

例 6.1　已知一棵二叉树的前序遍历序列与中序遍历序列分别为 A B D F G C E H 和 B F D G A E H C。试求出其对应的二叉树。

解　首先,由前序遍历序列可知,节点 A 是二叉树的根节点。其次,根据中序遍历序列,在 A 之前的所有节点都是根节点左子树的节点,在 A 之后的所有节点都是根节点右子树的节点,如图 6.18(a)所示。然后,再对左子树进行分解,得知 B 是左子树的根节点,又从中序遍历序列知道,B 的左子树为空,B 的右子树有 D、F 和 G 三个节点,需要进行分解。由前序遍历序列知 D 是 B 的右孩子节点,而在对应中序遍历序列中 F 在 D 之前,G 在 D 之后,所以 F 和 G 分别是 D 的左、右孩子节点,如图 6.18(b)所示。接着对 A 的右子树进行分解,由对应前序遍历子序列可知 A 的右子树的根节点为 C,而节点 C 在对应中序遍历子序列中排在最后,可知它没有右子树,E 和 H 是 C 的左子树上的节点,在对应前序遍历子序列中 E 在 H 之前,在对应中序遍历子序列中 E 仍在 H 之前,所以 E 是该子树的根,H 是 E 的右孩子节点,最后得到如图 6.18(c)所示的整棵二叉树。

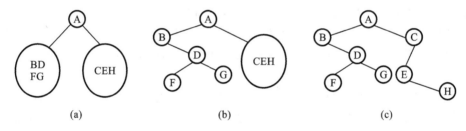

(a) (b) (c)

图 6.18　根据遍历序列得二叉树的过程

如果只知道二叉树的前序遍历序列和后序遍历序列,能否唯一地确定一棵二叉树呢? 答案是不可以。因为从前面的分析知道,利用二叉树的前序遍历序列和后序遍历序列都只能准确找到该二叉树的根节点,至于左、右子树对应的遍历序列是哪一部分则无法确定,所以也就无法唯一地确定一棵二叉树了。

6.5　线索二叉树

6.5.1　线索二叉树的定义及结构

1. 线索二叉树的定义

若按照上述章节介绍的某种遍历方式对二叉树进行遍历,则可以把二叉树中所有非线性结构节点排列出一个线性序列。在该序列中,除第一个节点外,每个节点有且仅有一个直接前驱;除最后一个节点外,每个节点有且仅有一个直接后继。但是,这些直接前驱和直接后继的关系在二叉树的存储结构中并没有反映出来,只有在对二叉树遍历的过程中才能得到这些信息,所以有时并不是非常方便。为了保留节点在某种遍历序列中直接前驱和直接后继的位置信息,应该如何做呢? 如果在现有二叉链表结构的基础上再为每个节点增加两个指针域来分别指向该节点的直接前驱和直接后继,则空间开销太大,所以一般情况下可以利用二叉树的现有二叉链表存储结构中的空指针域来指示其直接前驱和直接后继。这些用于指向直接前驱和直接后继的指针域称为线索(Thread),加了线索的二叉树称为线索二叉树。

2. 线索二叉树的结构

哪来的空指针域呢? 又有多少呢? 一个具有 n 个节点的二叉树若采用二叉链表存储结构,必有 2n 个指针域。这些指针域均是用于指向左、右孩子节点的。在这 2n 个指针域中只有(n-1)个指针域是用于存储孩子节点的地址的(因为只有根节点没有双亲节点,其他(n-1)个节点均是作为某节点的孩子节点出现的),而另外(n+1)个指针域存储的都是 NULL。因此,完全可以利用这些空指针域来作为线索指示。若某节点的左孩子节点指针域(lchild)为空,就可以利用它来指出该节点在某种遍历序列中的直接前驱的存储地址;若某节点的右孩子指针域(rchild)为空,就可以利用它来指出该节点在某种遍历序列中的直接后继的存储地址。那些非空的指针域仍存放指向该节点左、右孩子节点的指针域。这样,就得到了一棵线索二叉树。

由于采用不同的遍历方法得到的遍历序列各不相同,所以每个节点在不同遍历序列中的直接前驱和直接后继也不一样,故线索二叉树可以根据遍历方式的不同而分为前序线索二叉树、中序线索二叉树和后序线索二叉树三种,把二叉树改造成线索二叉树的过程称为线索化。

因为线索化后很多指针域都不为空,而该指针域里有的存的是孩子节点指针域,有的存的是线索,那么如何区分某节点的指针域内存放的究竟是指针域还是线索呢? 通常可以采用下面的方法来实现。

为每个节点增设两个标志位域 ltag 和 rtag,令

$$ltag = \begin{cases} 0, & \text{lchild 指向节点的左孩子节点} \\ 1, & \text{lchild 指向节点的直接前驱} \end{cases}$$

$$rtag = \begin{cases} 0, & \text{rchild 指向节点的右孩子节点} \\ 1, & \text{rchild 指向节点的直接后继} \end{cases}$$

每个标志位只占 1 bit,每个节点只需增加很少的存储空间,其节点的结构图如图 6.19 所示。

| lchild | ltag | data | rtag | rchild |

图 6.19 线索二叉树节点的结构图

对图 6.10(b)所示的二叉树进行线索化,得到前序线索二叉树、中序线索二叉树和后序

线索二叉树分别如图 6.20 所示。图中实线表示指针,虚线表示线索。

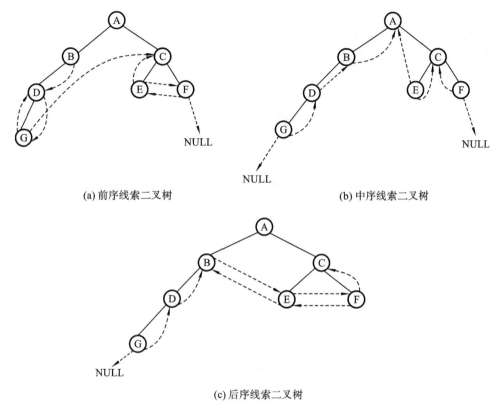

(a) 前序线索二叉树　　　　　　　　　　(b) 中序线索二叉树

(c) 后序线索二叉树

图 6.20　线索二叉树

为了将二叉树中所有空指针域都利用上,以及操作便利的需要,存储线索二叉树时一般会增设一个头节点,其结构与线索二叉树上的其他节点结构一样,只是其数据域并不存放信息,左孩子指针域指向二叉树的根节点,右孩子指针域指向按某种顺序遍历时访问的最后一个节点,对应的标志域设为 ltag＝0,rtag＝1;而原二叉树在按某种顺序遍历下的第一个节点的前驱线索和最后一个节点的后继线索都将指向该头节点。这样既可以从第一个节点出发顺着后继线索来找遍二叉树中的所有节点,也可以从最后一个节点出发顺着前驱线索来找遍二叉树中的所有节点,这就类似于一个双向线索链表。

6.5.2　线索二叉树的基本操作及算法实现

在线索二叉树中,节点的定义如下:

```
typedef struct BiThrNode {
    datatype data;
    struct BiThrNode *lchild;
    struct BiThrNode *rchild;
    unsigned ltag:1;
    unsigned rtag:1;
}BiThrNode, *BiThrTree;
```

下面以中序线索二叉树为例,讨论线索二叉树的建立、线索二叉树的遍历,以及在线索二叉树上查找直接前驱、直接后继等操作的算法实现。

1. 中序线索二叉树的建立

要建立一棵线索二叉树,即将二叉链表中的空链域改成相关线索,为了找到这些空链域,需要遍历整棵二叉树。在遍历过程中,检查当前节点的左、右孩子节点指针域是否为空,如果为空,将其修改为指向直接前驱或直接后继的线索。为了记录遍历过程中相关节点的前后次序关系,一般设指针 pre 始终指向刚刚访问过的节点,即若指针 p 指向当前节点,则指针 pre 指向 p 的直接前驱,所以 pre 和 p 之间是一种直接前驱和直接后继的关系,这样在增设线索时比较易于找到目标节点。

在对一棵二叉树进行线索化时,首先需要申请一个头节点,然后建立头节点与该二叉树的根节点间的直接前驱、直接后继等线索指向关系,对二叉树线索化后,再建立某种遍历序列的最后一个节点与头节点之间的线索指向关系。

建立中序线索二叉树的算法见算法 6.13,其中前驱指针 pre 为全局变量。

算法 6.13

```
void InThread(BiThrTree  p)
{  /*中序遍历过程中进行中序线索化*/
  if(p)
  { InThread(p->lchild);        /*左子树线索化*/
    if(!p->lchild)              /*建立 p 的直接前驱线索*/
    { p->ltag=1;  p->lchild=pre;
    }
    if(!pre->rchild)              /*建立 pre 的直接后继线索*/
    { pre->rtag=1;  pre->rchild=p;
    }
    pre=p;                      /*确保 pre 恒指向直接前驱*/
    InThread(p->rchild);        /*右子树线索化*/
  }
}
int  InOrderThr(BiThrTree *R, BiThrTree T)
{/*中序遍历二叉树 T,并将其中序线索化,*R 指向线索化二叉树头节点*/
    if(!(*R=(BiThrNode*)malloc(sizeof(BiThrNode))))  return 0;
    (*R)->ltag=0;  (*R)->rtag=1;    /*建立头节点*/
    (*R)->rchild=*R;              /*头节点 R 右指针回指*/
    if(!T)(*R)->lchild=*R;        /*若二叉树 T 为空,则头节点 R 左指针回指*/
    else {
        (*R)->lchild=T;  pre=R
        InThread(T);                /*中序遍历二叉树 T 进行中序线索化*/
        pre->rchild=*R;  pre->rtag=1; /*pre 指向最后一个节点,将其线索化*/
        (*R)->rchild=pre;
    }
```

```
            return 1;
    }
```

从算法 6.13 可以看出,中序线索化二叉树算法模式与中序遍历的类似,也是采用"左、根、右"的模式,非常便于理解。

2. 查找中序线索二叉树的直接前驱

如果建立好了一棵中序线索二叉树,那么对于中序线索二叉树上的任意节点,想寻找其在中序序列中的直接前驱,又该怎么做呢? 考虑以下两种情况。

(1) 如果该节点无左子树,那么它的左标志 ltag 值为 1,其左孩子节点指针域 lchild 所指向的节点便是它的直接前驱。

(2) 如果该节点有左子树,那么它的左标志 ltag 值为 0,其左孩子节点指针域 lchild 所指向的节点是它的左孩子节点。由中序遍历的定义可知,该节点的直接前驱应该是以其左孩子节点为根节点的子树的最右节点,即沿着其左子树的右孩子节点指针 rchild 向下查找,当其中某节点的右标志 rtag 值为 1 时,该节点就不再有右孩子节点了,那么该节点就是以其左孩子节点为根节点的子树的最右节点,也就是要找的直接前驱。

综合上述两种情况,其算法见算法 6.14。

算法 6.14

```
    BiThrTree  InPreNode(BiThrTree p)
    {   /*在中序线索二叉树上寻找节点 p 的中序直接前驱*/
        BiThrTree pre;
        pre=p->lchild;
        if(p->ltag!=1)                          /*左子树存在*/
            while(pre->rtag==0)  pre=pre->rchild;  /*寻找最右节点*/
        return pre;
    }
```

3. 查找中序线索二叉树的直接后继

如果建立好了一棵中序线索二叉树,那么对于中序线索二叉树上的任意节点,想寻找其在中序序列中的直接后继,又该怎么做呢? 同样可以考虑以下两种情况。

(1) 如果该节点无右子树,那么它的右标志 rtag 值为 1,其右孩子节点指针域 rchild 所指向的节点便是它的直接后继。

(2) 如果该节点有右子树,那么它的右标志 rtag 值为 0,其右孩子节点指针域 rchild 所指向的节点便是它的右孩子节点,由中序遍历的定义可知,该节点的直接后继是以其右孩子节点为根节点的子树的最左节点,即沿着其右子树的左孩子节点指针 lchild 向下查找,当某节点的左标志 ltag 值为 1 时,那么该节点就不再有左孩子节点,即该节点就是以其右孩子节点为根节点的子树的最左节点,也就是要找的直接后继。

综合上述两种情况,其算法见算法 6.15。

算法 6.15

```
    BiThrTree InPostNode(BiThrTree p)
    {   /*在中序线索二叉树上寻找节点 p 的中序直接后继*/
        BiThrTree  post;
```

```
        post=p->rchild;
        if(p->rtag!=1)           /*右子树存在*/
            while(post->rtag==0)  post=post->lchild;   /*寻找最左节点*/
        return post;
    }
```

4. 查找值为 e 的节点

借助上述在中序线索二叉树上寻找直接后继和直接前驱的算法,就可以遍历二叉树的所有节点。例如,先找到按中序遍历的第一个节点,然后再按算法 6.15 依次搜索其直接后继;或先找到按中序遍历的最后一个节点,然后按算法 6.14 依次搜索其直接前驱。这样,既不需要用栈也不需要用递归的方法就可以访问到二叉树的所有节点,前提是必须先建立一棵线索二叉树。

如果希望在中序线索二叉树上查找是否存在值为 e 的节点,其实质就是在对应线索二叉树上依上所述进行二叉树的遍历,每遇到一个节点对其进行访问的具体操作就是该节点的值与 e 进行比较,其算法见算法 6.16。

算法 6.16

```
    BiThrTree  Locate(BiThrTree H, datatype e)
    {  /*在以 H 为头节点的中序线索二叉树中查找值为 e 的节点*/
        BiThrTree p;
        p=H->lchild;
        while(p->ltag==0&&p!=H)  p=p->lchild;           /*找到遍历的第一个节点*/
        while(p!=H && p->data!=e)  p=InPostNode(p);   /*查找后继节点*/
        if(p==H)
        {  printf("Not Found the data!\n");
            return 0;
        }
        else  return p;
    }
```

算法 6.16 是采用先找到按中序遍历的第一个节点,然后按算法 6.15 依次查询其直接后继的方式来完成遍历操作的,同学们也可以先找到按中序遍历的最后一个节点,然后按算法 6.14 依次查询其直接前驱的方式来完成遍历操作,而自行完成该算法。

以上给出的仅是在中序线索二叉树中的各种相关算法。根据中序线索二叉树的建立算法也可以推出前序线索二叉树和后序线索二叉树的建立算法,具体算法见算法 6.17 和算法 6.18。

算法 6.17

```
    void  PreThread(BiThrTree  p)
    {  if(p)
        {
            if(!p->lchild)              /*建立 p 的直接前驱线索*/
            {
                p->ltag=1;  p->lchild=pre;
```

```
        }
        if(!pre->rchild)        /*建立 pre 的直接后继线索*/
        {
           pre->ltag=1;  pre->rchild=p;
        }
        pre=p;                  /*确保 pre 恒指向直接前驱*/
        if(p->ltag==0)
          PreThread(p->lchild);  /*左子树线索化*/
        if(p->rtag==0)
          PreThread(p->rchild);  /*右子树线索化*/
      }
  }
int PreorderThr(BiThrTree *R, BiThrTree T)
{ if(!(R=(BiThrNode*) malloc(sizeof(BiThrNode)))) return 0;
  (*R)->ltag=0;  (*R)->rtag=1;  /*建立头节点*/
  (*R)->rchild=*R;              /*头节点 R 右指针回指*/
  if(!T)(*R)->lchild=*R;        /*若二叉树 T 为空,则头节点 R 左指针回指*/
  else
  { (*R)->lchild=T;  pre=R
    PreThread(T);              /*前序遍历二叉树 T 进行前序线索化*/
    pre->rchild=*R;  pre->rtag=1;  /*pre 指向最后一个节点,并将其线索化*/
    (*R)->rchild=pre;
  }
  return 1;
}
```

算法 6.18

```
  void PostThread(BiThrTree  p)
  { if(p)
    {
      PostThread(p->lchild);  /*左子树线索化*/
      PostThread(p->rchild);  /*右子树线索化*/
      if(!p->lchild)          /*建立 p 的直接前驱线索*/
      {
         p->ltag=1;  p->lchild=pre;
      }
      if(!pre->rchild)  /*建立 pre 的直接后继线索*/
      {
         pre->rtag=1;  pre->rchild=p;
      }
      pre=p;
    }
  }
```

```
int PostorderThr(BiThrTree *R, BiThrTree T)
{ if(!(R=(BiThrNode*) malloc(sizeof(BiThrNode))))  return 0;
  (*R)->ltag=0;  (*R)->rtag=1;      /*建立头节点*/
  (*R)->rchild=*R;                 /*头节点 R 右指针回指*/
  if(!T)(*R)->lchild=*R;           /*若二叉树 T 为空,则头节点 R 左指针回指*/
  else
  { (*R)->lchild=T;  pre=R
    PostThread(T);                 /*后序遍历二叉树 T 进行后序线索化*/
    pre->rchild=*R;  pre->rtag=1;  /*pre 指向最后一个节点,并将其线索化*/
    (*R)->rchild=pre;
  }
  return 1;
}
```

前序线索二叉树和后序线索二叉树的相关算法都可以采用同样的方法分析和实现,请同学们自己思考解决,此处不再赘述。

6.6 树、森林与二叉树的转换

前面已介绍了二叉树的相关算法,而前面介绍过的树的孩子兄弟表示法实质上也就是采用的二叉树的二叉链表存储形式。如果树与森林都能转换成二叉树,那么树与森林的很多操作就都能用二叉树的相关算法来实现。

6.6.1 树转换为二叉树

1. 转换步骤
树转换为二叉树的步骤如下。

（1）加线——树中所有相邻兄弟之间加一条连线。

（2）去线——对树中的每个节点,只保留它与第一个孩子节点之间的连线,删去它与其他孩子节点之间的连线。

（3）层次调整——以根节点为轴心,让树顺时针转动 45°,使之层次分明。

具体转换过程如图 6.21 所示。

由树转换成的对应二叉树,其特点是都没有右子树的。（为什么?）

树的前序遍历序列与对应二叉树的前序遍历序列相同,树的后序遍历序列与对应二叉树的中序遍历序列相同。

2. 树和对应二叉树之间的对应关系
树中节点间如果是兄弟关系,那么在对应二叉树中将转换为双亲和右孩子关系;树中节点间如果是双亲和长子关系,那么在对应二叉树中将转换为双亲和左孩子关系。

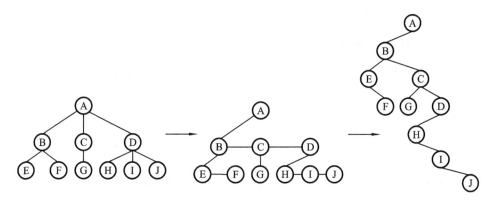

图 6.21　树转换成二叉树

6.6.2　森林转换为二叉树

森林是若干棵树的集合,它同样也可以转换成一棵二叉树。

1. 转换步骤

森林转换为二叉树的步骤如下。

(1) 将森林中的每棵树依上述方法转换成二叉树,此时的二叉树都没有右子树。

(2) 从第二棵二叉树开始,依次把后一棵二叉树的根节点作为前一棵二叉树根节点的右孩子节点来处理,当所有二叉树依上述方法连起来后所得到的二叉树就是由森林转换得到的二叉树。

具体转换过程如图 6.22 所示。

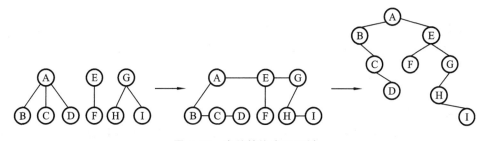

图 6.22　森林转换成二叉树

2. 森林的遍历方式

森林的遍历方式主要包括以下几种。

(1) 前序遍历:若森林不空,则访问森林中第一棵树的根节点;前序遍历森林中第一棵树的子树森林;前序遍历森林中(除第一棵树之外)其他树构成的森林,即依次从左至右对森林中的每一棵树进行前序遍历。

(2) 中序遍历:若森林不空,则中序遍历森林中第一棵树的子树森林;访问森林中第一棵树的根节点;中序遍历森林中(除第一棵树之外)其他树构成的森林,即依次从左至右对森林中的每一棵树进行后序遍历。

森林的前序遍历序列与对应二叉树的前序遍历序列相同,森林的中序遍历序列与对应二叉树的中序遍历序列相同。

6.6.3 二叉树转换为树或森林

树或森林都可以转换成二叉树,反过来,二叉树也同样可以转换成树或森林。转换步骤如下。

(1) 加线——若某节点 x 是其双亲节点 y 的左孩子节点,则把节点 x 的右孩子节点、右孩子节点的右孩子节点……都与节点 y 用线连起来。

(2) 去线——删去原二叉树中所有的双亲节点与右孩子节点的连线。

(3) 层次调整——整理由(1)、(2) 两步所得到的树或森林,以根节点为轴心,让树按逆时针转动 45°,使之层次分明。

具体转换过程如图 6.23 所示。

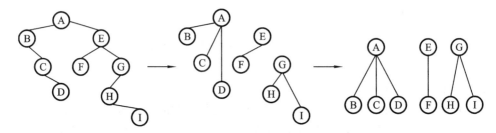

图 6.23　二叉树转换成森林

6.7　二叉树遍历算法的应用

在前面介绍的二叉树的遍历算法中,对节点进行访问的操作 visite() 很抽象,其实可以根据具体问题赋予其更具体的操作,从而使得遍历算法有更多的用途。

6.7.1 查找数据元素

查找数据元素操作需要与二叉树中各节点进行比较,为了找到各节点,可借助遍历算法来实现。Locate(bt,e)在以 bt 为二叉树的根节点指针的二叉树中查找数据元素 e。当查找成功时,返回该节点的指针;当查找失败时,返回空指针。具体算法见算法 6.19。

算法 6.19

```
BiTree  Locate(BiTree bt,datatype e)
{  /*在以 bt 为根节点指针的二叉树中查找数据元素 e*/
    if(bt->data==e)  return bt;      /*查找成功后返回*/
    if(bt->lchild!=NULL)  return(Locate(bt->lchild,e));
    /*在以 bt->lchild 为根节点指针的二叉树中查找数据元素 e*/
    if(bt->rchild!=NULL)  return(Locate(bt->rchild,e));
    /*在以 bt->rchild 为根节点指针的二叉树中查找数据元素 e*/
    return NULL;            /*查找失败后返回*/
}
```

算法 6.19 在前序遍历的基础上来实现数据元素的查找功能,此设计思想还可以按中序遍历和后序遍历的方式来实现数据元素的查找,其算法请同学们自行思考。

6.7.2　显示二叉树

如果想在屏幕上显示二叉树,需要搜索到一个节点就显示一个节点,所以可以在遍历的过程中来完成显示操作,此时的 visit( )用于完成显示操作。算法 6.20 是一个在中序遍历基础上显示二叉树的算法。

算法 6.20

```
int printtree(BiTree bt, int n)
/*从第 n 层开始中序遍历分层显示二叉树 bt*/
{
    int i;
    if(bt==NULL)  return 1;
    printtree(bt->lchild,n+1);  /*中序遍历屏幕显示(n+1)层二叉树 bt->lchild*/
    for(i=0;i< n-1;++i)          /*光标移过前(n-1)层*/
       printf(" ");
    if(n>=1)  printf("---");    /*显示第 n 层连接线*/
    printf("%d\n",bt->data);    /*显示第 n 层数据域值*/
    printtree(bt->rchild,n+1);  /*中序遍历屏幕显示(n+1)层二叉树 bt->rchild*/
}
```

6.7.3　统计叶子节点数目

要统计二叉树中叶子节点的数目,可以先分别计算出二叉树的左子树和右子树上的叶子节点数量,相加后即得二叉树叶子节点的数目。这同样可以用前序遍历的思想来辅助实现。算法 6.21 是以二叉链表作为存储结构来实现此算法的。

算法 6.21

```
int CountLeaf(BiTree  bt)
{ /*以 bt 为根节点所在节点的指针,返回值为 bt 的叶子节点数*/
    int count;
    if(bt==NULL)  return 0;
    if(bt->lchild==NULL && bt->rchild==NULL)  return 1;
    count=CountLeaf(bt->lchild)+CountLeaf(bt->rchild);
    return  count;
}
```

6.7.4　求二叉树深度

由二叉树的深度的定义可知,二叉树的深度应该是在求出其左、右子树的深度后取两者间的最大值,然后考虑到还有根节点这一层,所以再加上 1 即得二叉树的深度。因此必须先求出左、右子树的深度,再考虑根节点这一层,这与后序遍历的思想非常类似,所以可用后序遍历的思想来完成此算法的设计。具体算法见算法 6.22。

算法 6.22

```
int Depth(BiTree  bt)
{   /*返回二叉树 bt 的深度*/
    int depthbitree;
    if(!bt)  depthbitree=0;
    else{
        depthLeft=Depth(bt->lchild);   /*递归求左子树的深度*/
        depthRight=Depth(bt->rchild);   /*递归求右子树的深度*/
        depthbitree=1+(depthLeft>depthRight ? depthLeft: depthRight);
    }
    return depthbitree;
}
```

6.7.5 创建二叉树

二叉树的创建同样可以参考遍历算法来实现。若以前序遍历来创建二叉树,则可以按二叉树的前序遍历序列次序输入节点值,节点值类型为字符型。那么该次序中涉及的每个有效节点都要看成是有左、右孩子节点的。所以,如果某节点无左孩子节点或右孩子节点,那么对应于它的左孩子节点或右孩子节点要以特殊符号"♯"表示,并且要按对应遍历次序出现在遍历序列中。CreateBinTree(BinTree *bt)是以二叉链表为存储结构来建立一棵二叉树 T 的,bt 为指向二叉树 T 根节点指针的指针。设建立时的输入序列为 ABDG♯♯♯♯CE♯♯F♯♯,将建立如图 6.10(b)所示的二叉树。具体算法见算法 6.23。

算法 6.23

```
void CreateBinTree(BiTree bt)
{   /*按加入节点的前序遍历序列输入,构造二叉链表*/
    char ch;
    scanf("\n%c",&ch);
    if(ch=='#')  bt=NULL;                /*读入#时,将相应节点置空*/
    else{   bt=(BTNode*)malloc(sizeof(BTNode));   /*生成节点空间*/
            bt->data=ch;
            CreateBinTree(bt->lchild);     /*构造二叉树的左子树*/
            CreateBinTree(bt->rchild);     /*构造二叉树的右子树*/
    }
}
```

该创建算法与输入的次序有关,如果输入的是二叉树的中序遍历次序,则对应创建算法是以中序遍历模式为基础的;如果输入的是二叉树的后序遍历次序,则对应创建算法是以后序遍历模式为基础的。相关算法同学们可自行实现。

6.8　最优二叉树——哈夫曼树

6.8.1　哈夫曼树的基本概念

给定 n 个权值作为 n 个叶子节点,构造一棵二叉树,若该二叉树的带权路径长度达到最小,这样的二叉树称为最优二叉树,也称为哈夫曼树(Huffman Tree)。那么怎么来求出二叉树的带权路径长度呢? 首先需要了解以下几个概念。

1. 路径和路径长度

在一棵树中,从一个节点往下可以达到的孩子或子孙节点之间的通路,称为路径。通路中分支的数目称为路径长度。若规定根节点的层数为 1,则从根节点到第 L 层节点的路径长度为 L−1。

2. 节点的权及带权路径长度

若将树中节点赋给一个有着某种含义的数值,则这个数值称为该节点的权。节点的带权路径长度为从根节点到该节点之间的路径长度与该节点的权的乘积。

3. 树的带权路径长度

树的带权路径长度规定为所有叶子节点的带权路径长度之和,记为 WPL。

如果二叉树具有 n 个带权值的叶子节点,那么从根节点到各个叶子节点的路径长度与相应叶子节点权值的乘积之和称为二叉树的带权路径长度,记为

$$WPL = \sum_{k=1}^{n} W_k \times L_k \qquad (6.6)$$

其中,W_k 为第 k 个叶子节点的权值,L_k 为第 k 个叶子节点的路径长度。如图 6.24 所示的二叉树,叶子节点里标识的数值为其对应的权值,则它的带权路径长度值 WPL＝2×2＋6×2＋5×2＋3×2＝32。

图 6.24　一棵带权二叉树

给定一组具有确定权值的叶子节点,可以构造出形状不同的若干棵带权二叉树。例如,给出 4 个叶子节点,设其权值分别为 2、4、6、8,可以构造出形状不同的多棵二叉树。这些形状不同的二叉树的带权路径长度 WPL 各不相同。图 6.25 给出了其中 5 棵不同形状的带权二叉树。

这 5 棵带权二叉树的带权路径长度分别为

(1)　　　　　　　　　　WPL＝2×2＋4×2＋6×2＋8×2＝40

(2)　　　　　　　　　　WPL＝2×3＋4×3＋6×2＋8×1＝38

(3)　　　　　　　　　　WPL＝2×2＋4×3＋6×3＋8×1＝42

(4)　　　　　　　　　　WPL＝8×3＋6×3＋4×2＋2×1＝52

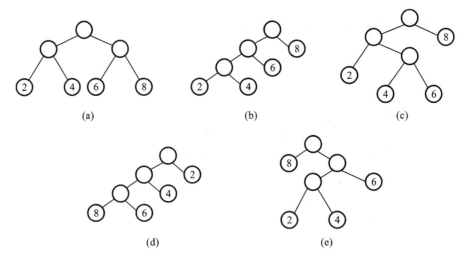

图 6.25　具有相同叶子节点和不同带权路径长度的二叉树

(5) $\qquad$ WPL$=8\times1+2\times3+4\times3+6\times2=38$

由此可见,虽然是具有相同权值的一组叶子节点,但所构成的二叉树可以有不同的形态和不同的带权路径长度,那么要如何才能找到带权路径长度最小的二叉树(哈夫曼树)呢?根据哈夫曼树的定义,一棵二叉树如果想要使其 WPL 值最小,必须使权值较大的叶子节点离根节点较近,从而缩短它的路径长度,而权值较小的叶子节点离根节点较远,虽然路径长度增加了,但因为叶子节点权值小,对总的带权路径长度的影响不大,这样才能达到上述目的。

6.8.2　哈夫曼树的构造算法

哈夫曼(Huffman)依据上述特点提出了一种设计方法,基本思想如下。

(1) 由给定的 n 个权值$\{w_1, w_2, \cdots, w_n\}$构造 n 棵只有一个节点的二叉树,该节点既是根节点,也是叶子节点,从而得到二叉树的集合 $F=\{T_1, T_2, \cdots, T_n\}$;

(2) 在 F 中选取根节点的权值最小和次小的两棵二叉树作为左、右子树(不约定顺序)构造一棵新的二叉树,这棵新的二叉树根节点的权值为其左、右子树根节点权值之和;

(3) 在集合 F 中删除作为左、右子树的两棵二叉树,并将新构造的二叉树加入集合 F 中,F 中二叉树的数量减少了一棵;

(4) 重复第(2)、(3)步,当 F 中最终只剩下一棵二叉树时,这棵二叉树便是所要构造的哈夫曼树。

图 6.26 给出了叶子节点权值集合为 W$=\{2,4,6,8\}$的哈夫曼树的构造过程,注意这只是其中符合要求的一棵哈夫曼树。可以计算出该哈夫曼树的带权路径长度为 38,由此可见,对于同一组给定叶子节点所构造的哈夫曼树,虽然哈夫曼树的形状可能不同,但带权路径长度值一定是相同的,而且一定是最小的。

构造哈夫曼树时,需要设置一个结构体数组 HuffmanNode 以保存哈夫曼树中各节点的信息。根据哈夫曼树的构造方法,哈夫曼树中的任何分支节点都是有左、右子树的,所以

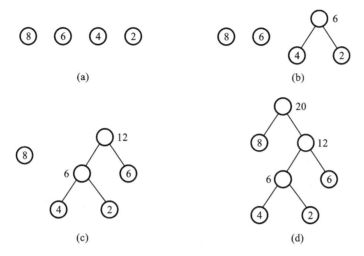

图 6.26 哈夫曼树的构造过程

分支节点都是度为 2 的节点,不存在度为 1 的分支节点。由二叉树的性质 3 可知,具有 n 个叶子节点的哈夫曼树应该有(n一1)个度为 2 的节点,所以该哈夫曼树共有(2n一1)个节点,因此可以将数组 HuffmanNode 的大小设置为 2n一1。而在一棵哈夫曼树中,每个节点都需要知道其对应权值,以及左、右孩子节点和双亲节点,故数组元素的结构形式如图6.27所示。

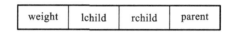

图 6.27 哈夫曼树节点的结构形式

图 6.27 中,weight 保存该节点的权值,lchild 和 rchild 分别保存该节点的左、右孩子节点在数组 HuffmanNode 中的序号,parent 保存其双亲节点在数组 HuffmanNode 中的序号,通过 lchild、rchild 和 parent 三个域,能在存储节点的数据值的同时也能体现各节点间的逻辑关系。

如何判定一个节点是否已加入要构造的哈夫曼树中呢? 可通过 parent 的值来确定。初始时 parent 的值为一1,表示无双亲节点,因为在数组中无元素下标为一1。当某节点已加入哈夫曼树中时,它就有了双亲节点,该节点 parent 的值为其双亲节点在数组 Huffman-Node 中的序号,就不会是一1 了。所以只要某节点的 parent 的值不是一1,就表示该节点已加入哈夫曼树。

构造哈夫曼树时,首先将由 n 个权值所形成的 n 个叶子节点存放到数组 HuffmanNode 的前 n 个分量中,然后根据前面介绍的构造哈夫曼树的基本思想,不断选取其中权值最小和次小的两棵二叉树作为左、右子树,合并成一棵新的二叉树,每次形成的新二叉树的根节点将依次存储到 HuffmanNode 数组中的前 n 个分量的后面。哈夫曼树的构造算法见算法6.24。

算法 6.24

```
#define MAXWeight 10000          /*定义最大权值*/
#define MAXLeaf 40               /*定义哈夫曼树中叶子节点的个数*/
```

```
#define MAXNode   MAXLeaf*2-1
typedef struct {
    int weight;
    int parent;
    int lchild;
    int rchild;
} HNode;
void  HuffmanTree(HNode  HuffmanNode[ ])
{    /*哈夫曼树的构造算法*/
    int i,j,a1,a2,b1,b2,n;
    scanf("%d",&n);                 /*输入叶子节点个数*/
    for(i=0;i<2*n-1;i++)            /*初始化数组 HuffmanNode[ ]*/
    { HuffmanNode[i].weight=0;
      HuffmanNode[i].parent=-1;
      HuffmanNode[i].lchild=-1;
      HuffmanNode[i].rchild=-1;
    }
    for(i=0;i<n;i++)  (scanf"%d",&HuffmanNode[i].weight);
    /*输入 n 个叶子节点的权值*/
    for(i=0;i<n-1;i++)                  /*构造哈夫曼树*/
    { a1=a2=MAXWeight;
      b1=b2=0;
      for(j=0;j<n+i;j++)
      { if(HuffmanNode[j].weight<a1 && HuffmanNode[j].parent==-1)
        { a2=a1; b2=b1;
          a1=HuffmanNode[j].weight;    b1=j;
        }
        else if(HuffmanNode[j].weight<a2 && HuffmanNode[j].parent==-1)
        { a2=HuffmanNode[j].weight;
          b2=j;
        }
      }
      /*将找出的两棵二叉树合并为一棵二叉树,找出的两棵二叉树作为新二叉树的左、右子树*/
      HuffmanNode[b1].parent=n+i;   HuffmanNode[b2].parent=n+i;
      HuffmanNode[n+i].weight=HuffmanNode[b1].weight+HuffmanNode[b2].weight;
      HuffmanNode[n+i].lchild=b1;   HuffmanNode[n+i].rchild=b2;
    }
}
```

6.8.3 哈夫曼编码

构造的哈夫曼树如果仅用于求最短带权路径是远远不够的,它还有其他的用途。譬如,在数据通信中,经常需要将传送的文字转换成由二进制字符 0、1 组成的二进制串,这些二进制串称为编码。例如,假设要传送的电文为 ABBDACAA,电文中只含有 A、B、C、D 共 4 种字符。在传送电文时,电文代码的长短决定了传送时间的长短,为了使传送时间尽可能短,要求电文代码要尽可能短。因为只有 4 种字符,所以每种字符用长度为 2 的编码就可以区分,图 6.28(a)所示为一种编码方案,用该编码对上述电文进行编码所建立的代码为 0001011100100000,长度为 16。在这种编码方案中,4 种字符的编码长度均为 2 位,是一种等长编码。是否还有更高效的编码方案呢?如果在编码时综合考虑字符出现的频率,让出现频率高的字符采用尽可能短的编码,出现频率低的字符采用稍长的编码,来构造一种不等长编码,则电文的代码长度就可能更短。如当字符 A、B、C、D 采用图 6.28(b)所示的编码时,上述电文的代码为 01010111011000,长度仅为 14。

字符	编码
A	00
B	01
C	10
D	11

(a)

字符	编码
A	0
B	10
C	110
D	111

(b)

字符	编码
A	01
B	001
C	010
D	10

(c)

图 6.28 字符的 3 种不同编码方案

在建立不等长编码时,还需要考虑一个问题,就是如何从电文代码串中准确地划分出一个个电文符号。如果采用等长编码则很简单,根据编码长度等长划分出来即可;但采用不等长编码的话,要做到准确划分,最重要的一个问题是必须使任何一个字符的编码都不能是另一个字符编码的前缀,这样才能保证译码的唯一性,这种编码称为前缀编码。例如,图 6.28(c)所示的编码方案,字符 A 的编码 01 是字符 C 的编码 010 的前缀部分,这样对于代码串 0101001,既是 AAB 的代码,也是 ACA 和 CDA 的代码,因此,这样的编码方式将不能保证译码的唯一性,这种译码称为具有二义性的译码,这在编码技术里是绝对不允许的。

将每个字符出现的频率作为节点的权值,那么哈夫曼树可用于构造使电文的编码总长最短的编码方案。具体做法如下:设需要编码的字符集合为 $\{d_1, d_2, \cdots, d_n\}$,它们在电文中出现的次数或频率集合为 $\{w_1, w_2, \cdots, w_n\}$,以 $d_1, d_2, \cdots, d_n$ 作为叶子节点,$w_1, w_2, \cdots, w_n$ 作为它们的权值,构造一棵哈夫曼树。规定构造的哈夫曼树中的左分支编码为 0,右分支编码为 1,将从根节点到每个叶子节点所经过的路径分支组成的 0 和 1 的序列作为该节点对应字符的编码,称为哈夫曼编码。

采用哈夫曼编码,不会产生上述译码二义性问题。因为在哈夫曼树中,每个字符节点都是作为叶子节点出现的,它们不可能出现在根节点到其他字符节点的路径上,所以一个字符的哈夫曼编码也不可能是另一个字符的哈夫曼编码的前缀,从而可以确保译码的非二义性。

在哈夫曼编码树中,树的带权路径长度的含义是各个字符的码长与其出现次数的乘积之和,也就是电文的代码总长,所以采用哈夫曼树构造的编码是一种能使电文代码总长最短的不等长编码。

实现哈夫曼编码的算法可分为以下两步。

(1) 构造哈夫曼树。

(2) 在哈夫曼树上求叶子节点的编码。

构造哈夫曼树可沿用算法 6.24 来生成。而求哈夫曼编码,一般采取的是从叶子节点到根节点的逆向求法,实质上就是在已建立的哈夫曼树中,从叶子节点开始,沿节点的双亲节点(parent)指针域回退到根节点,每回退一步,将走过哈夫曼树的一个分支,此时可以根据该分支是左分支还是右分支得到对应的一位哈夫曼码值 0 或 1。一个字符的哈夫曼编码是从根节点到相应叶子节点所经过的路径上的各分支所组成的 0、1 序列,因此利用回退法先得到的分支代码是所求编码的低位码,后得到的分支代码是所求编码的高位码。结构数组 HuffmanCode 用于存放各字符的哈夫曼编码信息,数组元素的结构如图 6.29 所示。

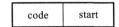

图 6.29　哈夫曼编码数据结构图

图 6.29 中,code 是一个用于保存字符的哈夫曼编码的一维数组,start 表示该编码在数组 code 中的起始位置。所以,对于第 i 个字符,它的哈夫曼编码存放在 HuffmanCode[i].code 中的从 HuffmanCode[i].start 到 n 的分量上。哈夫曼编码算法见算法 6.25。

算法 6.25

```
#define MAXCode 20              /*定义哈夫曼编码的最大长度*/
typedef struct {
    int code[MAXCode];
    int start;
}HCodeType;
void HuffmanCode()
{   /*生成哈夫曼编码*/
    HNode HuffmanNode[MAXNode];
    HCodeType HuffmanCode[MAXLeaf],cd;
    int i,j, a,p;
    HuffmanTree(HuffmanNode);       /*建立哈夫曼树*/
    for(i=0;i<n;i++)                /*求每个叶子节点的哈夫曼编码*/
    {   cd.start=n-1;   a=i;
        p=HuffmanNode[a].parent;
        while(p!=0)                 /*由叶子节点向上,直到根节点*/
        {   if(HuffmanNode[p].lchild==a)   cd.code[cd.start]=0;
            else   cd.code[cd.start]=1;
            cd.start--;   a=p;
            p=HuffmanNode[a].parent;
        }
        for(j=cd.start+1;j<n;j++)
        /*保存求出的每个叶子节点的哈夫曼编码和编码的起始位置*/
```

```
        HuffmanCode[i].code[j]=cd.code[j];
     HuffmanCode[i].start=cd.start;
   }
   for(i=0;i<n;i++)                    /*输出每个叶子节点的哈夫曼编码*/
   { for(j=HuffmanCode[i].start+1;j<n;j++)
       printf("%ld",HuffmanCode[i].code[j]);
     printf("\n");
   }
 }
```

小　　结

本章重点介绍了数据结构的第二大类:树形结构。树形结构体现的是一种一对多的层次结构关系。本章拥有非常丰富的知识点。

(1) 二叉树的 5 条性质。

(2) 完全二叉树一般采用顺序存储结构,而普通二叉树则一般采用二叉链表的存储结构。

(3) 遍历二叉树是二叉树各种操作的基础,常用的遍历方式有前序遍历、中序遍历和后序遍历。实现二叉树遍历的具体算法与所采用的存储结构有关。各种遍历策略的递归算法简单明了,可灵活运用遍历算法来实现二叉树的其他操作。层次遍历是按另一种搜索策略进行的遍历。

(4) 二叉树线索化的实质是利用空指针域建立节点与其在相应遍历序列中的直接前驱或直接后继之间的联系。线索化后的二叉树可方便查找给定节点的直接前驱和直接后继。二叉树的线索化过程是基于对二叉树进行遍历的,而线索二叉树上的线索又为相应的遍历提供了方便。

(5) 树有多种存储结构,树和森林与二叉树可相互转换,这样,树和森林就可以用二叉树来代表了。

(6) 哈夫曼树(最优树)是指 n 个带权叶子节点构成的所有二叉树中,带权路径长度(WPL)最小的二叉树。利用该树构成的编码是一个最优码,即哈夫曼编码。

习　题　6

1. 填空题

(1) 树中某节点的子树的个数称为该节点的_____,子树的根节点称为该节点的_____,该节点称为其子树根节点的_____。

(2) 设高度为 h 的二叉树上只有度为 0 和度为 2 的节点,该二叉树的节点数可能达到的最大值是_____,最小值是_____。

(3) 一棵二叉树的第 i(i≥1)层最多有_____个节点;一棵有 n(n>0)个节点的满二叉树共有_____个叶子节点和_____个非叶子节点。

（4）具有 128 个节点的完全二叉树的叶子节点数为_____。

（5）已知一棵度为 4 的树,有 2 个度为 1 的节点,3 个度为 2 的节点,4 个度为 3 的节点,3 个度为 4 的节点,则该树中有_____个叶子节点。

（6）某二叉树的前序遍历序列是 A B D F G C E H,中序遍历序列是 B F D G A E H C,则其后序遍历序列是_____。

（7）在具有 n 个节点的三叉链表中,共有_____个指针域,其中_____个指针域用于指向其左、右孩子节点,_____个指针域用于指向其双亲节点,剩下的_____个指针域则是空的。

（8）在有 n 个叶子节点的哈夫曼树中,分支节点总数为_____,节点总数为_____。

（9）对于一棵具有 n 个节点的树,其所有节点的度之和为_____。

（10）如果采用双亲表示法存储一棵树,那么具有 n 个节点的树至少需要_____个指向双亲节点的指针。

（11）对于一个具有 n 个节点的二叉树,当它为一棵_____时具有最小高度,当它为一棵_____时,具有最大高度。

（12）对一棵二叉树进行层次遍历时,应借助于一个_____。

2. 选择题

（1）如果节点 A 有 4 个兄弟,B 是 A 的双亲节点,则节点 B 的度是（　　）。
A. 2　　　　　　　B. 3　　　　　　　C. 4　　　　　　　D. 5

（2）二叉树的前序遍历序列和后序遍历序列正好相反,则该二叉树一定是（　　）的二叉树。
A. 空或只有一个节点　　　　　　　B. 高度等于其节点数
C. 任意节点无左孩子节点　　　　　D. 任意节点无右孩子节点

（3）在线索二叉树中,一个节点是叶子节点的充要条件为（　　）。
A. 左线索标志为 0,右线索标志为 1　　B. 左、右线索标志均为 0
C. 左线索标志为 1,右线索标志为 0　　D. 左、右线索标志均为 1

（4）一个高度为 h 的满二叉树共有 n 个节点,其中有 m 个叶子节点,则有（　　）成立。
A. n＝h＋m　　　B. h＋m＝2n　　　C. m＝h－1　　　D. n＝2m－1

（5）任何一棵二叉树的叶子节点在前序、中序、后序遍历序列中的相对次序（　　）。
A. 肯定不发生改变　B. 肯定发生改变　　C. 不能确定　　　D. 有时发生变化

（6）讨论树、森林和二叉树的关系,目的是（　　）。
A. 借助二叉树上的操作方法去实现对树的一些操作
B. 将树、森林转换成二叉树
C. 将树、森林按二叉树的存储方式进行存储,并利用二叉树的算法解决树的有关问题
D. 体现一种技巧,没有什么实际意义

（7）前序遍历和中序遍历结果相同的二叉树是（　　）。
A. 根节点无左孩子节点的二叉树　　B. 根节点无右孩子节点的二叉树
C. 所有节点只有左子树的二叉树　　D. 所有节点只有右子树的二叉树

（8）对于完全二叉树中的任意节点,若其右分支下的子孙的最大层次为 h,则其左分支下的子孙的最大层次为（   ）。

A. h   B. h+1   C. h 或 h+1   D. 任意

（9）下述编码中（   ）不是前缀编码。

A.（00,01,10,11） B.（0,10,110,111） C.（0,1,00,11）   D.（1,01,000,001）

（10）建立线索二叉树的目的是（   ）。

A. 方便二叉树的插入和删除   B. 方便查找某节点的直接前驱或直接后继

C. 方便查找某节点的左、右孩子节点   D. 方便查找某节点的双亲节点

（11）具有 n 个节点的线索二叉树共有（   ）线索。

A. n−1   B. n   C. n+1   D. 2n

（12）一棵有 n 个节点的树,树中所有度数之和为（   ）。

A. n−2   B. n−1   C. n   D. n+1

（13）树最适合用于表示（   ）。

A. 线性结构的数据   B. 顺序结构的数据

C. 元素之间无前驱和后继关系的数据   D. 元素之间有包含和层次关系的数据

（14）利用 n 个权值作为叶子节点的权生成的哈夫曼树中共包含有（   ）个节点。

A. n   B. n+1   C. 2n   D. 2n−1

（15）设一棵 m 叉树中有 N_1 个度数为 1 的节点,N_2 个度数为 2 的节点,…,N_m 个度数为 m 的节点,则该树中共有（   ）个叶子节点。

A. $\sum_{i=1}^{m}(i-1)N_i$ B. $\sum_{i=1}^{m}N_i$ C. $\sum_{i=2}^{m}N_i$ D. $1+\sum_{i=2}^{m}(i-1)N_i$

（16）设 F 是由 T_1、T_2 和 T_3 三棵树组成的森林,与 F 对应的二叉树为 B,T_1、T_2 和 T_3 的节点数分别为 N_1、N_2 和 N_3,则二叉树 B 的根节点的左子树的节点数为（   ）。

A. N_1-1 B. N_2-1 C. N_2+N_3 D. N_1+N_3

3. 证明题

证明:对任意满二叉树,其分支数 $B=2(n_0-1)$（其中,n_0 为叶子节点数）。

4. 简答题

（1）已知某字符串 S 中共有 8 种字符,各种字符分别出现 2 次、1 次、4 次、5 次、7 次、3 次、4 次和 9 次,对该字符串进行哈夫曼编码,该字符串的编码至少有多少位?

（2）已知一棵完全二叉树共有 892 个节点,求:①树的高度;②叶子节点数;③单支节点数;④最后一个非叶子节点的序号。

（3）给出满足下列条件的所有二叉树:①前序遍历和中序遍历相同;②中序遍历和后序遍历相同;③前序遍历和后序遍历相同。

（4）试写出图 6.30 所示的二叉树分别按前序遍历、中序遍历、后序遍历和层序遍历时得到的节点序列。

5. 算法设计题

（1）编写算法,求二叉树的节点个数。

（2）编写算法,按前序遍历打印二叉树中的叶子节点。

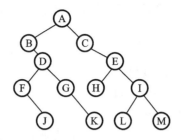

图 6.30　题图 1

（3）编写算法，求二叉树的宽度（宽度是指在二叉树的各层上，具有节点数最多的那一层上的节点总数）。

（4）编写算法，要求输出二叉树后序遍历序列的逆序。

（5）编写算法，交换二叉树中所有节点的左、右子树。

（6）以二叉链表为存储结构，在二叉树中删除以值 a 为根节点的子树。

（7）编写算法，判断一棵二叉树是否为完全二叉树。

（8）以线索链表为存储结构，分别写出在前序线索二叉树中查找给定节点的直接后继和在后序线索二叉树中查找给定节点的直接前驱的算法。

第7章 图

本章主要知识点

◈ 图的基本概念

◈ 图的存储结构

◈ 图的遍历

◈ 最小生成树

◈ AOV 网与拓扑排序

◈ AOE 网与关键路径

◈ 最短路径

图是一种比线性表和树形结构更复杂的非线性结构。在线性结构中,数据元素间具有一对一的线性关系;在树形结构中,节点间具有一对多的分支层次关系;在图形结构中,任意两个节点之间都可能相关联,节点间具有多对多的复杂关系,因而具有极强的表达能力。现实世界中的许多问题都可以抽象成为图,可以借用图结构及其相关技术来进行处理。

7.1 图的逻辑结构

7.1.1 图的定义和基本术语

1. 图的定义

图(Graph)是由有穷非空顶点集合和顶点之间关系——边(或弧)的集合组成,其形式化定义为

$$G = (V, E)$$
$$V = \{v_i \mid v_i \in dataobject\}$$
$$E = \{(v_i, v_j) \mid v_i, v_j \in V, 且\ P(v_i, v_j)\}$$

其中,G 表示一个图,V 是图 G 中顶点的集合,E 是图 G 中边的集合,集合 E 中 $P(v_i, v_j)$ 表示顶点 v_i 和顶点 v_j 之间有一条直接连线。图 7.1 给出了一个图 G_1 的示例,在该图中,存在

$$G_1 = (V, E)$$
$$V_1 = \{v_1, v_2, v_3, v_4, v_5\}$$
$$E_1 = \{(v_1, v_2), (v_1, v_4), (v_1, v_3), (v_2, v_3), (v_2, v_5), (v_3, v_4)\}$$

2. 图的基本术语

1)无向边

若顶点 v_i 和 v_j 间的边没有方向,则该边称为无向边,用无序偶对 (v_i, v_j) 表示。

2）有向边

若顶点 v_i 和 v_j 间的边有方向,则该边称为有向边(或称为弧),用有序偶对$<v_i,v_j>$表示。

3）无向图

在一个图中,如果任意两个顶点构成的偶对$(v_i,v_j)\in E$是无序的,即顶点之间的连线是没有方向的,用无序偶对(v_i,v_j)表示,则该图称为无向图。如图 7.1 所示是一个无向图 G_1。

4）有向图

在一个图中,如果任意两个顶点构成的偶对$(v_i,v_j)\in E$是有序的,即顶点之间的连线是有方向的,用有序偶对$<v_i,v_j>$表示,则该图称为有向图。如图 7.2 所示是一个有向图 G_2,在该图中,存在

$$G_2=(v_2,E_2)$$
$$v_2=\{v_1,v_2,v_3,v_4\}$$
$$E2=\{<v_1,v_2>,<v_1,v_3>,<v_3,v_4>,<v_4,v_1>\}$$

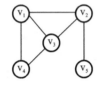

图 7.1　无向图 G_1

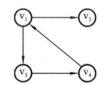

图 7.2　有向图 G_2

5）边、弧、弧头、弧尾

在图结构中,数据元素 v_i 称为顶点(Vertex)。两个顶点间的直接连线,在无向图中称为边,在有向图中,称为弧。边用顶点的无序偶对(v_i,v_j)来表示,顶点 v_i 和顶点 v_j 互为邻接点,边(v_i,v_j)依附于顶点 v_i 与顶点 v_j;弧用顶点的有序偶对$<v_i,v_j>$来表示,其中顶点 v_i 称为始点(或弧尾),即弧的射出方,在图结构中就是不带箭头的一端;顶点 v_j 称为终点(或弧头),即弧的射入方,在图结构中就是带箭头的一端。

6）无向完全图

在无向图中,如果任意两个顶点间都存在边,则该图称为无向完全图。在一个含有 n 个顶点的无向完全图中,有 $n(n-1)/2$ 条边。

7）有向完全图

在有向图中,如果任意两个顶点间都存在方向互为相反的两条弧,则该图称为有向完全图。在一个含有 n 个顶点的有向完全图中,有 $n(n-1)$ 条弧。

8）稠密图、稀疏图

若一个图接近完全图,即边(弧)数比较多的图,称为稠密图。边(弧)数很少的图称为稀疏图。一般情况下都是相对而言的。

9）顶点的度、入度、出度

在无向图中,顶点的度(Degree)是指依附于某顶点 v 的边数,通常记为 $TD(v)$。

在有向图中,为了区分是射入弧还是射出弧的数量,将度细分为顶点的入度与出度两个

概念。顶点 v 的入度是指以顶点 v 为终点(弧头)的弧的数目,即射入弧的数量,记为 ID(v)。顶点 v 的出度是指以顶点 v 为始点(弧尾)的弧的数目,即射出弧的数量,记为 OD(v),有 TD(v)=ID(v)+OD(v)。

例如,在图 7.1 中,有

$$TD(v_1)=3 \quad TD(v_2)=3 \quad TD(v_3)=3 \quad TD(v_4)=2 \quad TD(v_5)=1$$

在图 7.2 中,有

$$ID(v_1)=1 \quad OD(v_1)=2 \quad TD(v_1)=3$$
$$ID(v_2)=1 \quad OD(v_2)=0 \quad TD(v_2)=1$$
$$ID(v_3)=1 \quad OD(v_3)=1 \quad TD(v_3)=2$$
$$ID(v_4)=1 \quad OD(v_4)=1 \quad TD(v_4)=2$$

对于具有 n 个顶点、e 条边的无向图,顶点 v_i 的度 $TD(v_i)$ 与顶点的个数及边的数目满足关系:

$$\sum_{i=1}^{n} TD(v_i) = 2e$$

对于具有 n 个顶点、e 条边的有向图,有如下关系成立:

$$\sum_{i=1}^{n} ID(v_i) = \sum_{i=1}^{n} OD(v_i) = e$$

10) 权

与边或弧相关的数据信息称为权(Weight)。权值可以在实际应用中赋予某种具体的含义:在一个表示城市交通线路的图中,边上的权值可以表示该条线路的长度;在一个电子线路图中,边上的权值可以表示两个端点之间的电阻、电流或电压值;若是一个反映工程进度的图,边上的权值可以表示某一个子工程持续的时间等。

11) 网图

边或弧上带权的图称为网图。如图 7.3 所示,此图是一个无向网图。如果边是有方向的带权图,则就是一个有向网图。

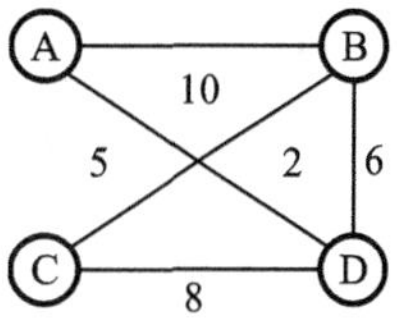

12) 路径、路径长度

顶点 v_i 到顶点 v_j 之间的路径(Path)是指从顶点 v_i 到顶点 v_j 之间所经历的顶点序列 $v_i, v_{i1}, v_{i2}, \cdots, v_{im}, v_j$。其中,$(v_i, v_{i1}), (v_{i1}, v_{i2}), \cdots, (v_{im}, v_j)$ 分别为图中的边。路径上边的数目称为路径长度。图 7.1 所示的无向图 G_1 中,$v_1 \rightarrow v_4 \rightarrow v_3 \rightarrow v_2 \rightarrow v_5$ 与 $v_1 \rightarrow v_2 \rightarrow v_5$ 是从顶点 v_1 到顶点 v_5 的两条路径,路径长度分别为 4 和 2。

图 7.3 一个无向网图示意图

13) 回路、简单路径、简单回路

第一个顶点和最后一个顶点相同的路径称为回路或环(Cycle)。序列中顶点不重复出现的路径称为简单路径。在图 7.1 中,前面提到的 v_1 到 v_5 的两条路径都为简单路径。除第一个顶点与最后一个顶点之外,其他顶点不重复出现的回路称为简单回路,或简单环,如图 7.2 中的 $v_1 \rightarrow v_3 \rightarrow v_4 \rightarrow v_1$。

14)子图

对于图 $G=(V,E)$，$G'=(V',E')$，若存在 V' 是 V 的子集，E' 是 E 的子集，则称图 G' 是 G 的一个子图。图 7.4 给出了 G_2 和 G_1 的两个子图 G_2' 和 G_1'。

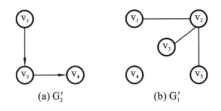

(a) G_2' (b) G_1'

图 7.4　图 G_2 和 G_1 的两个子图

15)连通、连通图、连通分量

在无向图中，如果从一个顶点 v_i 到另一个顶点 v_j($i\neq j$)有路径，则称顶点 v_i 和 v_j 是连通的。如果图中任意两个顶点间都有路径存在，则称该图是连通图。如果是非连通无向图，则非连通无向图的极大连通子图称为连通分量。图 7.5(a)中有两个连通分量，如图 7.5(b)所示。

16)强连通图、强连通分量

对于有向图来说，若图中任意一对顶点 v_i 和 v_j($i\neq j$)均有从顶点 v_i 到顶点 v_j 的路径，也有从 v_j 到 v_i 的路径，则称该有向图是强连通图。如果是非强连通图，则非强连通图的极大强连通子图称为强连通分量。图 7.2 中有两个强连通分量，分别是{v_1,v_3,v_4}和{v_2}，如图 7.6 所示。

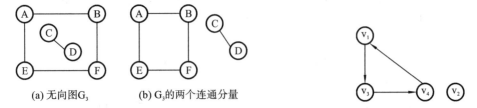

(a) 无向图 G_3　　　(b) G_3 的两个连通分量

图 7.5　无向图及连通分量示意图

图 7.6　有向图 G_2 的两个强连通分量示意图

17)生成树

连通图 G 的生成树，是包含 G 的全部 n 个顶点的一个极小连通子图，该极小连通子图必定包含且仅包含 G 的(n−1)条边。图 7.4(b)中 G_1' 给出了图 7.1(a)中 G_1 的一棵生成树。对于生成树而言，如果在其中添加任意一条属于原图中的边必定会产生回路，因为新添加的边使其所依附的两个顶点之间有了第二条路径。如果在生成树中减少任意一条边，则必然成为非连通的。生成树极小是指连通所有顶点的边数最少。

18)生成森林

如果是一张非连通图，必然会有若干连通分量，由每个连通分量都能得到一个极小连通子图，即一棵生成树。这些生成树就组成了一个非连通图的生成森林。

7.1.2 图的抽象数据类型

ADT Graph {

　　数据对象 V

　　V 是具有相同特性的数据元素的集合,称为顶点集

　　数据关系 R:

　　R={VR}

　　VR={<v,w> | v,w∈V 且 P(v,w),<v,w> 表示从 v 到 w 的弧,P(v,w)定义了弧<v,w> 的意义或信息　}

　　基本操作:

　　(1) 结构的建立和销毁

　　　　① CreateGraph(&G,V,VR)

　　　　初始条件:V 是顶点集,VR 是边 (弧)集

　　　　操作结果:按 V 和 VR 的定义构造图 G

　　　　② DestroyGraph(&G)

　　　　初始条件:图 G 存在

　　　　操作结果:销毁图 G

　　(2) 对顶点的访问操作

　　　　① LocateVex(G,u)

　　　　初始条件:图 G 存在

　　　　操作结果:若 G 中存在顶点 u,则返回该顶点在图中位置;否则报错

　　　　② GetVex(G,v)

　　　　初始条件:图 G 存在,v 是 G 中某个顶点

　　　　操作结果:返回 v 的值

　　　　③ PutVex(&G,v,value)

　　　　初始条件:图 G 存在,v 是 G 中某个顶点

　　　　操作结果:将 value 赋值给 v

　　(3) 对邻接点的操作

　　　　① FirstAdjVex(G,v)

　　　　初始条件:图 G 存在,v 是 G 中某个顶点

　　　　操作结果:返回 v 的第一个邻接点,若 v 在 G 中没有邻接点,则返回"空"

　　　　② NextAdjVex(G,v,w)

　　　　初始条件:图 G 存在,v 是 G 中某个顶点,w 是 v 的邻接点

　　　　操作结果:返回 v 的 (相对于 w 的)下一个邻接点,若 w 是 v 的最后一个邻接点,则返回"空"

　　(4) 插入或删除顶点

　　　　① InsertVex(&G,v)

　　　　初始条件:图 G 存在

　　　　操作结果:在图 G 中增添新顶点 v

　　　　② DeleteVex(&G,v)

　　　　初始条件:图 G 存在,v 是 G 中某个顶点

　　　　操作结果:删除 G 中顶点 v 及其相关的弧

(5) 插入和删除弧

① `InsertArc(&G,v,w)`

初始条件:图 G 存在,v 和 w 是 G 中的两个顶点

操作结果:在 G 中增添弧<v,w>,若 G 是无向的,则还增添对称弧<w,v>

② `DeleteArc(&G,v,w)`

初始条件:图 G 存在,v 和 w 是 G 中的两个顶点

操作结果:在 G 中删除弧<v,w>,若 G 是无向的,则还删除对称弧<w,v>

(6) 遍历

① `DFSTraverse(G,v,Visit())`

初始条件:图 G 存在,v 是 G 中某个顶点

操作结果:从顶点 v 起深度优先遍历图 G,并对每个顶点调用一次且仅一次函数 Visit()

② `BFSTraverse(G,v,Visit())`

初始条件:图 G 存在,v 是 G 中某个顶点

操作结果:从顶点 v 起广度优先遍历图 G,并对每个顶点调用一次且仅一次函数 Visit()

`} ADT Graph`

7.2 图的存储结构

图是一种结构复杂的数据结构,顶点之间的逻辑关系也错综复杂,所以顶点和边的信息都很重要。因此一个图的信息包括两部分,即图中顶点的集合和描述顶点之间的关系——边或弧的集合。因此建立图的存储结构时,都必须完整、准确地反映这两个集合。

7.2.1 邻接矩阵

图的邻接矩阵(Adjacency Matrix)存储结构也称为数组表示法,该表示法用一维数组存储图中的顶点信息,用二维数组(矩阵)存储图中各顶点之间的邻接关系。假设图 $G=(V,E)$ 有 n 个确定的顶点,即 $V=\{v_0,v_1,\cdots,v_{n-1}\}$,则表示 G 中各顶点相邻关系的是一个 $n\times n$ 的矩阵,矩阵的元素值为

$$A[i][j]=\begin{cases}1,(v_i,v_j)\text{或}<v_i,v_j>\text{是 E 中的边}\\0,(v_i,v_j)\text{或}<v_i,v_j>\text{不是 E 中的边}\end{cases}$$

若 G 是带权图(网),则邻接矩阵可定义为

$$A[i][j]=\begin{cases}w_{ij},(v_i,v_j)\text{或}<v_i,v_j>\text{是 E 中的边}\\\infty,(v_i,v_j)\text{或}<v_i,v_j>\text{不是 E 中的边}\end{cases}$$

其中,w_{ij} 表示边 (v_i,v_j) 或 $<v_i,v_j>$ 上的权值;∞ 表示一个计算机允许的、大于所有边上权值的数,代表此路不通;若 $v_i=v_j$,则 $A[i][j]$ 的值取 0。

用邻接矩阵表示法表示,如图 7.7 所示。

用邻接矩阵表示法表示网图,如图 7.8 所示。

通过图 7.7 和图 7.8 可以看出,图的邻接矩阵存储方法具有如下特点。

(1) 无向图的邻接矩阵必是一个对称矩阵,所以在存储邻接矩阵时可采用压缩存储方式,只需存放上(或下)三角矩阵的元素即可。

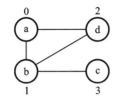

图 7.7 一个无向图的邻接矩阵表示法

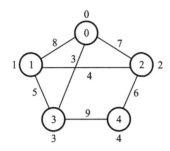

图 7.8 一个网图的邻接矩阵表示法

(2) 对于无向图(网),邻接矩阵的第 i 行(或第 i 列)非零元素(或非∞元素)的个数是第 i 个顶点的度 $TD(v_i)$。

(3) 对于有向图(网),邻接矩阵的第 i 行非零元素(或非∞元素)的个数是第 i 个顶点的出度 $OD(v_i)$。

(4) 对于有向图(网),邻接矩阵的第 i 列非零元素(或非∞元素)的个数是第 i 个顶点的入度 $ID(v_i)$。

(5) 用邻接矩阵方法存储图(网),如果想确定图(网)中任意两个顶点之间是否有边相连,只需根据顶点序号检查矩阵对应值是否是非零(或非∞)元素即可;但是,如果想确定图中共有多少条边,则必须按行或按列对矩阵中每个元素进行检测,看是否是非零(或非∞)元素,若是则计数一次。这需要扫描矩阵中的所有元素,时间花费代价很大。这是邻接矩阵存储方式的局限所在。

邻接矩阵存储图时,用一个二维数组存储顶点间相邻关系的邻接矩阵,用一个一维数组存储顶点信息,还有两个整形变量来存储图的顶点数和边数,具体结构描述如下。

```
# define MaxVerNum 100           /*最大顶点数设为 100*/
typedef char VerType;            /*顶点类型设为字符型*/
typedef int ArcType;             /*边的权值设为整型*/
typedef struct {
    VerType vexs[MaxVerNum];   /*顶点表*/
    ArcType arcs[MaxVerNum][MaxVerNum];  /*邻接矩阵*/
    int vexnum,arcnum;                   /*顶点数和边数*/
}MGragh;                        /*MGragh 是以邻接矩阵存储的图类型*/
```

建立一个图的邻接矩阵的算法见算法 7.1。

算法 7.1

```
void CreateMGraph(MGraph *G)
{  /*建立有向图 G 的邻接矩阵*/
   int i,j,k,w;
   char ch;char a,b;
   printf("请输入顶点数和边数(输入格式为:顶点数,边数):\n");
   scanf("%d,%d",&(G-> vexnum),&(G-> arcnum));   /*输入顶点数和边数*/
   printf("请输入顶点信息:\n");
   for(i=0;i<G->vexnum;i++)
     scanf("\n% c",&(G->vexs[i]));               /*输入顶点信息,建立顶点表*/
   for(i=0;i<G->vexnum;i++)
     for(j=0;j<G->vexnum;j++)
       G->arcs[i][j]=0;         /*初始化邻接矩阵*/
   printf("请输入每条边对应的两个顶点信息(输入格式为:a,b):\n");
   for(k=0;k<G->arcnum;k++)
   {  scanf("%c,%c",&a,&b);        /*输入 G→arcnum 条边,建立邻接矩阵*/
      i=LocateVex(G,a);   j=LocateVex(G,b);
      G->arcs[i][j]=1;      /*若加入 G->arcs[j][i]=1,则建立无向图的邻接矩阵*/
   }
}
```

算法 7.1 的时间复杂度为 $O(n^2)$。用邻接矩阵来存储图时,算法时间复杂度只与图中顶点数相关,与边数无关,故该存储方式比较适合稠密图。邻接矩阵表示法空间需求一般为 $(n+n^2)$ 个空间,其中 n 代表顶点信息所占空间,n^2 代表邻接矩阵所占空间。

如果是建立一张带权图,则只要将算法 7.1 稍作改动,初始化邻接矩阵:当 i=j 时,令 $G->arcs[i][j]=0$;当 $i\neq j$ 时,令 $G->arcs[i][j]=\infty$;当 i,j 间存在边(弧)时,将 $G->arcs[i][j]=1$ 改为 $G->arcs[i][j]=$权值即可。

7.2.2 邻接表

邻接表(Adjacency List)是图的另一种存储方式,它是一种将顺序存储与链式存储相结合的存储方法。该方法是为图中每个顶点都建立一个单链表,即对于图 G 中的每个顶点 v_i,将 v_i 的所有邻接点 v_j 都链在一个单链表里,该单链表称为顶点 v_i 的邻接表(链式存储结构),再将所有顶点的邻接表表头集中放到一个一维数组(顺序存储结构)中,两者一起就构成了图的邻接表结构。邻接表中存在顶点表和边表两种表,对应节点结构如图 7.9 所示。

(a)顶点表节点   (b)边表节点

图 7.9 邻接表的节点结构

顶点表由顶点域(vertex)和指向第一条邻接边的指针域(firstedge)构成,边表节点由邻接点域(adjvex)和指向下一条邻接边的指针域(nextadj)构成。

如果是带权图(网),顶点表的结构不变,而边表中还需要保存每条边(弧)的权值,所以需要再增设一个域(info)来存储边(弧)上信息(如权值等),网图的边表节点结构如图 7.10 所示。

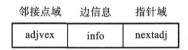

邻接点域	边信息	指针域
adjvex	info	nextadj

图 7.10　网图的边表节点结构

邻接表结构的形式描述如下。

```
#define MaxVerNum 100          /*最大顶点数为 100*/
typedef struct node{           /*边表节点*/
    int adjvex;                /*邻接点域*/
    struct node  *nextadj;     /*指向下一个邻接点的指针域*/
    /*若要表示边信息,则应增加一个数据域 infotype info*/
}EdgeNode;
typedef struct vnode{          /*顶点表节点*/
    VerType vertex;            /*顶点域*/
    EdgeNode  *firstedge;      /*边表头指针*/
}VerNode;
typedef VerNode AdjList[MaxVerNum];   /*AdjList 是邻接表类型*/
typedef struct{
    AdjList adjlist;           /*邻接表*/
    int vexnum,arcnum;         /*顶点数和边数*/
}ALGraph;                      /*ALGraph 是以邻接表方式存储的图类型*/
```

图 7.11 给出无向图 7.7 对应的邻接表表示。

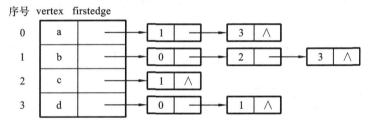

图 7.11　图的邻接表表示

建立一个有向图的邻接表的算法见算法 7.2。

算法 7.2

```
void CreateALGraph(ALGraph *G)
{ /*建立有向图的邻接表*/
    int i,j,k;
    EdgeNode *s;
    printf("请输入顶点数和边数:\n");
```

```
    scanf("%d,%d",&(G->vexnum),&(G->arcnum));   /*读入顶点数和边数*/
    printf("请输入顶点信息:\n");
    for(i=0;i<G->vexnum;i++)                    /*建立有 G-> vexnum 个顶点的顶点表*/
    {  scanf("\n%c",&(G->adjlist[i].vertex));   /*读入顶点信息*/
      G->adjlist[i].firstedge=NULL;            /*顶点的边表头指针设为空*/
    }
    printf("请输入边的信息:\n");
    for(k=0;k<G->arcnum;k++)                    /*采用头插法建立边表*/
    {  scanf("\n%d,%d",&i,&j);                  /*读入边<vi,vj> 的顶点对应序号*/
      s=(EdgeNode*)malloc(sizeof(EdgeNode));   /*生成新边表节点 s*/
      s->adjvex=j;                             /*邻接点序号为j*/
      s->nextadj=G->adjlist[i].firstedge;/*将新边表节点 s 插入顶点 vi 的邻接表头部*/
      G->adjlist[i].firstedge=s;
    }
  }
```

若无向图中有 n 个顶点、e 条边,那么每条边在邻接表中都会出现两次,所以该邻接表需要 n 个头节点和 2e 个表节点。显然,在边稀疏($e \ll n(n-1)/2$)的情况下,用邻接表存储图比邻接矩阵存储图要节省存储空间。

如果是带权图,针对算法 7.2 只需在建立边表时输入权值,并且将权值付给对应边表节点的 info 即可。

在无向图的邻接表中,第 i 个链表中的节点数量即为顶点 v_i 的度 $TD(v_i)$;在有向图中,第 i 个链表中的节点个数代表的只是顶点 v_i 的出度 $OD(v_i)$。如果想求得 v_i 的入度 $ID(v_i)$,则必须遍历整个邻接表,找到所有链表中其邻接点域 adjvex 的值为 i 的节点的个数代表的就是顶点 v_i 的入度,明显效率较低。为了便于确定顶点的入度,也可以为有向图建立一张逆邻接表,即对每个顶点 v_i 建立一个以 v_i 为弧头的邻接点的链表,则第 i 个链表中的节点个数代表的就是顶点 v_i 的入度 $ID(v_i)$。如图 7.12 所示的为有向图 G_2(图 7.2)的邻接表和逆邻接表。

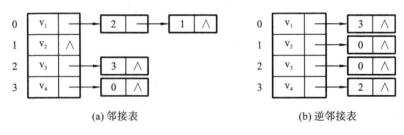

(a) 邻接表   (b) 逆邻接表

图 7.12   图 7.2 的邻接表和逆邻接表

在建立邻接表或逆邻接表时,若输入的顶点信息即为顶点的编号,则建立邻接表的时间复杂度为 $O(n+e)$,如果需要通过查找才能得到顶点在图中的位置,则时间复杂度为 $O(n \times e)$。

在邻接表中查找任意顶点的第一个邻接点和下一个邻接点都是十分容易的,但要判定任意两个顶点(v_i 和 v_j)之间是否有边或弧相连,则需要搜索第 i 个链表检查邻接点域adjvex

的值是否为 v_j 或搜索第 j 个链表检查邻接点域 adjvex 的值是否为 v_i,不如邻接矩阵可以直接定位来得方便。

针对无向图,当知道其邻接矩阵时,能否得到其邻接表呢? 方法很简单,可以首先设置一空邻接表,填入对应的顶点信息后,就在邻接矩阵上查找那些非零元素,然后根据其对应的顶点编号找到并插入邻接表中对应的边表。反过来,如果知道其邻接表,能否得到其邻接矩阵呢? 可以先将邻接矩阵初始化为 0,然后在邻接表上顺序地读取每个边表上的各个节点,根据对应的顶点编号在邻接矩阵中找到对应元素,将其值置为 1。可见,这两者之间都是可以相互转换的。

7.2.3　十字链表

十字链表(Orthogonal List)是针对有向图的另一种存储方法,它将邻接表与逆邻接表结合起来,把每条边的边节点分别加入以弧尾顶点为头节点的链表和以弧头顶点为头节点的链表中。在十字链表表示法中,顶点表的节点结构和边表的弧节点结构分别如图 7.13 和图 7.14 所示。

顶点值域	指针域	指针域
vertex	firstin	firstout

图 7.13　十字链表顶点表的节点结构

弧尾节点	弧头节点	弧上信息	指针域	指针域
tailvex	headvex	info	hlink	tlink

图 7.14　十字链表边表的弧节点结构

顶点表节点包含三个域:vertex 存储和顶点相关的信息,如顶点的名称等;firstin 指示该顶点的第一条射入弧;firstout 指示该顶点的第一条射出弧。

弧节点包含五个域:弧尾节点域(tailvex)和弧头节点域(headvex)分别指示弧尾和弧头两个顶点在图中的对应位置;指针域 hlink 指向与之具有相同弧头的下一条弧;指针域 tlink 指向与之具有相同弧尾的下一条弧;info 保存该弧的相关信息,如权值等。根据上述节点结构可以看出弧头相同的弧在同一链表上,弧尾相同的弧也在同一链表上。例如,图 7.15(a) 中所示图的十字链表如图 7.15(b)所示。

有向图的十字链表存储表示的形式描述如下:

```
#define  MAXVerNum  30
typedef struct ArcNode {
  int tailvex,headvex;   /*该弧的尾和头顶点的位置*/
  struct  ArcNode  *hlink,tlink; /*分别为弧头相同和弧尾相同的弧的指针域*/
  infoType  info;  /*该弧相关信息的指针*/
}ArcNode;
typedef struct VexNode {
  VerType vertex:
```

```
    ArcNode  firstin,firstout;   /*分别指向该顶点第一条入弧和出弧*/
}VexNode;
typedef struct {
    VexNode vlist[MAXVerNum]; /*表头向量*/
    int   vexnum,arcnum;  /*有向图的顶点数和弧数*/
}OLGraph;
```

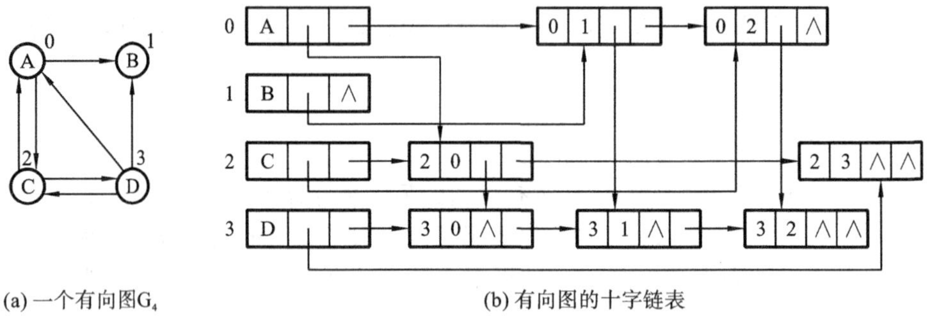

(a)一个有向图G₄   (b)有向图的十字链表

图 7.15 有向图及其十字链表

输入 n 个顶点的信息和 e 条弧的信息,便可根据算法建立该有向图的十字链表,具体算法见算法7.3。注意此处是用头插法建立链表。

算法 7.3

```
void CreateDG(OLGraph  *G)
/*采用十字链表表示,构造有向图 G*/
{   scanf(&("%d,%d,%d",G-> vexnum),&(G-> arcnum),& Infoflag);
    /*Infoflag 为 0 表示各弧不含权值等信息*/
    for(i=0;i<G-> vexnum;++i)                    /*构造表头向量*/
    {  scanf("%c",&(G-> vlist[i].vertex));           /*输入顶点值*/
      G-> vlist[i].firstin=NULL; G-> vlist[i].firstout=NULL;  /*初始化指针*/
    }
    for(k=0;k<G-> arcnum;++k)                  /*输入各弧并构造十字链表*/
    {  scanf("%c,%c",&v1,&v2);                /*输入一条弧的始点和终点*/
      i=LocateVex(G,v1);  j=LocateVex(G,v2);     /*确定 v1 和 v2 在 G 中位置*/
      p=(ArcNode*)malloc(sizeof(ArcNode));
      *p= { i,j,G->vlist[j].firstin,G->vlist[i].firstout,NULL} /*对弧节点赋值*/
      /*{tailvex,headvex,hlink,tlink,info}*/
      G->vlist[j].fisrtin=G->vlist[i].firstout=p;  /*完成在入弧和出弧链头的插入*/
      if(Infoflag)          /*Infoflag 不为 0 表示弧含有相关信息,输入相关信息*/
      scanf("%d",&(p->info));
    }
}
```

在十字链表中要找到以 v_i 为尾的弧和以 v_i 为头的弧都很容易,所以想要求得顶点的出度和入度很容易,只要分别顺着 firstout 和 firstin 指针扫描完对应链表统计表中的节点数即可。同时,由算法7.3可知,建立十字链表的时间复杂度与建立邻接表的相同,都是 O(n

＋e）。所以在某些有向图的应用中，十字链表还是很有用的工具。

7.2.4　图的存储结构的比较

邻接矩阵和邻接表是图的两种最常用的存储结构，适用于各种图的存储。那么如何来选择呢？下面从几个方面来进行比较。

1．存储表示的唯一性

在图中每个顶点的序号确定后，邻接矩阵的表示法将是唯一的；而邻接表的表示法则不是唯一的，因为各边表节点的链接次序取决于建立邻接表的算法和边的输入次序。

2．空间复杂度

设图中顶点个数为 n，边的数量为 e，那么邻接矩阵的空间复杂度为 $O(n^2)$，适合于边相对较多的稠密图，因为在邻接表中针对边和顶点要附加链域，所以边较多时应取邻接矩阵表示法为宜；邻接表的空间复杂度为 $O(n+e)$，针对边相对较少的稀疏图，用邻接表表示比用邻接矩阵表示节省存储空间。

3．时间复杂度

如果要求边的数目，则在邻接矩阵存储方式下必须检测整个矩阵，时间复杂度为 $O(n^2)$；邻接表存储方式下只要对每个边表的节点个数计数即可求得 e，时间复杂度为 $O(e+n)$，当 $e \leqslant n^2$ 时，采用邻接表表示更节省时间。

如果要判定 $<v_i, v_j>$ 是否是图的一条边，邻接矩阵存储方式下只需判定矩阵中的第 i 行第 j 列上的那个元素是否为零即可，可直接定位，时间复杂度为 $O(1)$；邻接表存储方式下需扫描第 i 个边表，最坏情况下时间复杂度为 $O(n)$。

综上所述，图的邻接矩阵和邻接表存储方式各有利弊的，可以根据实际问题的具体情况再做选择。

7.3　图的遍历

图的遍历与树的遍历意义类似，是指从图中的任意顶点出发，对图中的所有顶点访问一次且仅访问一次，这是图的一种基本操作。

图的遍历操作比较复杂，操作时需要考虑如下问题。

（1）在图结构中，不能规定谁是首节点，可以从任意一个顶点出发来进行遍历操作。

（2）如果是非连通图，那么从一个顶点出发，只能够访问到它所在的连通分量上的所有顶点，并不能访问完该图的所有节点，因此，遍历过程中需要考虑如何选取下一个出发点来访问图中其余的连通分量。

（3）在图结构中，有可能存在回路，那么在一个顶点被访问之后，很有可能沿回路又回到该顶点，但因不允许重复访问，故需要考虑如何在遍历操作中来避免此种情况的发生。

（4）在图结构中，顶点间的关系复杂，一个顶点可以和其他多个顶点相连，即具有多个邻接点，所以在访问过这个顶点后，如何选取下一个要访问的顶点也是要考虑的。

图的遍历一般有深度优先搜索（Depth First Search，DFS）和广度优先搜索（Breadth First Search，BFS）两种方式，它们将从不同角度出发来解决上述问题。

7.3.1 深度优先搜索

假设初始状态是未被访问过的图中所有顶点,则深度优先搜索可从图中某个顶点 v 出发,首先访问该顶点,然后从 v 的所有未被访问的邻接点中选择某一个邻接点 w 访问,然后再从 w 的所有未被访问的邻接点中选择某一个邻接点 x 访问,依此类推,直至图中所有和 v 有路径相通的顶点都被访问过为止;若此时图中仍有顶点未被访问,则另选图中一个未曾被访问的顶点作为起始点,重复上述过程,直至图中所有顶点都被访问过为止。该过程可理解为"纵向优先"。

以图 7.16 的无向图 G_5 为例,进行图的深度优先搜索。假设从顶点 v_1 出发进行搜索,在访问了顶点 v_1 之后,选择邻接点 v_2。因为 v_2 未曾被访问,则从 v_2 出发进行搜索。在访问了顶点 v_2 之后,选择邻接点 v_4。因为 v_4 未曾被访问,则从 v_4 出发进行搜索。依此类推,接着从 v_9、v_5 出发进行搜索。在访问了 v_5 之后,由于 v_5 的邻接点 v_2、v_9 都已被访问,所以搜索退回到 v_9。基于同样的理由,搜索继续退回到 v_4、v_2,直至 v_1。此时 v_1 的另一个邻接点 v_3 未被访问,则搜索又从 v_3 开始,再继续依上述方法进行下去。由此,得到的顶点访问序列为

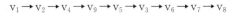

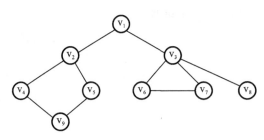

图 7.16 无向图 G_5

在上述搜索过程中可以看出,针对每个节点而言采取的搜索方法都是相同的,所以可以用一个递归的过程来实现。前面说过在图结构中,顶点之间存在多对多的关系,那么已被访问过的节点很可能在后续搜索过程中还会遇上,而此时就不能再一次去访问它。所以在遍历过程中一定要区分该顶点是否已被访问过,如果已被访问过就不可再次访问。解决方法为附设一访问标志数组 visited[0..n-1],其初值均为 FALSE,一旦某个顶点被访问,则其相应的分量值被置为 TRUE,只有针对相应的分量值为 FALSE 的才能访问该节点。

从图的某一顶点 v 出发,递归地进行深度优先搜索的具体算法见算法 7.4。

算法 7.4

```
void DFS(Graph G,int v)
{  /*从第 v 个顶点出发递归深度优先遍历图 G*/
   visited[v]=TRUE;Visit(v);              /*访问第 v 个顶点*/
   for(w=FirstAdjVex(G,v);w 存在;w=NextAdjVex(G,v,w))
      if(!visited[w])DFS(G,w); /*对 v 中尚未访问的邻接顶点 w 进行递归调用 DFS*/
}
```

算法 7.4 中 Visit( )函数可根据具体需要来设置相应操作。

算法 7.5 和算法 7.6 是对以邻接表为存储结构的图 G 进行深度优先搜索的 C 语言描述,以邻接矩阵为存储结构的图 G 进行深度优先搜索的算法,同学们课后可依据同样的设计思路自行编写。

算法 7.5

```
void DFSAL(ALGraph *G , int j)
{  /*以 j 为出发点对邻接表存储的图 G 进行 DFS 搜索*/
   EdgeNode *p;
   printf("visit vertex:v%c\n",G->adjlist[j].vertex);  /*访问顶点 vj*/
   visited[j]=TRUE;         /*标记 vj 已访问*/
   p=G->adjlist[j].firstedge;      /*取 vj 边表的头指针*/
   while(p)                  /*依次搜索 vj 的邻接点 va,va=p-> adjvex*/
   { if(!visited[p->adjvex]) /*若 va 尚未访问,则以 va 为出发点继续深度优先搜索*/
         DFSAL(G,p->adjvex);
    p=p->nextadj;            /*找 vj 的下一个邻接点*/
    }
}
```

算法 7.6

```
void  DFSTraverseAL(ALGraph *G)
{  /*深度优先搜索以邻接表存储的图 G*/
   int i;
   for(i=0;i<G->vexnum;i++)
     visited[i]=FALSE;            /*访问标志数组初始化*/
   for(i=0;i<G->vexnum;i++)
     if(!visited[i]) DFSAL(G,i);
 }
```

从算法 7.5 和算法 7.6 可以看出,在搜索时,对图中每个顶点至多调用一次 DFS 函数,因为一旦某个顶点的 visited[i] 被标志成已被访问,将不再从它出发进行搜索。因此,深度优先搜索图的过程实质上是对图中每个顶点查找其邻接点的过程,那么该操作耗费的时间则与所采用的存储结构相关。当用邻接矩阵来存储图时,查找每个顶点的邻接点的时间复杂度为 $O(n^2)$,其中 n 为图中顶点数。当以邻接表来存储图时,查找每个顶点的邻接点的时间复杂度为 $O(e)$,其中 e 为无向图中边的数量或有向图中弧的数量,找到每个顶点的时间复杂度为 $O(n)$,其总的时间复杂度为 $O(n+e)$。

7.3.2　广度优先搜索

搜索过程为从图中某顶点 v 出发,访问了顶点 v 后,再依次访问 v 的所有未曾访问过的邻接点,然后再分别从这些邻接点出发依次访问它们的所有未曾访问过的邻接点,遵循"先被访问的顶点的邻接点先于后被访问的顶点的邻接点"的访问原则,直至图中所有已被访问的顶点的邻接点都被访问到。此时图中若还有顶点未被访问,则另选图中一个未曾被访问的顶点作为新的出发点,重复上述过程,直至图中所有顶点都被访问到为止。广度优先搜索遍历图的过程类似于树的按层次遍历的过程,可以理解为"横向优先"。

例如,对图 7.16 所示的无向图 G_5 进行广度优先搜索遍历,首先访问 v_1 及其邻接点 v_2 和 v_3,然后依次访问 v_2 的邻接点 v_4 和 v_5,以及 v_3 的邻接点 v_6、v_7 和 v_8,最后访问 v_4 的邻接点 v_9。而 v_5、v_6、v_7、v_8 和 v_9 这些顶点的邻接点均已被访问,并且此时图中所有顶点都已被访问,于是完成图的遍历操作。所得到的顶点访问序列为

$$v_1 \rightarrow v_2 \rightarrow v_3 \rightarrow v_4 \rightarrow v_5 \rightarrow v_6 \rightarrow v_7 \rightarrow v_8 \rightarrow v_9$$

与深度优先搜索类似,为了避免顶点重复被访问,同样在搜索的过程中也设置一个访问标志数组 visited[0..n-1]。并且,为了依次访问路径长度为 $1,2,3,\cdots$ 的顶点,体现出这种"先进先出"的思想,一般都会设计一个队列来存储已被访问的路径长度为 $1,2,3,\cdots$ 的顶点。

从图的某一顶点 v 出发,非递归地进行广度优先搜索的实现算法见算法 7.7。

算法 7.7

```
void  BFSTraver(Graph G,Status(* visit)(int v))
{ /*按广度优先搜索非递归遍历图 G,使用辅助队列 Q 和访问标志数组 visited*/
    for(v=0;v<G.vexnum;++v)
      visited[v]=FALSE;              /*访问标志数组初始化*/
    Init_Que(Q);                     /*置空队列 Q*/
    if(!visited[v])                  /*v 尚未被访问*/
    { visited[v]=TRUE;
      In_Que(Q,v);                   /*v 入队列*/
      while(!Empty_Que(Q))
       { Out_Que(Q,u);               /*队头元素出队并置为 u*/
         Visit(u);      /*访问 u*/
         for(w=FirstAdjVex(G,u); w 存在; w=NextAdjVex(G,u,w))
           if(!visited[w]){visited[w]= TRUE;In_Que(Q,w);}   /*u 的尚未访问的
             邻接顶点 w 入队列 Q*/
       }
    }
}
```

算法 7.8 和算法 7.9 是对以邻接矩阵为存储结构的整个图 G 进行广度优先搜索遍历算法的 C 语言描述,以邻接表为存储结构的图 G 进行广度优先搜索的算法同学们课后可依据同样的设计思路自行编写。

算法 7.8

```
void BFSM(MGraph *G,char a)
{ /*以 a 为出发点,对邻接矩阵存储的图 G 进行 BFS 搜索*/
    int i,j,m;
    c_SeqQue* Q;char e;
    Q=Init_SeqQue();
    printf("visit vertex:v%c\n",a);         /*访问出发点 a*/
    m=LocateVex(G,a);
    visited[m]=TRUE;
```

```
        In_SeqQue(Q,a);                              /*出发点 a 入队列*/
        while(!Empty_SeqQue(Q))
        {Out_SeqQue (Q,&e);i= LocateVex(G,e);/*vi 出队列*/
          for(j=0;j<G->vexnum;j++)                    /*依次搜索 vi 的邻接点 vj*/
          if(G->arcs[i][j]==1 && !visited[j])         /*若 vj 未访问*/
          {  printf("visit vertex:v%c\n",G->vexs[j]);  /*访问 vj*/
            visited[j]=TRUE;
            In_SeqQue(Q,G->vexs[j]);                  /*访问过的 vj 入队列*/
          }
        }
    }
```

算法 7.9

```
    void  BFSTraverM(MGraph *G)
    {  /*广度优先遍历以邻接矩阵存储的图 G*/
        int i;
        for(i=0;i<G->vexnum;i++)
          visited[i]=FALSE;              /*访问标志向量初始化*/
        for(i=0;i<G->vexnum;i++)
          if(!visited[i]) BFSM(G,G->vexs[i]);/*vi 未被访问过,从 vi 开始 BFS 搜索*/
    }
```

从算法 7.8 和算法 7.9 可以看出,一旦某个顶点的 visited[i] 标志成已被访问,就将不再从它出发进行搜索,所以每个顶点至多进一次队列,可避免重复访问。广度优先搜索遍历图的过程实质上也是通过边或弧查找邻接点的过程,因此广度优先搜索遍历图的时间复杂度与深度优先搜索遍历的相同,当以邻接矩阵来存储图时,每个顶点入队的时间复杂度为 $O(n)$,查找每个顶点的邻接点的时间复杂度为 $O(n^2)$,其总的时间复杂度为 $O(n^2)$;当以邻接表来存储图时,找到每个顶点的时间复杂度为 $O(n)$,查找每个顶点的邻接点的时间复杂度为 $O(e)$,其总的时间复杂度为 $O(n+e)$。广度优先搜索和深度优先搜索的不同之处在于搜索策略不同,导致对顶点访问的顺序不同。

7.4　图与最小生成树

7.4.1　生成树和生成森林

对于连通图而言,从图中任意顶点出发遍历该图时,可一次性遍历图中所有顶点,但在此遍历过程中,有些边用到了,有些边没有用到。设 E 为连通图 G 中所有边的集合,则在遍历该连通图的过程中,必定将 E 分成两个集合 A 和 B,其中 A 是遍历图过程中所经历的边的集合,B 是图中剩余的未用到的边的集合。集合 A 和图 G 中所有顶点一起构成连通图 G 的极小(边的数量最少)连通子图。按照 7.1.1 节的定义,该极小连通子图是连通图的一棵生成树,由深度优先搜索得到的为深度优先生成树,由广度优先搜索得到的为广度优先生成树。例如,图 7.17(a) 和图 7.17(b) 所示的分别为连通图 G_5 的深度优先生成树和广度优先生成树。图中虚线为集合 B 中的边,实线为集合 A 中的边,生成树包括 A 和图中所有顶点。

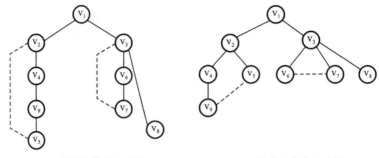

(a) G_5 的深度优先生成树   (b) G_5 的广度优先生成树

图 7.17 由 G_5 得到的生成树

如果是非连通图,则生成树由若干个连通分量组成,同一个连通分量中的顶点可以一次性遍历完,每个连通分量也会对应有一棵生成树,所以通过这样的遍历,得到的是生成森林。例如,图 7.18(b)所示的为图 7.18(a)所示的深度优先生成森林,图 7.18(c)所示的为图7.18(a)所示的广度优先生成森林。因为图 7.18(a)所示的有 3 个连通分量,所以该生成森林由 3 棵深(广)度优先生成树组成。

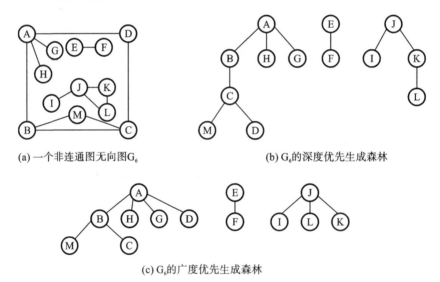

(a) 一个非连通图无向图G_6 (b) G_6的深度优先生成森林

(c) G_6的广度优先生成森林

图 7.18 非连通图 G_6 及其生成森林

如何求 DFS 生成树和 BFS 生成树呢?其实只要在 DFS 算法的 if 语句中,在递归调用语句之前加入适当生成边(v_i,v_j)的操作(如将该边输出或保存),即可得到求 DFS 生成树的算法。

在 BFS 算法的 if 语句中,加入生成树边(v_i,v_j)的操作,也可得到求 BFS 生成树的算法。

注意如下两点:

(1) 图的广度优先生成树的高度不会超过该图其他生成树的高度；

(2) 图的生成树不唯一，从不同的顶点出发进行遍历，可以得到不同的生成树。

7.4.2　最小生成树

针对连通图的一次遍历所经过的边的集合及图中所有顶点的集合就构成了该图的一棵生成树，对连通图采用不同的遍历方式，或遍历时的出发点不一样，都有可能得到不同的生成树，所以一棵无向连通图的生成树并不是唯一的。图 7.19 为图 7.16 的无向连通图 G_5 的生成树。

从图 7.19 可以看出，对于有 n 个顶点的无向连通图，虽然其生成树的形态各异，但却有一个共性，那就是所有生成树中都有且仅有(n−1)条边。

如果无向连通图是一个带权图，那么，它的所有生成树中必有一棵生成树的所有边的权值总和是最小的，这样的一棵生成树称为该图的最小生成树。

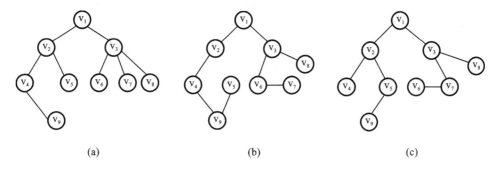

图 7.19　无向连通图 G_5 的三棵生成树

在现实生活中，最小生成树的概念可以用于解决很多实际问题。例如，有若干个城市，在这若干个城市中，任意两个城市之间都可以建造公共交通线路，如何以尽可能低的总造价来建造城市间的公共交通网络，从而把这若干个城市联系在一起呢？因为公共交通线路的造价一般都会依据城市间的距离来设定，所以可以借助一个带权图来构造一个公共交通线路造价网络，在该网络中，每个顶点表示城市，顶点之间的边表示两个城市之间可构造公共交通线路，每条边上权值即表示该条公共交通线路的造价，所以若要总的造价最低，实际上就是寻找该带权图的最小生成树。

构造最小生成树的准则如下：

(1) 必须使用且仅使用该网络中的(n−1)条边来连接网络中的 n 个顶点；

(2) 不能使用产生回路的边；

(3) 各边上权值的总和达到最小。

如何构造网络的最小生成树呢？常用的构造最小生成树的方法多是利用 MST 性质：假设 G＝(V，E)是一个连通网，U 是顶点集 V 的一个非空子集。若(x，y)是一条具有最小权值的边，其中 x∈U，y∈V−U，则必存在一棵包含边(x，y)的最小生成树。典型代表算法有 Prim(普里姆)算法和 Kruskal(克鲁斯卡尔)算法等，下面分别予以介绍。

7.4.3　Prim 算法生成最小生成树

设 G＝(V,E)为一带权图,其中 V 为图中所有顶点的集合,E 为图中所有带权边的集合。现设置两个新的集合 U 和 F,其中集合 U 存放图 G 的最小生成树的顶点,集合 F 存放图 G 的最小生成树的边。令集合 U 的初值为 U＝{u_0}(假设构造最小生成树时,从顶点 u_0 出发),集合 F 的初值为 F＝{}。Prim 算法的思想是:从所有 u∈U,v∈V－U 的边中,选取具有最小权值的边(u,v),将顶点 v 加入集合 U 中,同时将边(u,v)加入集合 F 中,上述操作不断重复,直到 U＝V,此时已找到符合要求的权值最小的(n－1)条边,最小生成树构造完毕,集合 U 包含了图中所有顶点,集合 F 包含了最小生成树的所有边。

Prim 算法是从最小生成树中顶点的角度出发来考虑的,设图中有 n 个顶点,按照生成树的定义,全部顶点都要加入最小生成树中,因为顶点集除了一个初始顶点 u_0 以外,其余(n－1)个顶点在加入最小生成树顶点集时便可选择(n－1)条边加入最小生成树的边集。

Prim 算法形式化描述如下,其中 w_{uv} 表示顶点 u 与顶点 v 边上的权值:

(1) U＝{u_0},F＝{};

(2) while(U≠V)

　　{ (u,v)＝min{w_{uv}|u∈U,v∈V－U }
　　　F＝F＋{(u,v)}
　　　U＝U＋{v}
　　}

(3) 结束。

图 7.20(a)所示的一个图,按照 Prim 算法,从顶点 v_1 出发,最小生成树的产生过程如图 7.20(b)至图 7.20(g)所示。

要实现 Prim 算法,就需设置一个辅助数组 edge,对于每个顶点,其值记录了从顶点集 U 到 V－U 有代价最小的边,具体结构如下:

```
struct{
  VerType  adjvex;    /*U中的顶点*/
  ArcType  lowcost;  /*边的权值 */
}edge[MaxVerNum];
```

假设初始状态时,U＝{u_0}(u_0 为起始顶点),此时有 edge[0].lowcost＝0,它表示顶点 u_0 已加入集合 U 中,数组 edge 其他元素的 lowcost 值为顶点 u_0 到其他各顶点所构成的直接边的权值。然后不断选取权值最小的边(u_i,u_j)(u_i∈U,u_j∈V－U),每选取一条边,就将 u_j 对应数组元素 edge[j]的 lowcost 置为 0,表示顶点 u_j 已加入集合 U 中。由于顶点 u_j 从集合 V－U 转到集合 U 后,这两个集合中的元素均发生了变化,所以必须依据两个集合的具体情况来重新修正和更新数组 edge 中部分元素的 lowcost 和 adjvex 的值,上述操作不断重复,直到图中所有顶点均加入最小生成树顶点集合 U 为止。

当采用二维数组表示的邻接矩阵来存储无向图时,Prim 算法的 C 语言实现见算法 7.10。

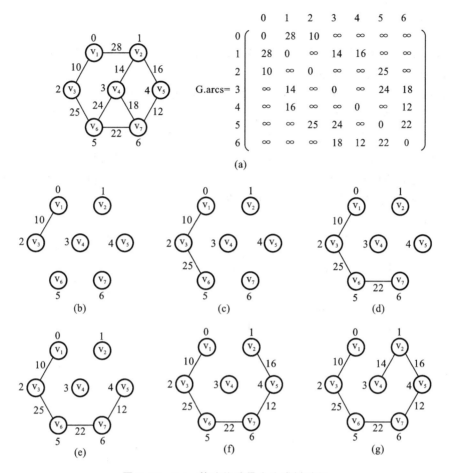

图 7.20 Prim 算法构造最小生成树过程

算法 7.10

```
void PrimMiniSpanTree(MGraph G,VerType u)
{  /*用 Prim 算法从顶点 u 出发构造图 G 的最小生成树*/
  int k;
  k=LocateVex(G,u);
  for(j=0;j<G.vexnum;++j) /*辅助数组初始化*/
    if(j!=k) edge[j]={ u,G.arcs[k][j] };
  edge[k].lowcost=0;        /*初始化,U= {u}*/
  for(i=1; i<G.vexnum;++i)
  {
    k=minimum(edge);        /*求出加入生成树的下一个顶点 k*/
    printf(edge[k].adjvex,G.vexs[k]);     /*输出生成树的一条边*/
    edge[k].lowcost=0;     /*第 k 个顶点并入集合 U*/
    for(j=0; j<G.vexnum;++j)   /*修改其他顶点的最小边*/
      if(G.arcs[k][j] <edge[j].lowcost)
        edge[j]={G.vexs[k],G.arcs[k][j] };
```

```
        }
    }
```

图 7.21 给出了在用算法 7.10 构造图 7.20(a)的最小生成树的过程中,数组 edge 的 adjvex、lowcost 及集合 U、F 的变化情况。

在 Prim 算法中,第一个 for 循环用于初始化,其执行次数为 G. vexnum,第二个 for 循环用于寻找当前最小权值的边的顶点,其中又嵌套了一个 for 循环,执行次数为 G. vexnum^2,所以 Prim 算法的时间复杂度为 $O(n^2)$。其时间复杂度明显只与图的顶点数相关,而与边数无关,所以 Prim 算法一般常用于求边比较多的图(稠密图)的最小生成树。当带权图中各边有相同权值时,由于选择的随意性,产生的最小生成树可能不唯一;当各边的权值不相同时,产生的最小生成树则是唯一的。

顶点	(1) low cost	(1) adj vex	(2) low cost	(2) adj vex	(3) low cost	(3) adj vex	(4) low cost	(4) adj vex	(5) low cost	(5) adj vex	(6) low cost	(6) adj vex	(7) low cost	(7) adj vex
v_1	0		0		0		0		0		0		0	
v_2	28	v_1	28	v_1	28	v_1	28	v_1	16	v_5	0		0	
v_3	10	v_1	0		0		0		0		0		0	
v_4	∞	v_1	∞	v_1	24	v_6	18	v_7	18	v_7	14	v_2	0	
v_5	∞	v_1	∞	v_1	∞	v_1	12	v_7	0		0		0	
v_6	∞	v_1	25	v_3	0		0		0		0		0	
v_7	∞	v_1	∞	v_1	22	v_6	0		0		0		0	
U	{v_1}		{v_1,v_3}		{v_1,v_3,v_6}		{v_1,v_3,v_6,v_7}		{v_1,v_3,v_6,v_7,v_5}		{v_1,v_3,v_6,v_7,v_5,v_2}		{v_1,v_3,v_6,v_7,v_5,v_2,v_4}	
F	{}		{(v_1,v_3)}		{(v_1,v_3),(v_3,v_6)}		{(v_1,v_3),(v_3,v_6),(v_6,v_7)}		{(v_1,v_3),(v_3,v_6),(v_6,v_7),(v_7,v_5)}		{(v_1,v_3),(v_3,v_6),(v_6,v_7),(v_7,v_5),(v_5,v_2)}		{(v_1,v_3),(v_3,v_6),(v_6,v_7),(v_7,v_5),(v_5,v_4)}	
k	v_3		v_6		v_7		v_5		v_2		v_4			

图 7.21 Prim 算法构造最小生成树过程中各参数的变化图

7.4.4 Kruskal 算法生成最小生成树

Kruskal 算法是从另一个角度(边的角度)出发,按照带权图中边的权值递增的顺序选择若干条符合要求的边来构造最小生成树的方法。

Kruskal 算法基本设计思想是:设无向连通网为 G=(V,E),令 G 的最小生成树为 F,

其初态为 F=(V,{}),此时的最小生成树 F 只包含图 G 中的全部 n 个顶点,但顶点之间没有一条边,图中各顶点自成一个连通分量。这主要是因为在最小生成树中是必须包含该无向连通网中的所有顶点的。然后,按照边的权值由小到大的顺序,依次考察 G 的边集 E 的各条边。若被考察的边的两个顶点属于 F 的两个不同的连通分量,则将此边作为最小生成树的边加入到 F 中,同时将这两个连通分量连接为一个连通分量;若被考察边的两个顶点属于 F 的同一个连通分量,为避免造成回路,则舍去此边,不断重复上述操作,F 中的连通分量个数将不断减少,当 F 中的连通分量个数减为 1 时,该连通分量便为 G 的一棵最小生成树。

对于图 7.20(a)所示的网,按照 Kruskal 算法构造最小生成树的过程如图 7.22(a)至图 7.22(f)所示。构造最小生成树时,按照图中边的权值由小到大的顺序,不断选取当前未被选取的边集中权值最小且又不会形成回路的边。n 个节点的生成树,有(n−1)条边,故重复执行上述过程,直到选取了(n−1)条边为止,因为每次选择的都是当前符合要求的权值最小的边,所以必然构成一棵最小生成树。

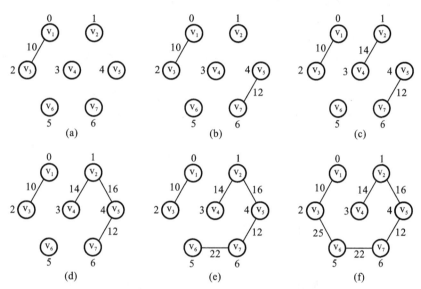

图 7.22 Kruskal 算法构造最小生成树的过程

为了实现 Kruskal 算法,可以设置一个结构数组 Alledges 来存储图中所有的边,该数组元素由构成该边的顶点信息和边权值组成,定义如下:

```
#define MAXEdgeNum   100     /*图中的最大边数*/
#define MAXVexNum   20       /*图中的最大顶点数*/
typedef struct {
    Vertype vex1;
    Vertype vex2;   /*vex1、vex2 为一条边的两个顶点*/
    int weight;     /*weight 为该条边的权值*/
}EdgeType;
EdgeType  Alledges[MAXEdgeNum];
```

在数组 Alledges 中,每个分量 Alledges[i]代表图中的一条边,其中 Alledges[i]. vex₁ 和 Alledges[i]. vex₂ 表示该边所依附的两个顶点,Alledges[i]. weight 表示该边的权值。按 照 Kruskal 算法的思想,每次都要考虑当前权值最小的边,所以为了方便选取当前权值最小 的边,可以先对数组 Alledges 中的各元素按照其 weight 值从小到大的顺序进行排列。在进 行合并连通分量操作时,为了避免形成环,我们选取的符合条件的边应该是该边依附的两个 顶点在不同的连通分量里。Kruskal 算法的见算法 7.11。

算法 7.11

```
void KruskalMiniSpanTree(EdgeType  Alledges[MAXEdgeNum],int n,int e)
  /*n 为图 G 的顶点个数,e 为图 G 的边数*/
{  int i,j,m1,m2,sn1,sn2,k;
   int vset[MAXVexNum];
   for(i=0;i<n;i++)         /*初始化辅助数组*/
   vset[i]=i;
   k=1;    /*表示当前构造最小生成树的第 k 条边,初值为 1*/
   j=0;          /*Alledges 中边的下标,初值为 0*/
   while((k<e)&&(k<=n-1))
   {  m1=Alledges[j].vex1;m2=Alledges[j].vex2;/*取一条边的两个邻接点*/
   sn1=vset[m1];sn2=vset[m2];      /*分别得到两个顶点所属的集合编号*/
   if(sn1!=sn2)   /*两顶点分属于不同的集合,该边是最小生成树的一条边*/
   {  printf("(m1,m2):%d\ n",Alledges[j].weight);
      k++;        /*生成边数增 1*/
      for(i=0;i<n;i++)   /*合并两顶点所在的两个集合*/
        if(vset[i]==sn2)   /*集合编号为 sn2 的改为 sn1*/
           vset[i]=sn1;
   }
   j++;            /*扫描下一条边*/
   }
}
```

算法 7.11 有两个循环操作,第一个循环操作主要用于控制选取边的数量,嵌套在其内 的第二个循环用于寻找符合要求的边,所以总的算法时间复杂度为 O(MAXEdgeNum× lbMAXEdgeNum)。很明显该算法时间复杂度只与图的边数相关,而与顶点数无关,所以 Kruskal 算法一般用于求边比较少的图(稀疏图)的最小生成树。

7.5 AOV 网与拓扑排序

7.5.1 有向无环图

一个无环的有向图称为有向无环图(Directed Acycline Graph),简称 DAG 图。DAG 图是描述含有公共子表达式的有效工具,如

$$((a-b)*(b*(c-d)-(c-d)/e)*((c-d)/e)$$

可以用第 6 章讨论的二叉树来表示,如图 7.23 所示。在这个表达式中,可发现有一些相同的子表达式,如(c-d)和(c-d)/e 等,这些部分在二叉树中也会重复出现,明显产生了冗余。公共子表达式越多,冗余量越大。如果我们利用有向无环图来表示表达式,它在构图时对于公共子表达式采取的是共享方式,而不会重复出现,从而节省存储空间,消除了冗余。例如,图 7.24 所示的为表示同一表达式的有向无环图,较之图 7.26,明显节省了很多空间。

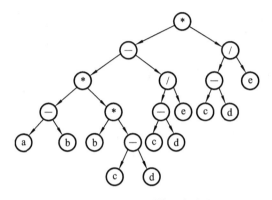

图 7.23　用二叉树描述表达式

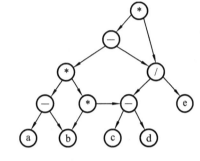

图 7.24　描述表达式的有向无环图

有向无环图可作为描述一项工程或系统的进行过程的有效工具。几乎所有的工程(Project)都可分为若干个称为活动(Activity)的子工程。这些子工程,通常受着一定条件的约束,如其中某些子工程必须在另一些子工程完成之后才能开始。

7.5.2　AOV 网

一个大的工程或流程为了方便分析,可以将其分为若干个小的工程或阶段,这些小的工程或阶段称为活动。用图中的顶点来表示活动,用有向边来表示活动之间的优先关系,那么用顶点标识活动的有向图称为 AOV 网(Activity on Vertex Network)。在 AOV 网中,若从顶点 m 到顶点 n 之间存在一条有向路径,则称顶点 m 是顶点 n 的前驱,或称顶点 n 是顶点 m 的后继。若图中存在<m,n>这样的弧,则称顶点 m 是顶点 n 的前驱,顶点 n 是顶点 m 的后继。

AOV 网用有向边来表示活动之间的优先关系,即 AOV 网中的弧表示了活动之间存在的某种制约关系。例如,计算机专业的学生必须完成一系列规定的基础课和专业课才能毕业。而这些课程之间是存在某些制约关系的,所以学生学习时应该按照一定的顺序来学习这些课程。那么如何设置这种顺序呢?我们可以将专业学习看成是一个大的工程,其中每个活动就对应每门课程的学习。这些课程的名称与相应代号如表 7-1 所示。

表 7-1　计算机专业的课程设置及其关系

课程代号	课程名	先修课程代号	课程代号	课程名	先修课程代号
C_1	计算机导论	无	C_8	算法分析	C_3
C_2	数值分析	C_1、C_{14}	C_9	C 语言	C_3、C_4
C_3	数据结构	C_1、C_{13}	C_{10}	编译原理	C_9、C_{13}

课程代号	课程名	先修课程代号	课程代号	课程名	先修课程代号
C_4	汇编语言	C_1、C_{12}	C_{11}	操作系统	C_{10}
C_5	形式自动机	C_{13}	C_{12}	高等数学	无
C_6	人工智能	C_3	C_{13}	离散数学	C_{12}
C_7	计算机组成原理	C_{11}	C_{14}	线性代数	C_{12}

从表 7-1 可以看出，C_1、C_{12}是独立于其他课程的基础课,它们没有先修课程,一进学校就可以学习;而有的课程却有先修课程,例如,要学"数据结构"必须先学完"计算机导论"和"离散数学",学完"数据结构"后才能学习"算法分析"……先修条件实际规定了课程之间的优先关系。这种优先关系可以用图 7.25 所示的有向图来表示。其中,顶点表示课程,有向边表示先修条件。如果课程 x 为课程 y 的先修课程,则图中必然存在有向边$<x, y>$。例如,图 7.25 所示关系图中存在$<C_{12}, C_{14}>$,表示 C_{12} 是 C_{14} 的先修课程。因此在安排课程学习顺序时,应保证在学习某门课程之前,必须已经学习了其先修课程。

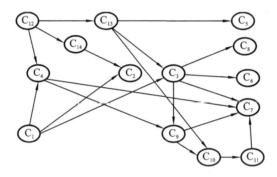

图 7.25　AOV 网实例:课程优先关系图

7.5.3　拓扑排序

在实际生活中,AOV 网也可以用于表示工程。那么为了保证该项工程得以顺利完成,必须保证该 AOV 网中不能出现回路。出现回路就意味着某项活动的开始要以自己的结束作为能否开展的先决条件,这当然是不现实的。所以判断 AOV 网所代表的工程能否顺利完成,就要判断它是否有回路。

测试 AOV 网是否有回路,就是判断它是不是一个有向无环图。常用的方法是根据AOV 网来构造一个线性序列。

1. 线性序列的性质

(1) 在 AOV 网中,若顶点 v_i 优先于顶点 v_j,则在对应线性序列中顶点 v_i 仍然优先于顶点 v_j。

(2) 对于网中原来无优先关系的顶点,图 7.25 所示的顶点 C_1 与 C_{12},在线性序列中也将建立一个先后关系,或顶点 v_i 优先于顶点 v_j,或顶点 v_j 优先于 v_i 均可。

满足上述性质的线性序列称为拓扑有序序列,而构造拓扑序列的过程称为拓扑排序。

在 AOV 网中,若所有顶点都出现在它的拓扑序列中,则说明该 AOV 网不存在回路。以图 7.25 所示的 AOV 网为例,C_1、C_{12}、C_4、C_{13}、C_{14}、C_2、C_3、C_5、C_6、C_8、C_9、C_{10}、C_{11}、C_7 就是其中的一个拓扑序列。实际上一个 AOV 网可能对应多个拓扑序列,如上例 C_{12} 也可以放在 C_1 之前,这将形成一个新的拓扑序列。那么,任何一项工程中各个活动的安排,必须按拓扑序列中的顺序来进行安排才能顺利完成。

2. 对 AOV 网进行拓扑排序的基本步骤

(1) 从 AOV 网中选择一个没有前驱的顶点(该顶点的入度为 0)并且输出它。

(2) 从 AOV 网中删除该顶点,并且删除以该顶点为尾的全部有向边。

(3) 重复上述两步,直到剩余的网中不再存在没有前驱的顶点为止。

完成以上操作后可能存在两种结果:一种是 AOV 网中全部顶点都出现在拓扑序列中,这说明网中不存在任何回路,若按拓扑序列中的顺序来进行安排,该工程就能顺利完成;另一种是 AOV 网中顶点未全部出现在拓扑序列中,没有输出的顶点因为它们均有前驱顶点,这说明网中有有向回路,该工程不能顺利完成。

图 7.26 给出了在一个 AOV 网上实施上述步骤的例子。

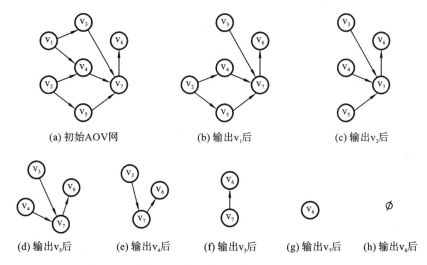

图 7.26　拓扑排序过程示意图

由图 7.26 所示过程可以得到一个拓扑序列,即 v_1,v_2,v_5,v_4,v_3,v_7,v_6。这只是该 AOV 网对应的多个拓扑序列中的一个,如 v_1,v_2,v_4,v_5,v_3,v_7,v_6 也是对应图 7.26(a)所示 AOV 的一个拓扑排序。

AOV 网一般采用邻接表的存储方式,考虑到某顶点是否有前驱顶点,可以通过其入度是否为 0 来加以判断,所以在邻接表的顶点结构中要增加一个记录顶点入度的数据域,顶点结构如图 7.27 所示。

图 7.27　顶点结构图

图 7.27 中,vertex、firstedge 的含义如前所述;incount 为记录顶点入度的数据域。

边节点的结构同 7.2.2 节所述。图 7.26(a)所示的 AOV 网的邻接表如图 7.28 所示。

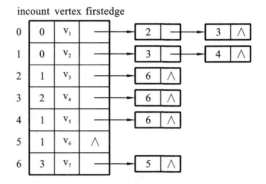

图 7.28 图 7.26(a)所示的一个 AOV 网的邻接表

顶点表节点结构的描述如下：

```
typedef struct vnode{          /*顶点表节点*/
    int incount                /*存放顶点入度*/
    VerType vertex;            /*顶点域*/
    EdgeNode  *firstedge;      /*边表头指针*/
}VertexNode;
```

还需要设置一个栈，该栈保存在拓扑排序过程中 AOV 网中出现的入度为 0 的顶点，并使之能够有序处理。这种有序既可以通过后进先出方式确定，又可以通过先进先出方式确定，所以可以借助队列这种数据结构来辅助实现。

3. 实现拓扑排序算法的步骤

实现拓扑排序算法的步骤如下。

(1) 将没有前驱的顶点(incount 为 0)入栈。

(2) 使栈顶元素出栈，并把以该顶点为尾的所有弧删去，即把它对应邻接表中的各个邻接顶点的入度域 incount 减 1。

(3) 如果出现新的入度为 0 的顶点，则继续入栈。

(4) 重复第(2)~(4)步，直到栈为空为止，即不再产生入度为 0 的顶点了。

此时可能是已经输出 AOV 网的全部顶点，也可能是 AOV 网剩下的顶点中没有入度为 0 的顶点，即存在环。

为了不额外增加空间来保存栈，可以设一个指示栈顶位置的指针 top，将当前所有未处理过的入度为 0 的顶点链接起来，形成一个链栈，借助 top 位置的变化来完成入栈和出栈的操作。而形成链表所需的指针则可借助 incount 来实现，因为按设计思想，都是 incount 为 0 的顶点入栈，此时 incount 无须再保存顶点入度值，所以可以用它来记录栈中下一个元素在数组中的序号，此时 incount 的作用就类似静态链表中的游标。具体算法见算法 7.12。

算法 7.12

```
int Topo_Sort(AlGraph *G)
{ /*以带入度域的邻接链表为存储结构的图 G,输出其一种拓扑序列*/
    int  top=-1;           /*栈顶指针初始化*/
    for(i=0;i<n;i++)       /*依次将入度为 0 的顶点压入链栈,同时改变 top 的值*/
```

```
    {   if(G->adjlist[i].incount==0)
        {   G->adjlist[i].incount=top;
            top=i;
        }
    }
    for(i=0;i<n;i++)
    {   if(top=-1)
        {   printf("The network has a cycle");
            return 0;
        }
    j=top;
    top=G->adjlist[top].incount;        /*从栈中弹出并输出一个顶点*/
    printf("%c",G->adjlist[j].vertex);
    p=G->adjlist[j].firstedge;
    while(p!=NULL)
    {   k=p->adjvex;
        G->adjlist[k].incount--;         /*当前输出顶点邻接点的入度减 1*/
        if(G->adjlist[k].incount==0)    /*新的入度为 0 的顶点进栈*/
        {   G->adjlist[k].incount=top;
            top=k;
        }
        p=p->nextadj;                   /*找到下一个邻接点*/
    }
    }
    return 1;
    }
```

对于一个具有 n 个顶点、e 条边的 AOV 网来说，扫描顶点，则其入度为 0 的顶点入栈的时间复杂度为 O(n)；在拓扑排序过程中，如果是一个有向无环图，那么每个顶点将会进一次栈、出一次栈，入度减 1 的操作次数与边的数量相同，共执行 e 次，所以整个算法的时间复杂度为 O(e＋n)。

7.6　AOE 网与关键路径

7.6.1　AOE 网

AOV 网针对的是无权有向图，而在带权的有向图中，若顶点表示事件，有向边表示活动，边上的权值表示活动的所需开销（如该活动持续的时间等），则称这样的带权有向图为边表示活动的网，简称为 AOE 网（Activity on Edge Network）。在 AOE 网中唯一一个没有入边的顶点是整个工程的开始点，称为源点，唯一一个没有出边的顶点是整个工程的结束点，称为汇点。

AOE 网具有以下两个性质。

（1）只有某顶点所代表的事件发生后，从该顶点出发的各条有向边所代表的活动才能开始。

（2）只有指向某顶点的各条有向边所代表的活动都已经结束，那么该顶点所代表的事件才能发生。

从上述性质可以看出，AOE 网中的边起到了 AOV 网中边的类似作用，约束了以顶点所代表的各事件之间的优先关系。如果用 AOE 网来表示一项工程，则每条边都有对应的权值，所以仅考虑该工程各个事件之间的优先关系还远远不够，更多的应该是关心完成整个工程所需的最短时间是多少，哪些活动的延期将会影响整个工程的进度，而提高这些活动的执行速度是否会提高整个工程的效率等。

AOE 网一般会列出完成该工程预定计划所需进行的各个活动、每个活动计划完成的时间、将要发生哪些事件及这些事件与活动之间的关系等。对于 AOE 网，会有相应的处理方法来确定该项工程能否顺利完成，估算工程完成的时间及确定哪些活动会影响整个工程进度。

图 7.29 给出了一个具有 15 个活动、11 个事件的工程的 AOE 网。顶点 $v_1,v_2,\cdots,v_{11}$ 表示事件；边 $<v_1,v_2>,<v_1,v_3>,\cdots,<v_{10},v_{11}>$ 表示活动，用 $a_1,a_2,\cdots,a_{15}$ 代表活动权值。其中，v_1 是源点，其特点是入度为 0，也就是整个工程的开始点；v_{11} 为汇点，其特点是出度为 0，也就是整个工程的结束点。

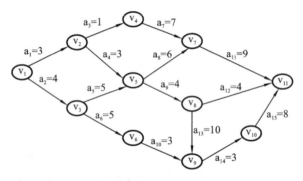

图 7.29 AOE 网

对于 AOE 网，可采用与 AOV 网一样的邻接表存储方式。其中，邻接表中边节点的数据域存储了该边的权值，即该有向边代表的活动所持续的时间。

7.6.2 关键路径

由于 AOE 网的某些活动能够同时进行，所以为了保证这些同时进行的活动中耗时最长的活动也能完成，故完成整个工程所必须花费的时间应该为从源点到汇点的最大路径长度（路径长度是指该路径上的各条边上的权值之和）。AOE 网具有最大路径长度的路径称为关键路径，位于关键路径上的活动称为关键活动。关键路径的长度代表完成整个工程所需的最短工期。如果想要缩短工程执行工期，就必须加快该路径上对应关键活动的速度。

1. 利用 AOE 网进行工程管理时需要解决的主要问题

（1）如何计算整个 AOE 网的最长路径，即完成整个工程的最短工期。

（2）如何确定关键路径，即找出哪些活动是影响工程进度的关键活动。

2. 定义变量

1）事件的最早发生时间 ve[k]

ve[k]是指从源点到顶点 v_k 的最大路径长度所代表的时间。这个时间决定了所有从该顶点 v_k 发出的有向边所代表的活动能够开工的最早时间。假设存在若干条有向边$<v_j$，$v_k>$，根据 AOE 网的性质，只有进入顶点 v_k 的所有活动$<v_j,v_k>$都结束，v_k 代表的事件才能发生；而活动$<v_j,v_k>$的最早结束时间为 ve[j]＋weight($<v_j,v_k>$)，如图 7.30 所示。所以计算 v_k 发生的最早时间 ve[k]的方法为

$$\begin{cases} ve[1]=0 \\ ve[k]=Max\{ve[j]+weight(<v_j,v_k>)\}, <v_j,v_k>\in p[k] \end{cases} \quad (7.1)$$

其中，p[k]表示所有到达 v_k 的有向边的集合；weight($<v_j,v_k>$)为有向边$<v_j,v_k>$上的权值。

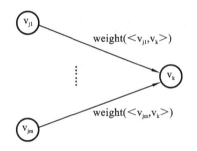

图 7.30　事件最早发生时间示例用图

2）事件的最晚发生时间 vl[k]

vl[k]是指在不推迟整个工期的前提下，事件 v_k 允许的最晚发生时间。设有向边$<v_k$，$v_m>$代表从 v_k 出发的活动，为了保证整个工程按时完工，v_k 发生的最迟时间必须保证不推迟从事件 v_k 出发的所有活动$<v_k,v_m>$的终点 v_m 的最迟发生时间 vl[m]，如图 7.31 所示。所以计算 v_k 发生的最迟时间 vl[k]的方法为

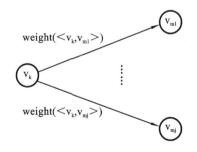

图 7.31　事件最晚发生时间示例用图

$$\begin{cases} vl[n]=ve[n] \\ vl[k]=\text{Min}\{vl[m]-\text{weight}(<v_k,v_m>)\}, <v_k,v_m>\in s[k] \end{cases} \quad (7.2)$$

其中，$s[k]$ 为所有从 v_k 发出的有向边的集合。

3）活动 a_i 的最早开始时间 $e[i]$

设活动 a_i 是由有向边 $<v_j,v_k>$ 表示的，根据 AOE 网的性质，只有事件 v_j 发生了，活动 a_i 才能开始。所以活动 a_i 的最早开始时间等于事件 v_j 的最早发生时间，即

$$e[i]=ve[j] \quad (7.3)$$

4）活动 a_i 的最晚开始时间 $l[i]$

活动 a_i 的最晚开始时间是指在不推迟整个工程完成日期的前提下，活动 a_i 必须开始的最晚时间。设活动 a_i 由弧 $<v_j,v_k>$ 表示，则 a_i 的最晚开始时间必须保证留有不能延迟事件 v_k 所需的最迟发生时间，即

$$l[i]=vl[k]-\text{weight}(<v_j,v_k>) \quad (7.4)$$

计算上述各值后，根据每个活动 a_i 的最早开始时间 $e[i]$ 和最晚开始时间 $l[i]$ 就可判定该活动是否为关键活动。一般 $l[i]-e[i]$ 的值称为活动 a_i 的时间余量，没有时间余量的活动才是关键活动，所以那些 $l[i]=e[i]$ 的活动是关键活动，而那些 $l[i]>e[i]$ 的活动则不是关键活动。确定关键活动之后，关键活动所在的路径则是关键路径。

3. 确定关键活动和关键路径

下面以图 7.29 所示的 AOE 网为例，确定该网的关键活动和关键路径。

（1）按照式(7.1)求出所有事件的最早发生时间 $ve[k]$，即

$ve(1)=0$

$ve(2)=3$

$ve(3)=4$

$ve(4)=ve(2)+1=4$

$ve(5)=\text{Max}\{ve(2)+3,ve(3)+5\}=9$

$ve(6)=ve(3)+5=9$

$ve(7)=\text{Max}\{ve(4)+7,ve(5)+6\}=15$

$ve(8)=ve(5)+4=13$

$ve(9)=\text{Max}\{ve(8)+10,ve(6)+3\}=23$

$ve(10)=ve(9)+3=26$

$ve(11)=\text{Max}\{ve(7)+9,ve(8)+4,ve(10)+8\}=34$

（2）按照式(7.2)求出所有事件的最晚发生时间 $vl[k]$，即

$vl(11)=ve(11)=34$

$vl(10)=vl(11)-8=26$

$vl(9)=vl(10)-3=23$

$vl(8)=\text{Min}\{vl(11)-4,vl(9)-10\}=13$

$vl(7)=vl(11)-9=25$

$vl(6)=vl(9)-3=20$

$vl(5)=\text{Min}\{vl(7)-6,vl(8)-4\}=9$

vl(4)＝vl(7)－7＝18

vl(3)＝Min{vl(5)－5,vl(6)－5}＝4

vl(2)＝Min{ vl(4)－1,vl(5)－3}＝6

vl(1)＝Min{vl(2)－3,vl(3)－4}＝0

（3）按照式(7.3)和式(7.4)求出所有活动 a_i 的最早开始时间 e[i]和最晚开始时间 l[i]，即

活动 a_1	e(1)＝ve(1)＝0	l(1)＝vl(2)－3＝3
活动 a_2	e(2)＝ve(1)＝0	l(2)＝vl(3)－4＝0
活动 a_3	e(3)＝ve(2)＝3	l(3)＝vl(4)－1＝17
活动 a_4	e(4)＝ve(2)＝3	l(4)＝vl(5)－3＝6
活动 a_5	e(5)＝ve(3)＝4	l(5)＝vl(5)－5＝4
活动 a_6	e(6)＝ve(3)＝4	l(6)＝vl(6)－5＝15
活动 a_7	e(7)＝ve(4)＝4	l(7)＝vl(7)－7＝18
活动 a_8	e(8)＝ve(5)＝9	l(8)＝vl(7)－6＝19
活动 a_9	e(9)＝ve(5)＝9	l(9)＝vl(8)－4＝9
活动 a_{10}	e(10)＝ve(6)＝9	l(10)＝vl(9)－3＝20
活动 a_{11}	e(11)＝ve(7)＝15	l(11)＝vl(11)－9＝25
活动 a_{12}	e(12)＝ve(8)＝13	l(12)＝vl(11)－4＝30
活动 a_{13}	e(13)＝ve(8)＝13	l(13)＝vl(9)－10＝13
活动 a_{14}	e(14)＝ve(9)＝23	l(14)＝vl(10)－3＝23
活动 a_{15}	e(15)＝ve(10)＝26	l(15)＝vl(11)－8＝26

（4）比较 e[i]和 l[i]的值,可判断 a_2、a_5、a_9、a_{13}、a_{14}、a_{15} 这些活动的 e[i]和 l[i]的值相等,没有时间余量,所以它们是关键活动,关键路径如图 7.32 所示。

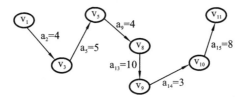

图 7.32　AOE 网对应的关键路径

从求得的关键路径可以看到如下两点。

（1）如果想缩短工程时间,可通过提高对应关键路径上的关键活动的速度来实现,但提高幅度必须适当,因为只有在不改变 AOE 网的关键路径的前提下,提高关键活动的速度才能有效缩短工程总时间。

（2）AOE 网中同时存在几条关键路径,只单独提高其中某一条关键路径上的关键活动的速度并不能提高整个工程的工作效率,也就不能缩短总工期,只有同时提高这几条关键路径上的关键活动的速度,才能实现。

4. 求关键路径的算法

(1) 输入 e 条弧<j,k>及对应权值,以邻接表方式建立 AOE 网的存储结构。

(2) 从源点 v_1 出发,令 ve[0]=0,按拓扑排序的方式来求其他顶点的最早发生时间 ve[i]($1 \leqslant i \leqslant n-1$)。如果最终得到的拓扑有序序列中顶点个数小于 AOE 网中顶点数 n,则说明 AOE 网中有回路,此时不能求关键路径,算法终止;否则执行步骤(3)。

(3) 从汇点 v_n 出发,令 vl[n-1]=ve[n-1],按逆拓扑排序的方式来求其他顶点的最晚发生时间 vl[i]($n-2 \geqslant i \geqslant 0$)。

(4) 根据已求得的各顶点的 ve 和 vl 值,求出每条弧 a_i 所代表的活动的最早开始时间 $e(a_i)$ 和最晚开始时间 $l(a_i)$。若某条弧 a_i 满足条件 $e(a_i)=l(a_i)$,则该条弧 a_i 所代表的活动为关键活动。

该算法思想中求各顶点的最早发生时间 ve 用到了拓扑排序,是因为在拓扑排序中选中的顶点的入度要求为 0,即没有弧指向该顶点,在求关键路径算法中都已执行完某顶点之前的活动,所以该顶点代表的事件就可以发生了。而按逆拓扑排序的方式来求各顶点的最晚发生时间 vl 中所需的逆拓扑排序序列并不需另外写算法,而是在拓扑排序的过程中将得到的拓扑序列用一个栈保存起来,利用栈的"后进先出"特性便可得到逆拓扑排序序列。

算法 7.13 为求关键路径的算法,调用的函数 TopologicalOrder()是另一种方式的拓扑排序算法,其中,Stack 为栈的存储类型,函数 CountInDegree(G,indegree)用于求 G 中各顶点的入度,并将所求的入度值存放于一维数组 indegree 中。

算法 7.13

```
int TopologicalOrder(ALGraph G,Stack T)
{ /*G采用邻接表存储结构,求各顶点事件的最早发生时间 ve[全局变量]*/
  /*T为拓扑序列顶点栈,S为 0 入度顶点栈*/
  /*若 G 无回路,则用栈 T 返回 G 的一个拓扑序列,否则报错*/
  CountInDegree(G,indegree);/*对各顶点求入度并存放于 indegree[0..vexnum-1]*/
  InitStack(S);                    /*初始化 0 入度顶点栈 S*/
  count=0;  ve[0..G.vexnum-1]=0;   /*初始化 ve[ ]*/
  for(i=0; i<G.vexnum; i++)        /*将初始入度为 0 的顶点入栈 S*/
  { if(indegree[i]==0) Push(S,i); }
  while(!StackEmpty(S)){
    Pop(S,j);  Push(T,j);  ++count;    /*j号顶点入栈 T 并计数*/
    for(p=G.adjlist[j].firstedge; p; p=p->nextadj)
    { k=p->adjvex;                 /*对 j 号顶点的每个邻接点的入度减 1*/
      if(--indegree[k]==0) Push(S,k); /*若入度减为 0,则入栈*/
      if(ve[j]+*(p->info)>ve[k])     /*调整 j 号顶点的每个邻接点的 ve 值*/
        ve[k]=ve[j]+*(p->info);
    }
  }
  if(count<G.vexnum) return 0;       /*G 有回路返回 0,否则返回 1*/
  else return 1;
}
```

```
int Criticalpath(ALGraph G)
{   /*输出 G 的各项关键活动*/
    InitStack(T);                                    /*初始化拓扑序列顶点栈 T*/
    if(! TopologicalOrder(G,T))   return 0;          /*G 有回路返回 0*/
    vl[0..G.vexnum-1]=ve[G.vexnum-1];                /*初始化顶点事件的最晚发生时间*/
    while(!StackEmpty(T))                            /*按拓扑逆序求各顶点的 v₁ 值*/
        for(Pop(T,j),p=G.adjlist[j].firstedge; p; p=p->nextadj)
        {   k=p->adjvex;   weight=*(p->info);
            if(vl[k]-weight<vl[j]) vl[j]=vl[k]-weight;
        }
    for(j=0; j<G.vexnum;++j)                          /*求活动 e、l 值和确定关键活动*/
        for(p=G.adjlist[j].firstedge; p; p=p->nextadj)
        {   k=p->adjvex;   weight=*(p->info);
            e=ve[j];l=vl[k]-weight;
            flag=(e==l)? '* ':'';
            printf(j,k,weight,e,l,flag);             /*输出关键活动*/
        }
    return 1;                                         /*求出关键活动后返回 1*/
}
```

在求关键路径的算法 7.13 中,计算顶点表示的事件的最早发生时间和最晚发生时间的时间复杂度为 O(n),计算弧表示的活动的最早开始时间和最晚开始时间的时间复杂度为 O(e),所以总的时间复杂度为 O(n+e)。

7.7　图与最短路径

图的应用面比较广,除了前面介绍的一些应用外,还有一个比较典型的应用,就是最短路径问题,这在实际生活中也很常见。例如,某一地区建立了一个公路网,在给定了该网内的 n 个城市及 n 个城市之间的各相通公路的距离后,如果想由城市 A 去城市 B,那么能否找到城市 A 到城市 B 之间一条距离最近的通路呢? 为了解决这类问题,同样可以利用图这种结构。用顶点集表示各城市,用边集表示城市间的公路,而边的权值则代表公路的长度,那么,这个问题就可归结为在一个图的顶点 A 到顶点 B 的所有路径中,寻找边的权值之和最短的那一条路径。这条路径就是 A、B 两顶点之间的最短路径,一般该路径上的第一个顶点称为源点(Source),最后一个顶点称为终点(Destination)。在网图中,最短路径指的是路径长度最短的路径;而在非网图中,最短路径是指两顶点之间经历的边数最少的路径,两者是不同的。本节讨论的是图的最短路径,即路径长度最短的路径。

7.7.1　从一个源点到其余各顶点的最短路径

单源点的最短路径问题可以描述为:给定带权有向图 G＝(V,E)和源点 v∈V,求从 v 到 G 中其他各顶点的最短路径。一般假设源点为 v_0。

迪杰斯特拉(Dijkstra)为了解决这个问题,提出了一个按路径长度递增的次序产生最短路径的算法。该算法的基本思想是：设置两个顶点的集合 S 和 F＝V−S,其中集合 S 存放已找到最短路径的顶点,集合 F 存放当前还未找到最短路径的顶点。初始时,集合 S 只包含源点 v_0,然后不断从集合 F 中选取某顶点 v 加入集合 S 中,选取某顶点 v 是因为从源点 v_0 到顶点 v 的路径长度最短。集合 S 中每加入一个新的顶点 v,都要考虑是否需要修改顶点 v_0 到集合 F 中剩余顶点的最短路径长度值。若源点 v_0 到顶点 v 的最短路径长度值加上 v 到该顶点的路径长度值比原来的最短路径长度值小,则集合 F 中该顶点的最短路径长度应该选择源点 v_0 到顶点 v 的最短路径长度值加上 v 到该顶点的路径长度值之和。此过程不断重复,直到集合 F 的顶点全部加入集合 S 中为止。

假设下一条最短路径的终点为 x,那么,该路径有可能是弧(v_0, x),也有可能是中间只经过集合 S 的顶点后再到达顶点 x 的路径,再无其他路径。因为假设此路径上除 x 之外还有一个或一个以上的顶点不在集合 S 中,那么必然存在另外的终点不在集合 S 中而路径长度比此路径还短的路径,这与按路径长度递增的顺序产生最短路径的前提相矛盾,所以此假设不成立。Dijkstra 算法的正确性由此得以证明。

1. Dijkstra算法遵循的规律

Dijkstra 算法遵循的规律如下。

(1) 最短路径是按路径长度递增的次序产生的。

(2) 最短路径如果要经过其他顶点,则只能经过已产生最短路径的那些顶点。

2. Dijkstra算法的实现步骤

Dijkstra 算法的实现步骤如下。

首先,用带权的邻接矩阵 arcs 来表示带权有向图,arcs[i][j]表示弧$<v_i, v_j>$上的权值。若$<v_i, v_j>$不存在,则置 arcs[i][j]为∞(在计算机上可用允许的最大值代替)。

再引进一个辅助数组 Dist,Dist[i]表示当前所找到的从始点 v 到每个终点 v_i 的最短路径的长度。它的初态为：若从 v 到 v_i 有弧,则 Dist[i]为弧上的权值;否则置 Dist[i]为∞。显然,长度为

$$Dist[j] = Min\{Dist[i] \mid v_i \in V\}$$

的路径就是从 v 出发的长度最短的一条最短路径,此路径为(v, v_j)。

要寻找的下一条长度次短的最短路径又是哪一条呢？假设该次短路径的终点是 v_k,按照上面所提到的算法遵循规律可知,这条路径可能是(v, v_k)或(v, v_j, v_k)。它的长度可能是从 v 到 v_k 的弧上的权值,或是 Dist[j]与从 v_j 到 v_k 的弧上的权值之和,即

$$Dist[k] = Min\{Dist[k], Dist[j] + arcs[j][k]\}$$

3. Dijkstra算法

(1) S 为已找到从 v 出发的最短路径的终点的集合,它的初始状态为空集。那么,从 v 出发到图上其他各顶点(终点)v_i 可能达到最短路径长度的初值为

$$Dist[i] = arcs[v][i], \quad v_i \in V$$

(2) 选择 v_j,使得

$$Dist[j] = Min\{Dist[i] \mid v_i \in V - S\}$$

v_j 就是当前求得的一条从 v 出发的最短路径的终点,令

$$S = S \cup \{j\}$$

（3）修改从 v 出发到集合 V−S 上任意顶点 v_k 可达的最短路径长度。如果

$$Dist[j] + arcs[j][k] < Dist[k]$$

则修改 Dist[k] 为

$$Dist[k] = Dist[j] + arcs[j][k]$$

重复执行操作第（2）步和第（3）步共 $(n-1)$ 次，便可得到从源点 v 到其他 $(n-1)$ 个节点的最短路径。由此求得的从 v 到图上其他各顶点的最短路径是一个依路径长度递增的序列。

算法 7.14 为用 C 语言描述的 Dijkstra 算法。

算法 7.14

```
void  DJS_ShortestPath(Mgraph G,int v0,PathMatrix *P,ShortPathTable *Dist)
{ /*用 Dijkstra 算法求有向图 G 的 v0 顶点到其他顶点 v 的最短路径 P[v]及其路径长度
  Dist[v]*/
  /*若 P[v][w]为 TRUE,则 w 是从 v0 到 v 当前求得最短路径上的顶点*/
  /*final[v]为 TRUE,当且仅当 v∈S,即已经求得从 v0 到 v 的最短路径*/
  /*常量 INFINITY 为边上权值可能的最大值*/
  for(v=0;v<G.vexnum;++v)
  {  final[v]=FALSE; Dist[v]=G.arcs[v0][v];
     for(w=0; w<G.vexnum;++w) P[v][w]=FALSE;
     if(Dist[v]<INFINITY){ P[v][v0]=TRUE; P[v][w]=TRUE; }
  }
  Dist[v0]=0; final[v0]=TRUE;          /*初始化,顶点 v0 属于集合 S*/
  /*开始主循环,每次求得 v0 到某个顶点 v 的最短路径,并加 v 到集合 S*/
  for(i=1; i<G.vexnum;++i)
  {  min=INFINITY;                 /*min 中保存当前所知离顶点 v0 的最近距离*/
     for(w=0;w<G.vexnum;++w)
     if(!final[w])                  /*w 顶点在 V-S 中*/
        if(Dist[w]<min){ v=w; min=Dist[w];}
     final[v]=TRUE                  /*离顶点 v0 最近的 v 加入集合 S*/
     for(w=0;w>G.vexnum;++w)                  /*更新当前最短路径*/
        if(!final[w]&&(min+G.arc[v][w]<Dist[w]))     /*修改 D[w]和 P[w],w∈V-F*/
        {  Dist[w]=min+G.arcs[v][w];
           P[w]=P[v]; P[w][v]=TRUE;                 /*P[w]=P[v]+P[w]*/
        }
  }
}
```

例如,图 7.33 所示的为一个有向图 G 和它的带权邻接矩阵。

若对有向图 G 施行 Dijkstra 算法,则所得从 v_0 到其他各顶点的最短路径,以及运算过程中数组 D 的变化状况,如图 7.34 所示。

4. 算法 7.14 的运行时间分析

第一个 for 循环的时间复杂度为 $O(n)$;第二个 for 循环共进行 $(n-1)$ 次,每次执行的时间复杂度为 $O(n)$;所以总的时间复杂度为 $O(n^2)$。如果用带权的邻接表作为有向图的存储

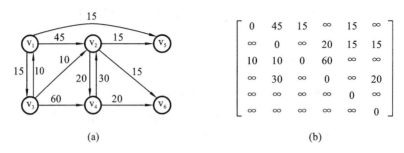

图 7.33　有向图 G 及其邻接矩阵

终点	从v₁到各终点的Dist值和最短路径的求解过程				
	i=1	i=2	i=3	i=4	i=5
v_2	45 (v_1,v_2)	25 (v_1,v_3,v_2)	25 (v_1,v_3,v_2)		
v_3	15 (v_1,v_3)				
v_4	∞	75 (v_1,v_3,v_4)	75 (v_1,v_3,v_4)	45 (v_1,v_3,v_2,v_4)	45 (v_1,v_3,v_2,v_4)
v_5	15 (v_1,v_5)	15 (v_1,v_5)			
v_6	∞	∞	∞	40 (v_1,v_3,v_2,v_6)	
v_j	v_3	v_5	v_2	v_6	v_4
F	(v_1,v_3)	(v_1,v_5)	(v_1,v_3,v_2)	(v_1,v_3,v_2,v_6)	(v_1,v_3,v_2,v_4)

图 7.34　Dijkstra 算法构造单源点最短路径过程中各参数的变化示意图

结构,虽然修改 Dist 的时间可以减少,但由于在数组 Dist 中选择最小的分量的时间不变,所以总的时间复杂度仍为 $O(n^2)$。如果只希望找到从源点到某一个特定终点的最短路径,那么其时间复杂度与求源点到其他所有顶点的最短路径一样,其时间复杂度也为 $O(n^2)$。

7.7.2　任意一对顶点之间的最短路径

　　前面谈的是求从源点到其他顶点的最短路径,还可以求任意一对顶点之间的最短路径。任意一对顶点之间的最短路径问题可以描述为:给定带权有向图 G＝(V,E),对于任意顶点 v_i 和 v_j,求顶点 v_i 到 v_j 的最短路径。

　　解决这个问题可以借助从源点到其他顶点的最短路径的方法:每次以一个顶点为源点,重复调用上面介绍过的 Dijkstra 算法 n 次。如此一来,便可求得任意一对顶点间的最短路径。因为 Dijkstra 算法的时间复杂度为 $O(n^2)$,而它又要被重复调用 n 次,所以这种方案总的时间复杂度为 $O(n^3)$。

　　解决这个问题的另一个方案是由弗洛伊德(Floyd)提出来的,该算法的时间复杂度虽然也是 $O(n^3)$,但其形式描述上要比前一种方案简单些。

　　Floyd 算法也是从图的带权邻接矩阵 arcs 出发的,其基本思想如下。

　　假设求从顶点 v_i 到 v_j 的最短路径,如果从 v_i 到 v_j 有弧,则必然从 v_i 到 v_j 存在一条长

度为 arcs[i][j]的路径,但该路径是否一定是最短路径,还需进行 n 次试探。首先考虑路径
(v_i,v_0,v_j)是否存在,即判别弧(v_i,v_0)和(v_0,v_j)是否存在。如果存在,则比较(v_i,v_j)和(v_i,v_0,v_j)的路径长度取长度较短者为从 v_i 到 v_j 的中间顶点的序号不大于 0 的最短路径。假如
在路径上再增加一个顶点 v_1,也就是说,如果$(v_i,\cdots,v_1)$和$(v_1,\cdots,v_j)$分别是当前找到的中
间顶点的序号不大于 0 的最短路径,那么$(v_i,\cdots,v_1,\cdots,v_j)$就有可能是从 v_i 到 v_j 的中间顶
点的序号不大于 1 的最短路径。将它和已经得到的从 v_i 到 v_j 中间顶点序号不大于 0 的最
短路径相比较,从中选出中间顶点的序号不大于 1 的最短路径之后,再增加一个顶点 v_2,继
续进行试探,依此类推。在一般情况下,如果$(v_i,\cdots,v_k)$和$(v_k,\cdots,v_j)$分别是从 v_i 到 v_k 和从
v_k 到 v_j 的中间顶点的序号不大于 $k-1$ 的最短路径,则将$(v_i,\cdots,v_k,\cdots,v_j)$和已经得到的从
v_i 到 v_j 且中间顶点序号不大于 $k-1$ 的最短路径相比较,其长度较短者便是从 v_i 到 v_j 的中
间顶点的序号不大于 k 的最短路径。这样,在经过 n 次比较后,最后求得的必是从 v_i 到 v_j
的最短路径。

按此方法,可以同时求得各对顶点间的最短路径。

现定义一个 n 阶方阵序列为

$$D^{(-1)},D^{(0)},D^{(1)},\cdots,D^{(k)},D^{(n-1)}$$

其中,

$$D^{(-1)}[i][j]=arcs[i][j]$$

$$D^{(k)}[i][j]=Min\{D^{(k-1)}[i][j],D^{(k-1)}[i][k]+D^{(k-1)}[k][j]\}, \quad 0\leqslant k\leqslant n-1$$

从上述计算公式可见,$D^{(1)}[i][j]$是从 v_i 到 v_j 的中间顶点的序号不大于 1 的最短路径
的长度;$D^{(k)}[i][j]$是从 v_i 到 v_j 的中间顶点的序号不大于 k 的最短路径的长度;$D^{(n-1)}[i][j]$
就是从 v_i 到 v_j 的最短路径的长度。

由此得到求任意两个顶点间的最短路径的 Floyd 算法(见算法 7.15)。

算法 7.15

```
void Floyd_ShortestPath(MGraph G,PathMatrix * P[],DistancMatrix * D)
{ /*用 Floyd 算法求有向图 G 中各对顶点 v 和 w 之间的最短路径 P[v][w]及其带权长度 D
  [v][w]*/
  /*若 P[v][w][u]为 TRUE,则 u 是从 v 到 w 当前求得的最短路径上的顶点*/
  for(v=0;v<G.vexnum;++v)              /*各对顶点之间初始已知路径及距离*/
    for(w=0;w<G.vexnum;++w)
    { D[v][w]=G.arcs[v][w];
      for(u=0;u<G.vexnum;++u) P[v][w][u]=FALSE;
      if(D[v][w]<INFINITY)            /*从 v 到 w 有直接路径*/
      { P[v][w][v]=TRUE;
      }
    }
  for(u=0; u<G.vexnum;++u)
    for(v=0; v<G.vexnum;++v)
      for(w=0;w<G.vexnum;++w)
        if(D[v][u]+D[u][w]<D[v][w])   /*从 v 经 u 到 w 的一条路径更短*/
```

```
{  D[v][w]=D[v][u]+D[u][w];
   for(i=0;i<G.vexnum;++i)
   P[v][w][i]=P[v][u][i]||P[u][w][i];
}
```
}

图 7.35 给出了一个简单的有向图 G 及其邻接矩阵。图 7.36 给出了在用 Floyd 算法求该有向图中每对顶点之间的最短路径过程中,数组 D 和数组 P 的变化情况。

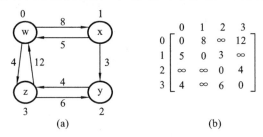

图 7.35   一个有向图 G 及其邻接矩阵

$$D^{(-1)}=\begin{bmatrix} 0 & 8 & \infty & 12 \\ 5 & 0 & 3 & \infty \\ \infty & \infty & 0 & 4 \\ 4 & \infty & 6 & 0 \end{bmatrix} \quad D^{(0)}=\begin{bmatrix} 0 & 8 & \infty & 12 \\ 5 & 0 & 3 & 17 \\ \infty & \infty & 0 & 4 \\ 4 & 12 & 6 & 0 \end{bmatrix} \quad D^{(1)}=\begin{bmatrix} 0 & 8 & 11 & 12 \\ 5 & 0 & 3 & 17 \\ \infty & \infty & 0 & 4 \\ 4 & 12 & 6 & 0 \end{bmatrix}$$

$$D^{(2)}=\begin{bmatrix} 0 & 8 & 11 & 12 \\ 5 & 0 & 3 & 7 \\ \infty & \infty & 0 & 4 \\ 4 & 12 & 6 & 0 \end{bmatrix} \quad D^{(3)}=\begin{bmatrix} 0 & 8 & 11 & 12 \\ 5 & 0 & 3 & 7 \\ 8 & 16 & 0 & 4 \\ 4 & 12 & 6 & 0 \end{bmatrix}$$

$$P^{(-1)}=\begin{bmatrix} & wx & & wz \\ xw & & xy & \\ & & & yz \\ zw & & zy & \end{bmatrix} \quad P^{(0)}=\begin{bmatrix} & wx & & wz \\ xw & & xy & xwz \\ & & & yz \\ zw & zwx & zy & \end{bmatrix} \quad P^{(1)}=\begin{bmatrix} & wx & wxy & wz \\ xw & & xy & xwz \\ & & & yz \\ zw & zwx & zy & \end{bmatrix}$$

$$P^{(2)}=\begin{bmatrix} & wx & wxy & wz \\ xw & & xy & xyz \\ & & & yz \\ zw & zwx & zy & \end{bmatrix} \quad P^{(3)}=\begin{bmatrix} & wx & wxy & wz \\ xw & & xy & xyz \\ yzw & yzwx & & yz \\ zw & zwx & zy & \end{bmatrix}$$

图 7.36   Floyd 算法执行时数组 D 和 P 的变化情况示意图

小   结

图是一种逻辑关系更为复杂的数据结构,任意两个节点之间都可能相关联,形成多对多的关系。它已广泛应用到各个领域,现实世界中的很多系统都能抽象成图。

图常用的存储结构为基于顺序存储的邻接矩阵和基于链式存储的邻接表。

对于图中每个顶点的访问称为图的遍历,常用的遍历方法有深度优先搜索方法和广度优先搜索方法。图的深度优先搜索以"纵向"优先进行,其规则和步骤为:访问 v_i(始点),从

v_i 的任意一个未被访问过的邻接点出发继续深度优先搜索……若搜索过程中某一节点的邻接点全被访问过,则退回到上一个节点,继续深度搜索……直到退回到始点且没有未被访问过的邻接点。图的广度优先搜索以"横向"优先进行,其规则和步骤为:访问 v_i,访问 v_i 的所有未被访问过的邻接点 v_{i1},v_{i2},…,v_{it},按照 v_{i1},v_{i2},…,v_{it} 的次序,访问每个顶点所有未被访问过的邻接点,依此类推,直到与 v_i 有路径相通的顶点都被访问过为止。

边上带有权的图称为带权图,又称为网。在带权图的基础上可完成如最小生成树、拓扑排序、关键路径、最短路径等算法。

习　题　7

1. 填空题

(1) 设无向图 G 中顶点数为 n,则 G 至少有_____条边,至多有_____条边;若 G 为有向图,则至少有_____条边,至多有_____条边。

(2) 图的存储结构主要有两种,分别是_____和_____。

(3) 已知无向图 G 的顶点数为 n,边数为 e,用邻接表存储的空间复杂度为_____。

(4) 已知一个有向图用邻接矩阵表示,计算第 i 个顶点的出度的方法是_____。

(5) 图的深度优先搜索类似于树的_____遍历,它所用到的数据结构是_____;图的广度优先搜索类似于树的_____遍历,它所用到的数据结构是_____。

(6) 如果一个有向图不存在_____,则该图的全部顶点可以排列成一个拓扑序列。

(7) 表示一个有 180 个顶点,2000 条边的有向图的邻接矩阵有_____个非零矩阵元素。

(8) 关键路径是 AOE 网中_____。

(9) AOV 网中顶点 m 发出一条弧指向顶点 n,表示_____。

(10) 在有 n 个顶点的有向图中,每个顶点的度最大可达_____。

(11) 一个图的生成树的顶点包含图的_____个顶点,n 个顶点的生成树有_____条边。

(12) 邻接表和十字链表适合于存储_____图。

(13) Prim 算法适用于求_____网的最小生成树;Kruskal 算法适用于求_____网的最小生成树。

(14) 设无向图 G 中有 n 个顶点、e 条边,则用邻接矩阵作为图的存储结构进行深度优先或广度优先搜索时的时间复杂度为_____;用邻接表作为图的存储结构进行深度优先或广度优先搜索的时间复杂度为_____。

(15) 设无向图 G 中有 n 个顶点、e 条边,所有顶点的度数之和为 m,则 e 和 m 有_____关系。

2. 选择题

(1) 在一个无向图中,所有顶点的度数之和等于所有边数的(　　)倍。

A. 1　　　　　　　B. 2　　　　　　　C. 3　　　　　　　D. 4

(2) 对于一个具有 n 个顶点的无向图,若采用邻接矩阵存储,则该矩阵的大小是

(   )。

A. n　　　　　　　B.$(n-1)^2$　　　　　C. $n-1$　　　　　　D. n^2

(3) 含 n 个顶点的连通图中的任意一条简单路径,其长度不可能超过(   )。

A. 1　　　　　　　B. n/2　　　　　　　C. $n-1$　　　　　　D. n

(4) G 是一个非连通无向图,共有 41 条边,则该图至少有(   )个顶点。

A. 7　　　　　　　B. 8　　　　　　　　C. 9　　　　　　　　D. 10

(5) 最小生成树指的是(   )。

A. 由连通网所得到的边数最少的生成树

B. 由连通网所得到的顶点数相对较少的生成树

C. 连通网的极小连通子图

D. 连通网中所有生成树中权值之和为最小的生成树

(6) 判定一个有向图是否存在回路除了可以利用拓扑排序方法外,还可以用(   )。

A. 求关键路径的方法　　　　　　　B. 求最短路径的方法

C. 广度优先搜索　　　　　　　　　D. 深度优先搜索

(7) 无向图的邻接矩阵是一个(   ),有向图的邻接矩阵是一个(   )。

A. 上三角矩阵　　　B. 下三角矩阵　　　C. 对称矩阵　　　　D. 无规律

(8) 邻接矩阵是图的一种(   )。

A. 顺序存储结构　　　　　　　　　B. 链式存储结构

C. 索引存储结构　　　　　　　　　D. 散列存储结构

(9) 邻接表是图的一种(   )。

A. 顺序存储结构　　　　　　　　　B. 链式存储结构

C. 索引存储结构　　　　　　　　　D. 散列存储结构

(10) 如果从无向图的任意顶点出发进行一次深度优先搜索即可访问所有顶点,则该图一定是(   )。

A. 完全图　　　　　B. 连通图　　　　　C. 有回路　　　　　D. 一棵树

(11) 下面关于图的存储的叙述中,(   )是正确的。

A. 用邻接矩阵法存储图,占用的存储空间数只与图中节点个数有关,而与边数无关

B. 用邻接矩阵法存储图,占用的存储空间数只与图中边数有关,而与节点个数无关

C. 用邻接表法存储图,占用的存储空间数只与图中节点个数有关,而与边数无关

D. 用邻接表法存储图,占用的存储空间数只与图中边数有关,而与节点个数无关

(12) AOV 网和 AOE 网都是一种(   )。

A. 有向图　　　　　B. 无向图　　　　　C. 无向无环图　　　D. 有向无环图

3. 判断题

(1) 一个有向图的邻接表和逆邻接表中的节点个数一定相等。

(2) 用邻接矩阵存储图,所占用的存储空间大小只与图中顶点个数有关,而与图的边数无关。

(3) 无向图的邻接矩阵一定是对称的,有向图的邻接矩阵一定是不对称的。

(4) 对于任意一个图,从某顶点出发进行一次深度优先或广度优先搜索,可访问图的所

有顶点。

（5）在一个有向图的拓扑序列中,若顶点 a 在顶点 b 之前,则图中必有一条弧。

（6）提高关键活动的速度一定能缩短整个工程的时间。

4. 简答题

（1）n 个顶点的无向图,分别采用邻接矩阵和邻接表存储,回答下列问题?

① 图中有多少条边?

② 如何判断任意两个顶点 a 和 b 是否有边相连?

③ 任意一个顶点的度是多少?

（2）已知一个连通图如图 7.37 所示,试给出该图的邻接矩阵和邻接表存储示意图,计算每个顶点的度。若从顶点 v_1 出发对该图进行搜索,分别给出一个按深度优先搜索和广度优先搜索的顶点序列。

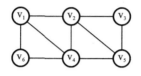

图 7.37　题图 1

（3）图 7.38 所示为一个无向带权图,请分别按 Prim 算法和 Kruskal 算法求最小生成树。

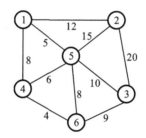

图 7.38　题图 2

（4）已知一个 AOV 网如图 7.39 所示,写出所有拓扑序列。

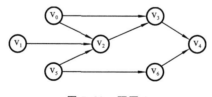

图 7.39　题图 3

（5）图 7.40 所示为带权有向图,求从源点 v_1 到汇点 v_7 的关键路径。

（6）如图 7.41 所示的有向图,利用 Dijkstra 算法求从顶点 v_0 到其他各顶点的最短路径。

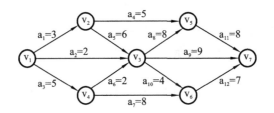

图 7.40　题图 4

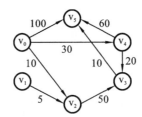

图 7.41　题图 5

5. 算法设计题

（1）将一个无向图的邻接矩阵转换为邻接表。

（2）将一个无向图的邻接表转换成邻接矩阵。

（3）计算图中出度为 0 的顶点个数。

（4）计算图中入度为 0 的顶点个数。

（5）已知一个有向图的邻接表，编写算法建立其逆邻接表。

第8章 查　　找

本章主要知识点

❖ 静态查找表

❖ 动态查找表

❖ 哈希表

查找(又称为检索)是数据处理和软件系统中常用的操作之一。如从电话簿中查找某个电话号码,从学生信息管理系统中查找某个学生的信息并进行后续操作等。

查找是在一个数据元素集合中查找是否存在与某个给定属性值相等的数据元素的过程。每个数据元素都有若干个属性,这些属性值作为查找条件时可以称为关键字。关键字有主次之分,主关键字是指能够唯一标识这个数据元素的关键字,次关键字通常不能唯一区分各个不同的数据元素。

在数据元素集合中按照某个给定关键字进行查找时,如果集合中存在要查找的数据元素,则称为查找成功;如果集合中不存在要查找的数据元素,则称为查找不成功。

查找通常分为静态查找和动态查找等两类。如果在数据元素集合中只查找某个特定的数据元素,但并不进行插入或删除的操作,则称为静态查找;反之,如果在查找的过程中同时插入数据元素集合中不存在的数据元素的操作,或从数据元素集合中删除已经存在的某个数据元素的操作,则称为动态查找。

静态查找时构造的存储结构称为静态查找表,动态查找时构造的存储结构称为动态查找表。哈希(Hash)表既适用于静态查找,又适用于动态查找,并且效率相对比较高。8.1节和8.2节分别介绍典型的静态查找表和动态查找表,8.3节主要介绍哈希表。

8.1　静态查找表

静态查找表主要分为顺序表、有序表、静态树表和索引顺序表几种。

8.1.1　顺序表查找

顺序表中元素结构定义如下:

```
# define MAXSIZE 100
typedef  struct
{
  KeyType  key;
  ……    /* 其他数据域 */
```

```
    }Etype;
typedef  struct
{
    Etype  list[MAXSIZE];
    int size;
}Seqlist;
```

1. 顺序表查找的执行过程

对于给定的关键字,从顺序表的一端开始,逐个和各数据元素的关键字进行比较,如果某个数据元素的关键字与给定的关键字相同,则查找成功;反之,如果所有数据元素的关键字与给定关键字都不相等,则查找不成功。

2. 顺序表查找算法

顺序表查找算法见算法8.1。

算法8.1

```
int SearchSeq(Seqlist S,KeyType t)
{  //在顺序表 S 中查找数据元素 t
   //查找成功,则返回数据元素的位置;不成功,则返回-1
   int i;
   for(i=0;i<S.size;i++)
   if(t==S.list[i].key)
   return i;
   if(i==S.size)
   return-1;
}
```

对于有 n 个数据元素的顺序表,其平均查找长度为

$$ASL = \sum_{i=1}^{n} P_i G_i = P_1 + 2 \times P_2 + \cdots + (n-1) \times P_{n-1} + n \times P_n \tag{8.1}$$

其中,P_i 为查找顺序表中第 i 个元素的概率;G_i 为查找第 i 个元素所需要比较的次数。

当要查找的数据元素在顺序表中出现的概率相等,即 $P_i = 1/n$ 时,顺序表在查找成功时算法的平均查找长度 ASL 为

$$ASL = \sum_{i=1}^{n} P_i G_i = 1 \times P_1 + 2 \times P_2 + \cdots + n \times P_n = \frac{n+1}{2} \tag{8.2}$$

可见顺序表在查找成功时,平均需要查找半个表长的元素。

对于有 n 个数据元素的顺序表,当查找不成功时,需要比较完全部的数据元素才能确定,所以其比较的次数为 n+1。

8.1.2 有序顺序表查找——折半查找

如果顺序表中的元素按关键字已经排序(递增或递减),则此时的查找表称为有序表。有序表的查找效率会更高,有序表查找通常使用折半查找来提高效率。

1. 折半查找的过程

在确定的待查找区间(假定递增),先将待查找元素的关键字和中间位置元素关键字进行

比较,如果相等,则查找成功。否则,如果待查找元素的关键字小于中间元素的关键字,则在前半部分进行查找;如果待查找元素的关键字大于中间元素的关键字,则在后半部分进行查找,重复以上操作,直到查找成功或失败为止。每进行一次该查找过程,查找区间就会缩小一半,因此折半查找又称为二分查找。折半查找仅针对用顺序结构存储的有序表才可操作。

2. 折半查找算法

折半查找算法见算法 8.2。

算法 8.2

```
int SearchBin(Seqlist S,KeyType t)
{ //在有序表 S 中查找数据元素 t,查找成功
  //查找成功,则返回数据元素的位置;不成功,则返回-1
  int mid,low=0,high=S.size-1;
  while(low<=high)
  { mid=(low+high)/2;
    if(t==S.list[mid].key) return mid;
    else if(t> S.list[mid].key) low=mid+1;
    else high=mid-1;
  }
  return -1;
}
```

折半查找除了使用上面循环结构的算法,还可以使用递归结构的算法,因为不管是针对前半区还是后半区的查找,方法都是一样的,同学们课后可自行完成。

当有序表包含 n 个数据元素时,折半查找过程可以对应一棵完全二叉树。该完全二叉树的节点总数为 n,根节点对应中间元素,其左子树对应有序表的前半部分,其右子树对应有序表的后半部分。假定有序表的 n 个数据元素正好对应完全二叉树的所有节点,则有

$$n = 2^0 + 2^1 + \cdots + 2^{k-1} = 2^k - 1 \tag{8.3}$$

该二叉树的深度为

$$k = lb(n+1) \tag{8.4}$$

当要查找的数据元素在有序表中出现的概率相等时,有序表在查找成功时算法的平均查找长度为

$$ASL = \sum_{i=1}^{n} P_i G_i = \frac{1}{n} \sum_{i=1}^{k} 2^{i-1} \times i = \frac{n+1}{n} lb(n+1) - 1 \approx lb\ n \tag{8.5}$$

8.1.3 有序顺序表查找——斐波那契查找

斐波那契数列,又称黄金分割数列,指的是如下数列:1,1,2,3,5,8,13,21,…。在数学上,斐波那契数列采用递归方法定义:$f(0)=1,f(1)=1,f(n)=f(n-1)+f(n-2)(n\geq2)$。该数列越往后,相邻两个数的比值越趋向于黄金比例值(0.618),斐波那契查找就是通过借助斐波那契数列对当前区域进行划分来查找的方法。斐波那契查找的前提是待查找的查找表必须顺序存储且有序,这点与折半查找的要求一样。

斐波那契查找的算法思想:在斐波那契数列中找一个等于或略大于查找表中元素个数

的数 f[k],将原查找表扩展为长度为 f[k]−1(若要补充元素,则补充重复最后一个元素,直到满足数组元素个数为 f[k]−1 个元素),开始进行斐波那契分割,首先将待查关键字与 mid 位置(mid=low+f[k−1]−1)的记录关键字进行比较,如图 8.1 所示。如果相等,则 mid 位置的元素即为所求,查找成功;若待查关键字小于 mid 位置记录关键字,则新的查找范围是第 low 个到第 mid−1 个,此时范围个数为 f[k−1]−1 个;若待查关键字大于 mid 位置记录关键字,则新的查找范围是第 mid+1 个到第 high 个,此时范围个数为 f[k−2]−1 个。在各自范围内再继续使用斐波拉契查找方法查找,直至查找成功或失败。具体算法见算法 8.3。

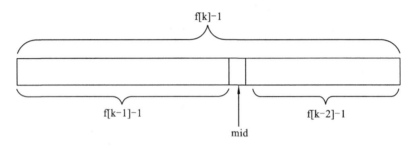

图 8.1　斐波拉契划分示意图

算法 8.3

```
void Fibonacci(int * f)   /* 构造一个斐波那契数组* /
{
  f[0]= 1;
  f[1]= 1;
  for (int i= 2;i< MAXSIZE;+ + i)
    f[i]= f[i- 1]+ f[i- 2];
}
int Fibonacci_Search (Seqlist S,EType t)    /* 定义斐波那契查找法* /
{
  int low= 0,mid,high= S.size- 1;
  int f[MAXSIZE];
  int k= 0;
  Etype* temp;
  Fibonacci(f);          /* 构造一个斐波那契数组 f* /
  while(S.size> f[k]- 1) /* 计算查找表元素个数位于斐波那契数列的位置* /
    + + k;
  temp= (Etype* )malloc((f[k]- 1)* sizeof(Etype));   /* 将原数组扩展到 f[k]- 1
                                                        的长度* /
  memcpy (temp,S.list,S.size* sizeof(Etype));
  for(int i= S.size;i< f[k]- 1;+ + i)
    temp[i]= S.list[S.size- 1];
  while(low< = high)
  {
```

```
    mid= low+ f[k- 1]- 1;
    if(t.key< temp[mid].key)
    {
      high= mid- 1;
      k- = 1;
    }
    else if(t.key> temp[mid].key)
      {
        low= mid+ 1;
        k- = 2;
      }
      else                    /* t.key= temp[mid].key* /
      {
      if(mid< S.size)
        return mid;           /* 若 mid< S.size,则说明 mid 即为查找到的位置* /
      else
        return S.size- 1;/* 若 mid> = S.size,则说明是扩展的数值,返回 S.size- 1* /
      }
    }
    free(temp);
    return- 1;
  }
```

斐波那契查找的时间复杂度与折半查找的一样也为 O(lb n),但就平均性能来说,斐波那契查找的要优于折半查找的。当找分割点 mid 时,折半查找需进行加法与除法运算(mid＝(low＋high)/2),斐波那契查找只进行最简单的加减法运算(mid＝low＋f[k-1]-1),当待查找数据量很庞大时,这种细微的差别就会影响最终的效率。

8.1.4 有序链表查找——跳跃表

跳跃表是一种基于并联的链表的随机化数据结构。

跳跃表是在有序的链表上附加前进链接而形成的,而跳跃跨步是以随机数的方式进行的,所以在查找中可以快速跳过部分元素。

传统意义的单链表是一种顺序存取结构,在有序的单链表中进行查找操作时,因结构特性并不能使用效率较高的折半查找方式,只能顺序查找,需要 O(n)的时间。若使用图 8.2 中所示的跳跃表,就可以大大节约查找所需时间。

一个跳跃表,应该具有以下特征。

(1) 一个跳跃表由若干层(Level)组成;

(2) 跳跃表的第一层包含所有元素;

(3) 每一层都是一个有序链表;

(4) 如果元素 x 出现在第 i 层,则所有比 i 小的层都包含元素 x;

(5) 第 i 层的元素通过一个 down 指针指向下一层具有相同值的元素;

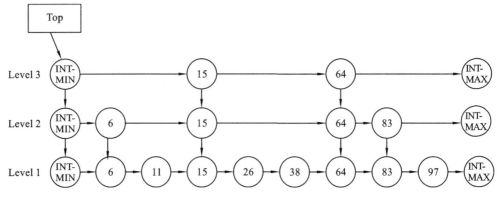

图 8.2　跳跃表

(6)在每一层中,INT_MIN 和 INT_MAX 两个元素都出现,分别作为对应链表的第一个和最后一个元素;

(7)Top 指针指向最高层的第一个元素。

以图 8.2 为例来查找元素 97,具体步骤如下。

(1) 顺着 Top 指针进入最高层 Level 3,与 15 比较,并比 15 大,在 Level 3 中顺着值为 15 的节点的向右指针查找同链表的下一个节点 64。

(2) 与 64 比较,并比 64 大,比链表最大值(INT_MAX)小,顺着值为 64 的节点的往下指针进入下一层 Level 2 继续查找。

(3) 因为比 64 大,在 Level 2 中顺着值为 64 的节点的向右指针查找到同链表的下一个节点 83,与 83 比较,并比 83 大,比链表最大值(INT_MAX)小,顺着值为 83 的节点的往下指针进入下一层 Level 1 继续查找。

(4) 因为比 83 大,在 Level 1 中顺着值为 83 的节点的向右指针查找到同链表的下一个节点 97,与 97 比较,并等于 97,找到了对应节点。

在该结构里,我们把 Level 3{15,64} 作为一级索引,把 Level 2{6,15,64,83} 作为二级索引,多级索引可以加快元素搜索速度。这是典型的"以空间换取时间"的设计思想。

跳跃表按层建造,最底层是一个普通的有序链表,每个更高层都充当下层列表的"快速跑道"。假设层 i 中的元素按某个固定的概率 P 出现在层 i+1 中,平均起来,每个元素都在 $1/(1-P)$ 个列表中出现,而最高层的元素在 $\log_{1/P} n$ 个列表中出现。

要查找一个目标元素,从顶层表开始,依据大小关系沿着每个链表搜索,直到到达小于或等于目标的最后一个元素为此。在每个链表中预期的步数是 $1/P$,所以查找的总体代价是 $O((\log_{1/P} n)/P)$,当 P 是常数时,则与 $O(\text{lb } n)$ 同数量级。

8.1.5　索引顺序表的查找

当顺序表的数据元素个数非常多时,前面所介绍的查找算法因为其时间复杂度均与问题规模成正比,所以查找起来需要很长的时间。为了提高查找效率,可以在顺序表的基础上建立索引表,然后按照有序表的方式来进行查找。

通常将包含所有数据元素的顺序表称为主表,索引表则用于存放主表中所要查找元素的关键字和位置信息。如图 8.3 所示,图中右边的就是包含所有数据元素的主表,图中左边的就是包含相关关键字和位置信息的索引表。

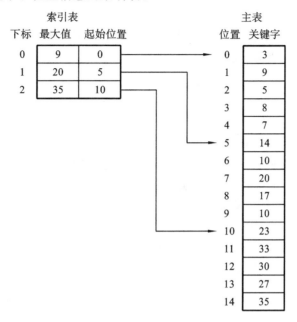

图 8.3　索引顺序表结构图

索引顺序表的构成方式通常是将主表分成若干个部分,然后依次选取该部分关键字的最大值构成索引表。主表中的数据元素通常不要求完全按照关键字有序,因为数据量很大时,要求关键字有序本身就会花费很多时间,因此可以仅要求主表中数据的关键字分段有序,此时所构成的索引表因为选取的是每段的最大值,而主表中数据的关键字分段有序,所以索引表是有序表。

当主表中的数据元素个数非常庞大时,所得到的索引表可能本身也很庞大,此时可按照建立索引表的同样的方法对索引表再继续建立索引表,这样的索引表称为二级索引表。同样的方法还可以在二级索引表上再建立三级索引表。

在索引顺序表上查找的过程:首先将待查数据关键字和索引表中的关键字进行比较,得以确定待查数据所在主表的哪一部分,具体查找方法可以使用顺序查找方法或折半查找方法;然后在主表中所在部分根据顺序查找法进行查找。

综上所述,索引顺序表的查找算法可以分成在主表和索引表两部分中查找。假设索引表的长度为 a,主表中每个子表的长度为 b,如果在这两部分中查找时都使用顺序查找法,则索引顺序表上查找算法的平均查找长度为

$$ASL = (a+1)/2 + (b+1)/2 = (a+b)/2 + 1 \tag{8.6}$$

假设在这两部分中进行查找,查找索引表时用折半查找法,查找主表时使用顺序查找法,则索引顺序表上查找算法的平均查找长度为

$$ASL = lba + (b+1)/2 \tag{8.7}$$

8.2 动态查找表

动态查找表存储结构可以分为二叉树结构和树结构等两种。二叉树结构可以分为二叉排序树和平衡二叉树等两种,树结构可以分为 B_- 和 B_+ 树等。

8.2.1 二叉排序树和平衡二叉树

1. 二叉排序树的定义

二叉排序树或是一棵空树,或是具有如下性质的二叉树:

(1) 若它的左子树非空,则左子树上所有节点的值均小于根节点的值;

(2) 若它的右子树非空,则右子树上所有节点的值均大于根节点的值;

(3) 其左、右子树也是二叉排序树。

图 8.4 所示的为二叉排序树。根据定义可以发现,对二叉排序树进行中序遍历可以得到一个递增序列。这是检查一棵二叉树是否是二叉排序树的一个有效方法。图 8.4(a)所示的二叉排序树的中序遍历得到的序列为 33、37、40、41、43、51、67。

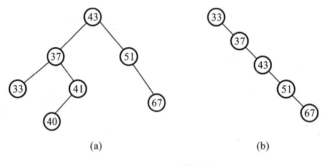

(a)　　　　　　　　(b)

图 8.4　二叉排序树

二叉排序树一般用二叉链表来存储,其节点的结构体定义形式如下:

```
typedef struct node
{
    ElemType data;        //定义数据域
    struct node *lchild;//定义左子指针
    struct node *rchild; //定义右子指针
}BitreeNode;
```

2. 二叉排序树的查找算法及性能分析

二叉排序树的查找,实际就是遍历该二叉排序树,并在此过程中判断要查找的数据元素是否存在。

在二叉排序树上的查找过程:如果二叉排序树非空,先将给定关键字和根节点关键字进行比较,如果相等,则查找成功;如果小于根节点关键字,则在左子树上继续查找;如果大于根节点关键字,则在右子树上继续查找,直到查找成功或失败为止。二叉排序树上的查找分别可以用循环结构和递归结构两种方式实现,这里仅给出循环结构的具体算法(见算法 8.4)。

算法 8.4

```
int SearchBitree(BitreeNode *t,ElemType k)
{   //在根指针 t 所指的二叉排序树上查找数据元素 k 是否存在
    //若查找成功,返回 1;否则,返回 0
    BitreeNode *p;
    if(t!=NULL)
     {
         p=t;
         while(p)
         {
           if(p->data==k) return 1;
           else if(p->data>k) p=p->lchild;
           else p=p->rchild;
           }
     }
     return 0;

}
```

在二叉排序树上的查找,所需比较的次数取决于节点所在的层次数。由于构造二叉排序树时数据元素的输入顺序不一样,所构成的二叉排序树的形态并不是唯一的,从而所构成树的高度也不同。在图 8.4(a)中,要查找 43 只需要比较 1 次,而在图 8.4(b)中,要查找 43 需要进行 3 次比较。假定二叉排序树每个数据元素的查找概率相等,图 8.4(a)所示二叉排序树查找成功时的平均查找长度为

$$\mathrm{ASL} = \frac{1}{7}(1 \times 1 + 2 \times 2 + 3 \times 3 + 4 \times 1) = 2.57$$

图 8.4(b)所示二叉排序树查找成功时的平均查找长度为

$$\mathrm{ASL} = \frac{1}{5}(1 \times 1 + 2 \times 1 + 3 \times 1 + 4 \times 1 + 5 \times 1) = 3$$

有 n 个节点的二叉排序树的平均查找长度和树的形态有关,当二叉排序树是一棵单分支斜树时,其平均查找长度和有序顺序表的查找长度相同,为(n+1)/2,这是最坏的情况。当二叉排序树是完全二叉树时,其平均查找长度和折半查找的查找长度相同,为 lb n,为较优情况。

3. 二叉排序树的插入算法

二叉排序树的插入操作,先要判断该数据元素是否存在,如果存在,则不进行插入操作;否则,将该数据元素插入到查找路径上访问的最后一个节点的左孩子或右孩子上。插入后仍要保持二叉排序树的特性。

在二叉排序树上的插入过程:如果二叉排序树非空,先将给定关键字和根节点关键字进行比较,如果相等,则停止插入操作并返回;否则,如果小于根节点关键字,则在左子树上搜索合适位置插入该元素;如果大于根节点关键字,则在右子树上搜索合适位置插入该元素,具体算法见算法 8.5。

算法 8.5

```
int InsertBitree(BitreeNode *t,ElemType k)
```

```
{   /*在根指针 t 所指的二叉排序树上查找数据元素 k 是否存在,如果存在,则返回 0;
   否则,把 k 作为新节点插入左子树或右子树中*/
   BitreeNode *p=t,*q= NULL;        //p 指向根节点
   while(p!=NULL)                   //查找插入位置
      {
         if(p->data==k) return 0;//已存在关键字 k,直接返回 0
         q=p;                        //指针 q 用于保存当前查找的节点
         if(p->data<k) p=p->rchild;
         else  p=p->lchild;
      }
   /*生成新节点*/
   p=(BitreeNode *)malloc(sizeof(BitreeNode));
   p->data=k;
   p->rchild=NULL;
   p->lchild=NULL;
   if(q==NULL) *t=p;
   else if(k <q->data)  q->lchild=p;
   else  q->rchild=p;
   return 1;
}
```

如果给定关键字集合为{43,37,51,33,41,40,67},调用以上二叉排序树的插入算法可以依次构造一棵二叉排序树,则生成的二叉排序树如图 8.5 所示。

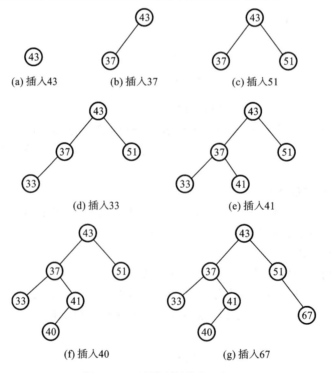

图 8.5　二叉排序树的插入操作

4．二叉排序树的删除算法

二叉排序树的删除操作，相当于删除数据元素集合中的一个元素，不能将以该节点为根的子树都删掉，只能删除该节点，并且删除该节点后剩下的数据元素构成的仍然要求是一棵二叉排序树。

二叉排序树上的删除过程：如果二叉排序树非空，则在该二叉排序树中查找给定数据元素是否存在，如果不存在，则返回；如果存在，则按以下四种方法分别进行不同的操作。

（1）要删除的节点为叶子节点，则直接将其删除。

（2）要删除的节点只有左子树，删除该节点并使被删除节点的双亲节点指向被删除节点的左子节点。

（3）要删除的节点只有右子树，删除该节点并使删除节点的双亲节点指向被删除节点的右子节点。

（4）要删除的节点既有左子树，又有右子树。首先找出要删除节点右子树的最左节点，然后用找到的该最左节点替换要删除的数据元素，最后以最左节点为参数继续调用删除函数。简而言之，该问题的实质是删除要删节点右子树的最左节点。

如图 8.6 所示的是删除二叉排序树节点的四种情况（图中虚线箭头表示要删除节点）。

5．平衡二叉树

在对二叉排序树进行操作时，为了防止最坏的情况（单枝斜树）出现，希望找到一种调节机制，对于任意的插入操作，都能得到一棵形态匀称的二叉排序树，这就是平衡二叉树。

平衡二叉树或是一棵空树，或是具有如下性质的二叉树：它的左、右子树都是平衡二叉树，并且任意节点的左、右子树深度之差的绝对值不大于 1。

节点的左、右子树深度之差称为该节点的平衡因子。图 8.7 所示的是一棵平衡二叉树，图 8.8 所示的则不是一棵平衡二叉树，因为 43 所在节点的平衡因子为 2。

平衡二叉树的构造方法：在构造二叉排序树时，如果插入一个新的节点后，其节点的平衡因子的绝对值超过 1，则采用平衡旋转技术来进行调整，使该二叉树所有节点的平衡因子的绝对值不超过 1。

设节点 A 为失去平衡的最小子树根节点，对该子树进行平衡化调整归纳起来有以下四种情况。

（1）LL 型调整：在 A 的左子的左子树上插入节点，使得节点 A 的平衡因子从 1 变成 2。

图 8.9(a) 所示的为插入前的子树。其中，B 为节点 A 的左子树，B 的高度为 h+1，A 的右子树的高度为 h。图 8.9(a) 所示二叉树是平衡二叉树。

在图 8.9(a) 所示的平衡二叉树上插入节点 x，如图 8.9(b) 所示。节点 x 插入在节点 B 的左子树上，导致节点 A 的平衡因子绝对值大于 1，以节点 A 为根的二叉树失去平衡。

调整后的子树除了各节点的平衡因子绝对值不超过 1 外，还必须保证仍是二叉排序树。如何调整呢？节点 B 的值小于节点 A 的值，B_R 的值大于节点 B 的值但小于节点 A 的值，所以以节点 B 为轴向右旋转，将 B 调整为当前二叉树的根，节点 A 作为节点 B 的右子树，B_R作为节点 A 的左子树，此时又形成平衡二叉树，如图 8.9(c) 所示。

（2）RR 型调整：在 A 的右子的右子树上插入节点，使得节点 A 的平衡因子从 -1 变成 -2。

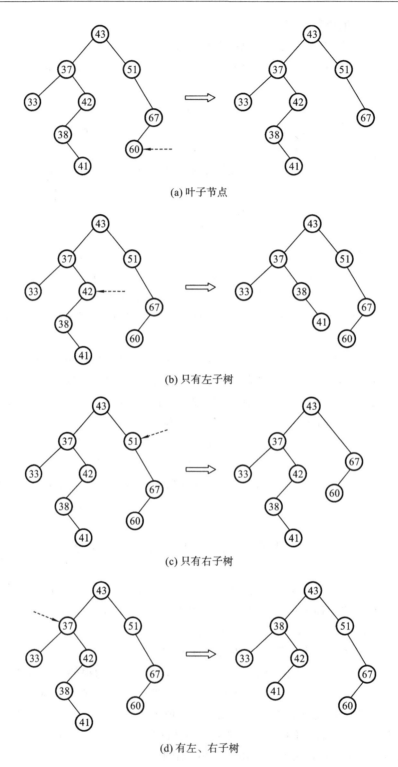

(a) 叶子节点

(b) 只有左子树

(c) 只有右子树

(d) 有左、右子树

图 8.6　二叉排序树的删除操作

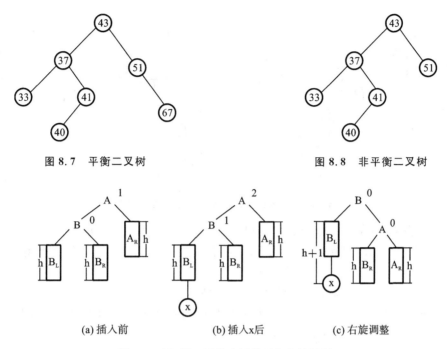

图 8.7 平衡二叉树　　　　　　　　　　图 8.8 非平衡二叉树

(a) 插入前　　　　　　　　(b) 插入x后　　　　　　　　(c) 右旋调整

图 8.9 LL 型二叉排序树的平衡旋转图例

RR 型调整与 LL 型调整类似,可采用与之对称的方式(以 B 为轴向左旋转的方式)来调整,平衡旋转如图 8.10 所示。

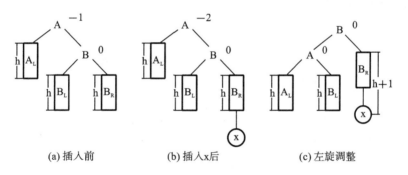

(a) 插入前　　　　　　　　(b) 插入x后　　　　　　　　(c) 左旋调整

图 8.10 RR 型二叉排序树的平衡旋转图例

(3) LR 型调整:在 A 的左子的右子树上插入节点,使得节点 A 的平衡因子从 1 变成 2。

图 8.11(a)所示的为插入前的子树,根节点 A 的左子树比右子树高度高 1,待插入节点 x 将插入节点 B 的右子树上,并使节点 B 的右子树的高度增加 1,从而使节点 A 的平衡因子的绝对值大于 1,导致以节点 A 为根的子树的平衡被破坏,如图 8.11(b)所示。

沿插入路径检查三个点 A、B、C,若它们呈“<”字形,需要进行先左旋、后右旋调整:

① 对节点 B 为根的子树,以节点 C 为轴逆时针旋转,节点 C 成为该子树的新根,如图 8.11(c)所示。

② 由于旋转后,待插入节点 x 相当于插入以节点 B 为根的子树上,这样 A、C、B 三点处于与“/”同一个方向,故要做右旋调整,即以节点 C 为轴顺时针旋转,如图 8.11(d)所示。

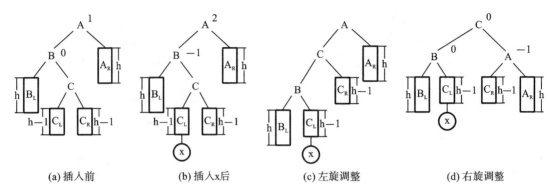

| (a)插入前 | (b)插入x后 | (c)左旋调整 | (d)右旋调整 |

图 8.11 LR 型二叉排序树的平衡旋转图例

(4) RL 型调整:在 A 的右子的左子树上插入节点,使得节点 A 的平衡因子从−1 变成−2。RL 型调整和 LR 型调整对称,可采取先右旋、后左旋的调整方式使之平衡,同学们可自行完成。

假设以 N_k 表示深度为 h 的平衡树中含有的最少节点数。显然,$N_0=0$,$N_1=1$,$N_2=2$,并且 $N_k=N_{k-1}+N_{k-2}+1$,这个关系和斐波那契序列极为相似。利用归纳法容易证明当 h$\geqslant 0$ 时,$N_k=F_{k+2}-1$,而 $F_k \approx \phi^k/\sqrt{5}$(其中 $\phi=(1+\sqrt{5})/2$),则 $N_k \approx \phi^{k+2}/\sqrt{5}-1$。反之,含有 n 个节点的平衡树的最大深度为 $lb\phi[\sqrt{5}(n+1)]-2$,因此,在平衡树上进行查找的时间复杂度为 O(lbn)。

8.2.2 B_ 树和 B_+ 树

1. B_ 树的定义

一棵 m 阶的 B_ 树,或是空树,或是具有以下性质的 m 叉树。

(1) 树中每个节点至多有 m 棵子树。

(2) 若根节点不是叶子节点,则根节点至少有 2 个子节点。

(3) 除根节点外,其他节点至少有⌈m/2⌉个子节点(⌈m/2⌉表示上取整)。

(4) 每个节点的信息为

$$(n,P_0,K_1,P_1,K_2,P_2,\cdots,K_n,P_n)$$

其中,n 为该节点中关键字的个数;$K_i(i=1,\cdots,n)$ 为该节点的关键字,且满足条件 $K_i<K_{i+1}$;$P_i(i=1,2,\cdots,n)$ 为指向该节点子节点的指针,且 P_{i-1} 指针所指节点的关键字均不大于 K_i;P_i 所指子树所有节点的关键字均大于 K_n。

(5) 所有叶子节点都在同一层上,并且指针域为空。

如图 8.12 所示的是一棵三阶 B_ 树,树中每个节点的关键字都是有序排列的,所有的叶子节点都在同一个层次,该树中每个节点最多有 3 个分支、2 个关键字。

2. B_ 树的查找

在 B_ 树和二叉排序树上进行查找的不同之处在于,二叉排序树上的节点只含有 1 个关键字和 2 个指针,而 B_ 树上的节点则可以含有(m−1)个关键字和 m 个指针。

在 B_ 树上进行查找的过程:将数据元素关键字与根节点的 n 个关键字逐个进行比较,

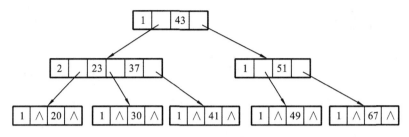

图 8.12 一棵三阶 B_ 树

如果相等,则查找成功返回;否则,将沿着指针继续查找节点。例如,在图 8.12 所示的 B_ 树中查找值为 49 的节点,首先从根节点开始,根据其指针找到第一个节点,该节点只有一个关键字,其值为 43,小于 49,因此对该节点的右子树进行查找。右子树的第一个节点也只有一个关键字,其值为 51,大于 49,因此继续对该节点的左子树查找。左子树只有一个关键字,其值正好为 49,与待查找关键字相同,查找成功。

如果在查找的过程中某个节点存在多个关键字,而待查找关键字 K 在某 2 个给定关键字中间($K_i < K < K_{i+2}$),应该沿着指针 P_i 继续查找,直到查找成功或失败为止。

3. B_ 树的插入

B_ 树的生成可以从空树开始,通过逐个插入关键字得到。根据 B_ 树的特点,其关键字的个数必须至少为 $\lceil m/2 \rceil - 1$,但又不能超过 m−1。每次插入时总是根据其大小在最底层某个叶子节点上添加一个关键字,如果该节点的关键字个数小于 m−1,则直接插入,如果发现新插入关键字后,关键字总数超过 m−1,则该节点必须分裂,具体"分裂"过程如下。

(1) 假设节点 q 当中已经有(m−1)个关键字,再插入一个关键字后(插入后仍要求保持关键字升序排列)就有 m 个关键字了,必须"分裂"。可以以 $\lceil m/2 \rceil$ 为界,将节点 q 分裂为 q 和 q′,前面($\lceil m/2 \rceil - 1$)个关键字所构成的一部分由 q 指向,后面一部分则由 q′ 指向,然后将关键字 $K_{\lceil m/2 \rceil}$ 和指向 q′ 的指针一起插入 q 的双亲节点中去。

(2) 检查双亲节点,如果双亲节点中也出现了第(1)步的情况,则回到第(1)步继续执行对应"分裂"动作,直到最终符合要求为止不再"分裂",树的深度增加是随着插入而自下向上生长的过程。

图 8.13 所示的为三阶 B_ 树的插入操作,因为是三阶,所以每个节点中的关键字个数至少有 1 个,最多有 2 个。图 8.13(a)所示的是插入 30 后的状态,方法是首先查找到叶子节点,查找失败,且该叶子节点内只有一个关键字 37,所以可以把关键字 30 直接插入该节点。图 8.13(b)所示的是插入 33 后分裂前的状态,此时查找到叶子节点,查找失败,直接将关键字 33 插入该叶子节点,但是该叶子节点有 3 个关键字、4 个分支,不满足三阶 B_ 树的定义,超过了其关键字个数的上限,因此需要分裂该叶子节点。图 8.13(c)所示的是分裂后的状态,首先以中间关键字 33 将该节点分解为 2 个节点(分别为 30 和 37),然后将关键字 33 上移至其双亲节点,因为原双亲节点只有 1 个关键字,插入关键字 33 后为 2 个关键字,满足三阶 B_ 树定义,因此插入成功。

4. B_ 树的删除

B_ 树上的删除过程:首先判断要删除的关键字是否存在,如果不存在,则直接返回;否

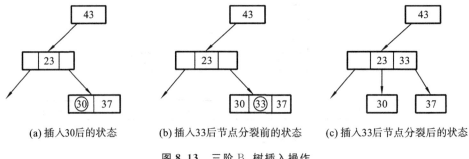

(a) 插入30后的状态 (b) 插入33后节点分裂前的状态 (c) 插入33后节点分裂后的状态

图 8.13 三阶 B- 树插入操作

则,可分为在叶子节点上删除关键字和在非叶子节点上删除关键字两种情况来分析。

1) 在叶子节点上删除关键字

由于 B- 树对节点关键字个数有要求,所以在叶子节点上删除关键字,可以按以下三种不同情况分别进行处理。

(1) 被删除节点关键字数目不小于$\lceil m/2 \rceil$,则只需直接删除该关键字,该节点的关键字数目不小于$\lceil m/2 \rceil -1$。

(2) 被删除节点关键字数目等于$\lceil m/2 \rceil -1$,相邻的左、右兄弟关键字数目至少有一方不小于$\lceil m/2 \rceil$,则可以向左、右兄弟借关键字:如果右兄弟关键字数目不小于$\lceil m/2 \rceil$,则将右兄弟中最小的关键字上移到双亲节点中,然后将双亲节点中紧靠在上移关键字左边的那一个关键字移动到被删除关键字所在的节点的最右边;如果左兄弟的关键字数目不小于$\lceil m/2 \rceil$,则将左兄弟中最大的关键字上移到双亲节点中,然后将双亲节点中紧靠在该上移关键字右边的那一个关键字移动到被删除关键字所在的节点的最左边。该处理方式类似于减法运算中的借位操作。

(3) 被删除节点关键字数目等于$\lceil m/2 \rceil -1$,相邻的左、右兄弟关键字数目均等于$\lceil m/2 \rceil -1$,则不可以向左、右兄弟借关键字,那么就只能向双亲节点借关键字进行补充,可以参考非叶子节点的删除操作。

2) 在非叶子节点上删除关键字

在非叶子节点上删除关键字,可以按以下两种不同情况分别进行处理。

(1) 被删除节点关键字数目不小于$\lceil m/2 \rceil$,则删除关键字后,将原来关键字的左、右孩子进行合并:如果合并后的节点的关键字数目满足 B- 树的性质,则结束;如果合并后的节点的关键字数目大于 $m-1$,则需要再进行一次分裂,将其中值居中的一个关键字移到当前节点中。

(2) 被删除节点关键字数目等于$\lceil m/2 \rceil -1$,相邻的左、右兄弟关键字数目均为$\lceil m/2 \rceil -1$,则删除该关键字之后首先判断能否从被删除的关键字的左、右孩子中寻找关键字进行补充:如果其左、右孩子的关键字数目均为$\lceil m/2 \rceil -1$,且此节点已经是根节点,则直接将被删除关键字的左、右孩子节点合并即可;如果此节点并不是根节点,则从自己的双亲节点补充关键字,然后重复第(1)步和第(2)步的操作。

5. B₊ 树的定义

B₊ 树是应文件系统所需而产生的一种 B- 树的变形树。

1) 一棵 B+ 树满足的条件

(1) 每个分支节点至多有 m 棵子树。

(2) 除根节点外,其他每个分支节点至少有 $\lfloor (m+1)/2 \rfloor$ 棵子树。

(3) 根节点至少有 2 棵子树,至多有 m 棵子树。

(4) 有 n 棵子树的节点有 n 个关键字。

(5) 所有叶子节点包含全部(数据文件中记录)关键字及指向相应记录的指针(或存放数据文件分块后每块的最大关键字及指向该块的指针),而且叶子节点按关键字大小顺序链接(可以把每个叶子节点看成是一个基本索引块,它的指针不再指向另一级索引块,而是直接指向数据文件中的记录)。

(6) 所有分支节点(可看成是索引的索引)中仅包含各个子节点(下级索引的索引块)中最大关键字及指向子节点的指针。

图 8.14 所示的就是一棵四阶 B+ 树。

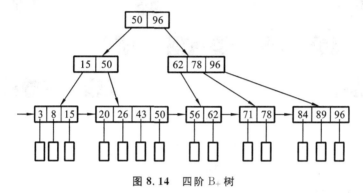

图 8.14 四阶 B+ 树

2) 在 B+ 树中可以采用的两种查找方式

(1) 直接从最小关键字开始进行顺序查找。

(2) 从 B+ 树的根节点开始随机查找。这种查找方式与 B− 树的查找方法相似,只是当分支节点上的关键字与查找值相等时,查找不结束,直到查找到叶子节点为止,此时若查找成功,则按所给指针取出对应记录即可。

因此,在 B+ 树中,不管查找成功与否,每次都是经过了一条从根节点到叶子节点的路径。

3) m 阶的 B+ 树和 m 阶的 B− 树的区别

(1) 在 B− 树中,有 m 棵子树的节点中含有(m−1)个关键字;而在 B+ 树中,有 m 棵子树的节点中含有 m 个关键字。

(2) 在 B+ 树中,所有的叶子节点中包含了全部关键字的信息,及指向包含这些关键字记录的指针,且叶子节点本身依关键字的大小自小而大顺序链接。

(3) 在 B+ 树中,所有的非叶子节点可以看成是索引部分,节点中仅含其子树(根节点)中的最大(或最小)关键字。

通常在 B+ 树上有 2 个头指针,一个指向根节点,一个指向关键字最小的叶子节点。

8.2.3 红黑树

红黑树是一种平衡的二叉查找树，它的每个节点包含 5 个域，分别为 color、key、left、right 和 parent。color 用来表示节点的颜色，对应值为 RED 或者 BLACK；key 为节点的 value 值；left、right 为该节点的左右孩子指针，如果没有孩子，则对应域为 NIL；parent 也是一个指针，指向该节点的父节点。图 8.15 表示的就是一棵红黑树，NIL 代表空。

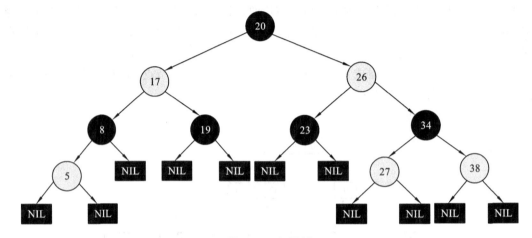

图 8.15 红黑树

红黑树具有红黑性质，一般包含以下 5 个方面。

(1) 每个节点或者是红的，或者是黑的；

(2) 根节点是黑的；

(3) 每个叶节点(NIL)是黑的；

(4) 如果一个节点是红的，则它的两个孩子都是黑的；

(5) 对每个节点，从该节点到其他子孙节点的所有路径上包含相同数目的黑节点。

这 5 个性质突显出红黑树的关键性质：从根到叶子的最长可能路径长度不大于最短可能路径长度的 2 倍。性质(4)意味着任何一条简单路径上不能有 2 个毗连的红色节点，这样，最短可能路径全是黑色节点，最长可能路径有交替的红色和黑色节点。同时由性质(5)可以知道，所有最长路径都有相同数目的黑色节点，这就表明没有路径的长度能大于任何其他路径长度的 2 倍。

红黑树仍是一棵二叉查找树，故红黑树的查找操作与普通二叉查找树的查找操作相同。但是，在红黑树上进行插入操作和删除操作可能会导致不再符合红黑树的性质，因而需要调整恢复。恢复红黑树的性质需要少量的颜色变更和不超过三次树旋转。虽然插入操作和删除操作很复杂，但操作时间仍可以保持为 O(lb n)。

插入操作简单概括为以下几步。

(1) 查找待插入元素的插入位置；

(2) 将新节点的 color 赋为红色(RED)；

(3) 自下而上重新调整该树为红黑树。

删除操作简单概括为以下几步。

（1）查找待删除节点的位置；

（2）用待删除节点的后继节点替换该节点（只进行数据替换，不调整指针，后继节点是中序遍历中紧挨着该节点后的节点，即其右子的最左子节点），删除该后继节点；

（3）如果待删除节点的替换节点为黑色，则需重新调整该树为红黑树。

8.3　哈希表

8.3.1　什么是哈希表

前面所介绍的各种查找方法都依赖比较操作，数据元素的关键字和所存放的位置没有固定关系，其查找效率完全取决于查找过程中比较的次数。如果能够构建一种存储方式，使数据元素的关键字和所存放的位置之间存在某种对应关系，那么在查找时，可以根据给定的对应关系来得到所要查找元素的存储位置，从而可以一次定位，以提高查找效率。哈希最早提出了这样的存储结构，因此后来就将这样的存储结构称为哈希表或哈希存储结构。

哈希表是一种重要的查找技术，既适用于静态查找，又适用于动态查找，并且查找效率非常高。

哈希表的构造过程：对于要存储的 m 个数据元素，需要确定一个哈希函数 $H(k)$，把要存储元素的关键字 k 按照该函数进行计算，得到该元素的存储地址，并将该数据元素存储到存储地址对应的内存单元中。哈希函数 $H(k)$ 实质上是关键字 k 到内存单元的映射，因此哈希表又称为散列表。

例如，假定存在数据元素集合 $a = \{78,7,99,13,25,53,59,30\}$，可这样来构造哈希表，取内存单元长度为 99，此时可以取 $H(k) = k$，即直接按照数据元素的值将其存放到相对应的内存单元中。此时，虽然能通过哈希函数在查找过程中很快地找到相对应的数据元素，但是，在 99 个内存单元中只存放 8 个数据元素，其存储单元的利用率很低。因此，可以考虑适当地减少内存单元个数 n。如果内存单元的个数为 11，此时取哈希函数 $H(k) = k \bmod n$，即用关键字 k 除以 n 得到的余数作为存储地址，则有

$H(78) = 1$　　　$H(7) = 7$　　　$H(99) = 0$　　　$H(13) = 2$

$H(25) = 3$　　　$H(53) = 9$　　　$H(59) = 4$　　　$H(30) = 8$

因此，数据元素在内存中的存储位置分别为 1、7、0、2、3、9、4、8。可见改变哈希函数后，11 个内存单元利用了 9 个，大大提高了利用率。

如果内存单元个数 n 为 9，此时仍取哈希函数 $H(k) = k \bmod n$，则有

$H(78) = 6$　　　$H(7) = 7$　　　$H(99) = 0$　　　$H(13) = 4$

$H(25) = 7$　　　$H(53) = 8$　　　$H(59) = 5$　　　$H(30) = 3$

此时，因为有 $H(7) = H(25) = 7$，因而产生了冲突。

如上所述，把构造哈希表时由于关键字 $k_1 \neq k_2$，且有 $H(k_1) = H(k_2)$ 的情况称为哈希冲突。通常，将这种由于关键字不同而哈希地址相同的数据元素称为同义词，由同义词引起的冲突称为同义词冲突。在构造哈希表时，同义词冲突通常是很难避免的，这时应通过哈希冲

突函数来产生一个新的地址，使关键字不相同的数据元素的哈希地址不同。哈希冲突函数所产生的哈希地址仍可能有哈希冲突问题，此时应再使用下一个冲突函数得到新的哈希地址，直到不存在哈希冲突为止，因此哈希冲突函数通常是一组函数。

综上所述，在构造哈希表时，除了要选择一个"好"的哈希函数外，还要找到一种有效处理冲突的方法。

8.3.2 哈希函数的构造方法

常用的哈希函数构造方法有直接定址法、除留余数法、数字分析法和平方取中法等。对于关键字为数字的数据元素，通常可以直接使用上述方法；而对于非数字关键字，通常要先对其进行数字化处理。

1. 直接定址法

直接定址法是将数据元素的关键字或关键字的某个线性函数值作为哈希地址的方法。直接定址法的哈希函数 H(k) 为

$$H(k)=C\times k+T$$

其中，C、T 为常数。

前面例子介绍的数据元素集合 a＝{78,7,99,13,25,53,59,30} 中，如果使用直接定址法，其关键字为 2 位整数，因此需要使用 99 个内存单元，而实际只存放了 8 个数字。可见，使用直接定址法非常方便和简单，但是有可能会造成内存单元的大量浪费。

2. 除留余数法

除留余数法是用数据元素的关键字除以哈希表长度得到的余数作为哈希地址的方法。除留余数法的哈希函数 H(k) 为

$$H(k)=k \bmod n$$

其中，n 为哈希表长度。

除留余数法计算简单，是经常用到的一种哈希函数。除留余数法的关键是如何选取哈希表的长度 n，如果长度 n 选取得不好，就容易产生冲突。前面介绍的数据元素集合 a＝{78,7,99,13,25,53,59,30}，当长度 n 取 11 时，不会产生哈希冲突；但是当 n 取 9 时，就会产生哈希冲突。通常情况下，哈希表的长度 n 习惯选取质数，确定了数据元素个数后，哈希表的长度 n 一般选取比该数略大的质数，这样可以有效减少哈希冲突的发生。

3. 数字分析法

数字分析法是在对数据元素关键字中的数字进行分析的基础上，选取关键字中的部分数字作为哈希地址的方法。数字分析法适用于哈希表中数据元素关键字都已知的情况。

例如，要处理如下所示一组学生的学号：

201061310　201061421　201061571　201061285　201061713
201061337　201061222　201061833　201061603　201061314

通过分析可以发现，该组学号的前 7 位取值分布相对比较集中，剩下的后 2 位取值分布较均匀，可以直接使用学号的最后 2 位作为哈希地址，则不易产生哈希冲突，所以这 10 个关键字的哈希地址分别为 10、21、71、85、13、37、22、33、03、14。

4. 平方取中法

平方取中法是在对数据元素关键字进行平方运算后取中间某几位作为哈希地址的方法。如果关键字的几位数字很难分析,取关键字中的某几位都会不太合适,这时可以先将关键字进行平方运算,然后再观察结果,取其中的某几位作为哈希地址。这是因为取平方后中间几位和关键字中的每一位都有关系,因此不同的关键字会以较高的概率产生不同的哈希地址。

例如,给定一组关键字 {21062403,21072504,21062303,24032106,25042107,23032106},对该组数据进行分析,很难选取某几位作为哈希地址。此时可以对这些关键字进行平方运算,以扩大数字间的差别,然后再选择其中分布比较均匀的 8、9 两位作为哈希地址,如表 8.1 所示。

表 8.1 平方取中法构造哈希表

关键字	关键字的平方	哈希地址
21062403	443624820134409	20
21072504	444050424830016	24
21062303	443620607663809	07
24032106	577542118795236	18
25042107	627107122999449	22
23032106	530477906795236	06

8.3.3 处理冲突的方法

在实际应用中,不管哈希函数设计得如何好,哈希冲突通常是不可避免的。所以,构造哈希表时必须考虑采用某种方法来有效地解决冲突,常用的解决冲突的方法有开放定址法和链表法两大类。

1. 开放定址法

用开放定址法解决冲突的过程:当冲突发生时,使用某种探测方法,沿哈希表序列逐个单元查找,直到找到一个空闲的内存单元为止。

在开放定址法中,如果计算得到某个数据元素的哈希地址为 a,此时正好已有一个数据元素存放在内存单元 a 中,该数据元素通过哈希冲突函数映射到内存单元 b,此时内存单元 b 中无数据元素存放,就可将该数据元素存放到内存单元 b 中。如果此时内存单元 b 已被占用,而无法完成该数据元素的存放,就需要用哈希冲突函数继续映射到不同的内存单元中。

开放定址法的方法很多,以下介绍常用的三种。

1) 线性探测再散列法

线性探测再散列法的公式为

$$D_i = [H(k) + d_i] \bmod m \tag{8.8}$$

其中,$H(k)$ 为哈希函数;m 为哈希表长度;d_i 为增量序列,d_i 取 $1, 2, 3, \cdots, m-1$。

线性探测再散列法的基本过程:若数据元素在存储地址 D 上发生冲突,则放到存储地址(D+1)％ m 中;若又发生冲突,则放到存储地址(D+2)％ m 中;若再发生冲突,则放到存储地址(D+3)％ m 中,直到碰到第一个为空的存储地址(D+i)％ m,并将数据元素存放在该存储地址中为止。

线性探测再散列法容易产生堆积问题,因为当出现多个同义词后,假设第一个同义词占用内存单元 a,后面的同义词将依次占用其后的内存单元,容易再次产生冲突,这就是常说的"二次聚集"。

2) 二次探测再散列法

二次探测再散列法的公式为

$$D_i = [H(k) + d_i] \bmod m \tag{8.9}$$

其中,H(k)为哈希函数;m 为哈希表长度;d_i为增量序列,d_i取 $1^2, -1^2, 2^2, -2^2, 3^2, -3^2, \cdots$。

二次探测再散列法的基本过程:若数据元素在存储地址 D 上发生冲突,则存放到存储地址(D+1^2)％ m 中;若又发生冲突,则存放到存储地址(D+-1^2)％ m 中;若再发生冲突,则存放到存储地址(D+2^2)％ m 中,直到碰到第一个为空的存储地址(D+k^2)％ m,并将数据元素存放到该存储地址中为止。

在进行二次探测再散列时,可以采用另外一种探测法,即 d_i 取 $1^2, 2^2, 3^2, \cdots, k^2$,当所得到的地址值不小于 m 时,需要对地址值进行取模运算。由于二次探测再散列的探测跨步相对较大,因此可在一定程度上避免产生堆积问题。

3) 伪随机数探测再散列法

伪随机数探测再散列法的公式为

$$D_i = [H(k) + d_i] \bmod m \tag{8.10}$$

其中,H(k)为哈希函数;m 为哈希表长度;d_i为增量序列,d_i取一个伪随机数序列。

伪随机数探测再散列法的基本过程:若数据元素在存储地址 D 上发生冲突,则存放到加一个随机数的地址上;若又发生冲突,则继续加下一个随机数;直到碰到第一个为空的存储地址,并将数据元素存放到该存储地址中为止。

由于伪随机数探测再散列的探测步长是随机的,因此也能在一定程度上有效解决堆积问题。

2. 链表法

链表法处理哈希冲突的过程:如果没有发生哈希冲突,则直接存放该数据元素;如果发生哈希冲突,则把发生冲突的同义词采用单链表的方式链接起来。单链表中的每个节点由系统动态分配产生,每个节点包括一个数据域和一个指针域,数据域直接存放该数据元素,哈希地址相同的所有元素存放在以该哈希地址为表头指针的单链表中。

例 8.1 已知一组关键字为{32,40,36,53,16,46,71,27,42,24,49,64}。要求哈希函数采用除留余数法,解决哈希冲突方法采用链表法,并为不同的同义词冲突建立不同的链表。

解 由于数据元素集合中有 12 个元素,故取哈希表的内存单元个数 m 为 13,哈希函数为 H(k)＝k mod 13,此时有

H(32)＝6　　　　　　　　H(40)＝1
H(36)＝10　　　　　　　　H(53)＝1(同义词冲突)

H(16)＝3   H(46)＝7

H(71)＝6(同义词冲突)   H(27)＝1(同义词冲突)

H(42)＝3(同义词冲突)   H(24)＝11

H(49)＝10(同义词冲突)   H(64)＝12

则采用链表法得到的哈希表如图 8.16 所示,元素插入单链表时总是插在表头作为第一个节点。

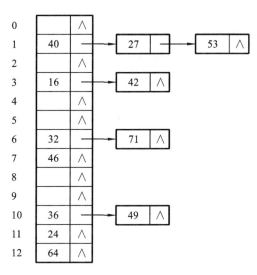

图 8.16　用链表法解决冲突的哈希表

8.3.4　哈希表的查找及性能分析

哈希表的查找过程基本上和构造哈希表的过程相同。一些关键字可通过哈希函数转换的地址直接找到,另一些关键字在哈希函数得到的地址上产生了冲突,需要按处理冲突的方法进行查找。在介绍的多种处理冲突的方法中,产生冲突后的查找仍然是给定值与关键字进行比较的过程。所以,对哈希表查找效率的量度,依然用平均查找长度来衡量。

例 8.1 中的平均查找长度为 $ASL(12)＝(1×7＋2×4＋3×1)/12＝18/12$。

在查找过程中,关键字的比较次数取决于产生冲突的多少,产生的冲突少,查找效率就高,产生的冲突多,查找效率就低。因此,影响产生冲突多少的因素,也就是影响查找效率的因素。影响产生冲突多少有以下三个因素:

(1) 哈希函数是否均匀;

(2) 处理冲突的方法;

(3) 哈希表的装填因子。

哈希表的装填因子定义为

$$\alpha＝填入表中的元素个数/哈希表的长度$$

其中,α 是哈希表装满程度的标志因子。由于表长是定值,α 与“填入表中的元素个数”成正比,所以,α 越大,填入表中的元素较多,产生冲突的可能性就越大;α 越小,填入表中的元素较少,产生冲突的可能性就越小。

实际上,散列表的平均查找长度是装填因子 α 的函数,只是不同处理冲突的方法有不同的函数。

小　　结

本章主要介绍了查找和查找表的概率、查找表分类的实际依据,并分别重点讨论了静态查找表与动态查找表等,如顺序查找、折半查找、索引查找、二叉排序树、B_树等常用查找方式的实现方法。同时,把哈希表作为动态查找表的一种典型实现方法进行了描述。重点讨论了哈希函数的构造和哈希冲突函数的选择,除此之外还对其常用运算的实现及效率进行了分析。

习　题　8

1. 填空题

(1) 可以唯一地标识一个记录的关键字称为_____。

(2) 已知有序表为(12,18,24,35,47,50,62,83,90,115,134),当用二分法查找 90 时,需要_____次才能查找成功;当查找 47 时,需要_____次才能查找成功;当查找 100 时,需要_____次才能确定不成功。

(3) 在一棵 m 阶 B_树中,若在某节点中插入 一个新关键字而引起该节点分裂,则此节点中原有的关键字的个数是_____;若在某节点中删除一个关键字而导致节点合并,则该节点中原有的关键字的个数是_____。

(4) 哈希表是通过将查找码按选定的_____和_____,把节点按查找码转换为地址进行存储的线性表。哈希方法的关键是_____和_____。一个好的哈希函数其转换地址应尽可能_____,而且函数运算应尽可能_____。

(5) 平衡二叉树又称为_____,其定义是_____。

(6) 在哈希函数 H(key)=key mod p 中,p 值最好取_____。

(7) 在有 n 个记录的有序顺序表中进行折半查找,最大比较次数是_____。

(8) 假定有 k 个关键字互为同义词,若用线性探测再散列把这 k 个关键字存入散列表中,至少要进行_____次探测。

(9) 当执行顺序查找时,存储方式可以是_____;当执行二分法查找时,要求线性表_____;当执行分块查找时,要求线性表_____;当执行散列表查找时,要求线性表的存储方式是_____。

(10) 平衡因子的定义是_____。

(11) _____法构造的哈希函数肯定不会发生冲突。

(12) 高度为 8 的平衡二叉树的节点数至少有_____个。

(13) 高度为 4 的 3 阶 B_树中,最多有_____个关键字。

(14) 设有一组初始记录关键字序列为(34,76,45,18,26,54,92),则由这组记录关键字生成的二叉排序树的深度为_____。

2. 选择题

(1) 已知一个线性表(38,25,74,63,52,48),采用的散列函数为 H(Key)＝Key mod 7，将元素散列到表长为 7 的哈希表中存储。若采用线性探测的开放定址法解决冲突,则在该散列表上进行等概率成功查找的平均查找长度为( )。

A.1.5   B.1.7   C.2.0   D.2.3

(2) 假定有 k 个关键字互为同义词,若用线性探测法把这 k 个关键字存入散列表中,至少要进行( )次探测。

A.k−1   B.k   C.k+1   D.k(k+1)/2

(3) 若查找每个记录的概率均等,则在具有 n 个记录的连续顺序文件中采用顺序查找法查找一个记录,其平均查找长度 ASL 为( )。

A.(n−1)/2   B.n/2   C.(n+1)/2   D.n

(4) 下面关于二分查找的叙述正确的是( )。

A.表必须有序,表可以顺序方式存储,也可以链表方式存储

B.表必须有序,且表中数据必须是整型、实型或字符型

C.表必须有序,而且只能从小到大排列

D.表必须有序,且表只能以顺序方式存储

(5) 既希望较快查找,又便于线性表动态变化的查找方法是( )。

A.顺序查找   B.折半查找   C.索引顺序查找   D.哈希法查找

(6) 分别以下列序列构造二叉排序树,与用其他三个序列所构造的结果不同的是( )。

A.(100,80,90,60,120,110,130)   B.(100,120,110,130,80,60,90)

C.(100,60,80,90,120,110,130)   D.(100,80,60,90,120,130,110)

(7) 下列关于 m 阶 B_ 树的说法错误的是( )。

A.根节点至多有 m 棵子树

B.所有叶子节点都在同一层次上

C.非叶子节点至少有 m/2(m 为偶数)或(m/2+1)(m 为奇数)棵子树

D.根节点中的数据是有序的

(8) 下面关于哈希查找的说法正确的是( )。

A.哈希函数构造得越复杂越好,因为这样随机性好、冲突小

B.除留余数法是所有哈希函数中最好的

C.不存在特别好与特别坏的哈希函数,要视情况而定

D.若需要在哈希表中删除一个元素,不管用何种方法解决冲突都只要简单地将该元素删除即可

(9) 散列函数有一个共同的性质,即函数值应当以( )取其值域的每个值。

A.最大概率   B.最小概率   C.平均概率   D.同等概率

(10) 顺序查找法适用于查找顺序存储或链式存储的线性表,平均比较次数为( ),二分法查找只适用于查找顺序存储的有序表,平均比较次数为( )。在此假定 N 为线性表中的节点数,且每次查找都是成功的。

A.N+1   B.2lbN   C.lbN   D.N/2

E. NlbN   F. N²

(11)当采用分块查找时,数据的组织方式为( )。

A. 数据分成若干块,每块内数据有序

B. 数据分成若干块,每块内数据不必有序,但块间必须有序,每块内最大(或最小)的数据组成索引块

C. 数据分成若干块,每块内数据有序,每块内最大(或最小)的数据组成索引块

D. 数据分成若干块,每块(除最后一块外)中数据个数需相同

(12)散列表的地址区间为0~17,散列函数为H(k)=k mod 17。采用线性探测法处理冲突,并将关键字序列(26,25,72,38,8,18,59)依次存放到散列表中。元素59存放在散列表中的地址是( ),存放元素59需要搜索的次数是( )。

A. 8   B. 9   C. 10   D. 11

E. 2   F. 3   G. 4   H. 5

3. 简答题

(1)哈希表存储的基本思想是什么?

(2)哈希表存储中解决冲突的基本方法有哪些?其基本思想是什么?

4. 计算题及画图

(1)设有一组关键字(9,1,23,14,55,20,84,27),采用哈希函数H(k)=k mod 7,表长为10,用开放地址法的二次探测再散列 $H_i=[H(k)+d_i] \bmod 10 (d_i=1^2,2^2,3^2,\cdots)$ 解决冲突。要求:对该关键字序列构造哈希表,并计算查找成功的平均查找长度。

(2)采用哈希函数H(k)=3×k mod 13并用线性探测开放地址法处理冲突,在数列地址空间[0..12]中对关键字序列(22,41,53,46,30,13,1,67,51)构造哈希表(画示意图),并求装填因子(等概率)。

(3)对下面的三阶 B_ 树(见图8.17),依次执行下列操作,画出各步操作的结果。

①插入90;②插入25;③插入45;④删除60;⑤删除80。

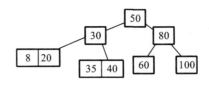

图 8.17   题图 1

(4)用序列(46,88,45,39,70,58,101,10,66,34)建立一棵二叉排序树,画出该树,并求在等概率情况下查找成功的平均查找长度。

(5)依次输入表(30,15,28,20,24,10,12,68,35,50,46,55)中的元素,生成一棵平衡二叉排序树。

①试画出生成的平衡二叉排序树;②对该二叉排序树作中序遍历,试写出遍历序列;③求在等概率情况下查找成功的平均查找长度。

第 9 章 内 部 排 序

本章主要知识点

❖ 插入排序
❖ 交换排序
❖ 选择排序
❖ 归并排序
❖ 基数排序

排序是数据处理中经常使用的一种操作,其主要优点是便于查找。从前面章节可知,折半查找是效率最高的查找算法,但折半查找的前提是所有的数据元素(记录)是按关键字有序排序的,这种查找方法需要事先将一个无序的数据文件转变为一个有序的数据文件。在日常生活中,通过排序提高查找效率的例子屡见不鲜,例如,电话号码簿、书的目录、字典等。

9.1 排序的基本概念

排序是将一批(组)任意次序的数据元素(或记录)重新排列成按关键字有序序列的过程,其定义为给定一组记录序列 $\{R_1, R_2, \cdots, R_n\}$,其相应的关键字序列是 $\{K_1, K_2, \cdots, K_n\}$,确定一个排列 $\{p_1, p_2, \cdots, p_n\}$,使其相应的关键字满足非递减(或非递增)关系,即 $\{K_{p_1} \leqslant K_{p_2} \leqslant \cdots \leqslant K_{p_n}\}$ 的序列 $\{R_{p_1}, R_{p_2}, \cdots, R_{p_n}\}$,这种操作称为排序。

关键字 K_i 可以是记录 R_i 的主关键字,也可以是次关键字或若干数据项的组合。如果 K_i 是主关键字,则排序后得到的结果是唯一的;如果 K_i 是次关键字,则排序后得到的结果一般都是不唯一的。

若记录序列中有两个或两个以上关键字相等的记录,即 $K_i = K_j (i \neq j, i, j = 1, 2, \cdots, n)$,且在排序前 R_i 先于 $R_j (i < j)$,排序后的记录序列仍然是 R_i 先于 R_j,则称该排序方法是稳定的,否则是不稳定的。

由于待排序的记录数量不同,使得排序过程中涉及的存储器种类不同,因此,可将排序方法分为以下两大类。

(1) 待排序的记录数不太多,所有的记录都能存放在内存中进行排序,称为内部排序。

(2) 待排序的记录数太多,所有的记录不可能同时存放在内存中,排序过程中必须在内、外存之间进行数据交换,这样的排序称为外部排序。

1. 内部排序

内部排序算法有许多,根据排序过程中依据的原则可分为插入排序、交换排序、选择排序、归并排序和基数排序等五类。但就全面性能而言,并没有一种排序被公认为是最好的。

每种算法都有其优点和缺点,实际应用中,可以根据待排序记录的初始排列状态、数据量及硬件配置来选择相应的算法。

对内部排序而言,其基本操作有比较和移动两种。比较是指比较两个关键字的大小;移动是指存储位置的移动,根据关键字的大小,记录从一个位置移动到另一个位置。

第一种操作(比较)是必不可少的;而第二种操作(移动)却不是必需的,这取决于记录的存储方式,具体情况如下。

(1)记录存储在一组连续地址的存储空间,记录之间的逻辑顺序关系是通过其物理存储位置的相邻来体现的,记录的移动是必不可少的。

(2)记录采用链式存储方式,记录之间的逻辑顺序关系是通过节点中的指针来体现的,排序过程仅需要修改节点的指针,而不需要移动记录。

(3)记录存储在一组连续地址的存储空间,构造另一个辅助表来保存各个记录的存放地址(指针):排序过程不需要移动记录,而只需要修改辅助表中的指针,排序后视具体情况决定是否调整记录的存储位置。

情况(1)比较适合记录数较少的情况,而情况(2)、(3)适合记录数较多的情况。

为了讨论方便,假设待排序的记录是以情况(1)存储的,且排序是按升序排列的;关键字是一些可直接用比较运算符进行比较的类型。

待排序的记录类型的定义如下。

```
#define  MAX_SIZE  100
typedef  int  KeyType;
typedef  struct  RecType
{ KeyType  key;              /*关键字*/
   infoType  otherinfo;      /*其他域*/
}RecType;
typedef  struct
{ RecType  R[MAX_SIZE];
   int length;
}Sqlist;
```

2. 评价排序算法的重要标准

(1)排序的执行时间:排序是数据处理中经常执行的一种操作,往往属于系统的核心部分,因此排序算法的时间开销是衡量其好坏的最重要的标志。

(2)排序所需的辅助空间:辅助存储空间是指,在待排序的记录个数一定的条件下,存放待排序记录占用的存储空间和执行算法所需的其他存储空间二者的全部空间。若排序算法所需的辅助空间不依赖问题的规模 n,即空间复杂度为 $O(1)$,则称该排序方法是就地排序,否则是非就地排序。

另外,算法本身的复杂性和算法的稳定性也是需要考虑的因素。

9.2 插入排序

插入排序是一类借助"插入"操作进行排序的方法,其主要思想是:每次将一个待排序的记录按其关键字的大小插入一个有序序列中,直到全部记录排好序,即在考察记录 R_i 之前,设以前的所有记录 $R_1,R_2,\cdots,R_{i-1}$ 为有序序列,然后将 R_i 插入该序列的适当位置。

9.2.1 直接插入排序

1. 基本思想

直接插入排序(Straight Insertion Sort)的基本思想是:将待排序的记录 R_i 插入有序序列 $R_1,R_2,\cdots,R_{i-1}$ 中,得到一个新的、记录数增加 1 的有序表,直到所有的记录都插入完为止,如图 9.1 所示。设待排序的记录序列存放在数组 $R[1..n]$ 中,在排序的某一时刻,将记录序列分成两个部分,$R[1..i-1]$ 为已排好序的有序区,$R[i..n]$ 为未排好序的无序区。

显然,在刚开始排序时,$R[1]$ 是已经排好序的。

$$R_1 \leqslant R_2 \leqslant \cdots \leqslant R_{i-1} \quad | \quad R_i,R_{i+1},\cdots,R_n$$

有序区 无序区

图 9.1 直接插入排序的基本思想图解

在直接插入排序中,需要解决如下关键问题。

(1) 如何构造初始的有序序列?

(2) 如何查找待插入记录的插入位置?

2. 排序步骤

(1) 将整个待排序的记录序列划分成有序区和无序区,初始时有序区为待排序记录序列的第一个记录,无序区包括所有剩余待排序的记录。

(2) 将无序区的第一个记录插入到有序区的合适位置,从而使无序区减少一个记录,有序区增加一个记录。

(3) 重复执行第(2)步,直到无序区中没有记录为止。

以上排序步骤可以解决上述关键问题的方法。

3. 算法实现

算法 9.1 是完整的直接插入排序的算法。

算法 9.1

```
void  InsertSort(SqList *L)
{  int i,j;
   for(i=2; i<=L->length; i++)
   {  L->R[0]=L->R[i]; j=i-1;    /*设置哨兵*/
      while(LT(L->R[0].key,L->R[j].key))
      {  L->R[j+1]=L->R[j];
         j--;
      }          /*查找插入位置*/
      L->R[j+1]=L->R[0];         /*插入到相应位置*/
   }
}
```

算法 9.1 中的 R[0]开始时并不存放任何待排序的记录,主要有以下两个作用。

(1) 不需要增加辅助空间:当前待插入的记录 R[i]会因为记录的后移而被占用,这时可以将它先存放到 R[0]中保存。

(2) 保证查找插入位置的内循环总可以在超出循环边界之前找到一个等于当前记录的记录,起"哨兵监视"作用,避免在内循环中每次都要判断 j 是否越界。特别适合待插入记录的关键字小于有序区的所有记录的关键字的情况。

4. 算法分析

(1) 最好情况:若待排序记录按关键字从小到大排列(正序),则算法中的内循环无须执行,当进行每一趟排序时,关键字比较次数为 1 次,记录无需移动。所以整个排序的关键字比较次数为 n−1,即 $\sum_{i=2}^{n} 1$,记录移动次数为 0。

(2) 最坏情况:若待排序记录按关键字从大到小排列(逆序),则当进行每一趟排序时,算法中的内循环体执行(i−1)次,关键字比较次数为 i 次,记录移动次数为(i+1)次。

就整个排序而言,一般认为待排序的记录可能插入在各个位置的概率相同,取以上两种情况的平均值,作为排序的关键字比较次数和记录移动次数,约为 $n^2/4$,由此,直接插入排序的平均时间复杂度为 $O(n^2)$。

例 9.1 写出[51] 33 62 96 87 17 28 51′关键字序列的直接插入排序过程。

解 按从小到大的顺序,直接插入排序过程如图 9.2 所示。

```
初始关键字序列    [51]  33   62   96   87   17   28   51′
i=2(33)          [33   51]  62   96   87   17   28   51′
i=3(62)          [33   51   62]  96   87   17   28   51′
i=4(96)          [33   51   62   96]  87   17   28   51′
i=5(87)          [33   51   62   87   96]  17   28   51′
i=6(17)          [17   33   51   62   87   96]  28   51′
i=7(28)          [17   28   33   51   62   87   96]  51′
i=8(51′)         [17   28   33   51   51′  62   87   96]
```

图 9.2 直接插入排序过程

直接插入排序算法简单,当待排序记录数量 n 很小且局部有序时,较为适用。当 n 很大时,因为其平均时间复杂度为 $O(n^2)$,故效率不高。可以从减少"比较"和"移动"次数这两方面着手,对直接插入排序算法进行改进,可得到折半插入排序、二路插入排序、表插入排序、希尔排序等。

9.2.2 折半插入排序

1. 基本思想

当待排序的记录 R[i]插入到有序序列 R[1..i−1]中时,由于 R[1],R[2],…,R[i−1]已排好序,则查找插入位置可以用查找效率较高的"折半查找"算法实现,直接插入排序就变成为折半插入排序。

2. 算法实现

根据前面所学的折半查找算法与直接插入排序思想,不难用 C 语言实现折半插入排序算法,具体算法见算法 9.2。

算法 9.2

```
void Binary_insert_sort(Sqlist *L)
{  int i,j,low,high,mid;
   for(i=2; i<=L->length; i++)
   {  L->R[0]=L->R[i];      /*设置哨兵*/
      low=1; high=i-1;
      while(low<=high)
      {  mid=(low+high)/2;
         if(LT(L->R[0].key,L->R[mid].key))
                 high=mid-1;
         else
            low=mid+1;
      } /*查找插入位置*/
         for(j=i-1; j>=high+1; j--)
            L->R[j+1]=L->R[j];
         L->R[high+1]=L->R[0];   /*插入到相应位置*/
   }
}
```

从时间上比较,折半插入排序方法仅仅减少了关键字的比较次数,却没有减少记录的移动次数,故时间复杂度仍然为 $O(n^2)$。

9.2.3　二路插入排序

1. 基本思想

二路插入排序是对折半插入排序的一种改进,以减少排序过程中移动记录的次数。该排序方法需要附加 n 个记录的辅助空间,其基本思想如下。

(1) 另设一数组 d,将 R[1]赋值给 d[1],并将 d[1]看成排好序的中间记录,从第 2 个记录起,依次将关键字小于 d[1]的记录插入 d[1]之前的有序序列,将关键字大于 d[1]的记录插入 d[1]之后的有序序列。

(2) 借助两个变量 first 和 final 来指示排序过程中有序序列第一个记录和最后一个记录在数组 d 中的位置。

关键点:实现时将数组 d 看成是循环数组,并设两个指针 first 和 final 分别指示排序过程中得到的有序序列中的第一个记录和最后一个记录。

2. 算法实现

用 C 语言实现的二路插入排序的算法见算法 9.3。

算法 9.3

```
void BiInsertSort(RecType  R[],int n)
{  /*二路插入排序的算法*/
   int d[n+1];              /*辅助存储*/
   d[1]=R[1];first=1;final=1;
   for(i=2;i<=n;i++)
```

```
{ if(R[i].key>=d[1].key)/*插入后部*/
  { low=1;high=final;
    while(low<=high) /*折半查找插入位置*/
    { m=(low+high)/2;
      if(R[i].key<d[m].key) high=m-1;
      else low=m+1;
    }
    for(j=final;j>=high+1;j--) d[j+1]=d[j];  /*移动元素*/
    d[high+1]=R[i];  final++;  /*插入有序位置*/
  }
  else  { if(first==1)  { first=n;  d[n]=R[i];  }  /*插入前部*/
         else { low=first;high=n;
               while(low<=high)
               { m=(low+high)/2;
                 if(R[i].key<d[m].key)high=m-1;
                 else low=m+1;
               }
               for(j=first;j<=high;j++) d[j-1]=d[j];  /*移动元素*/
               d[high]=R[i];first--;
             }
        }
}
}
}
```

在二路插入排序中,移动记录的次数约为 $n^2/8$。但当 $L->R[1]$ 是待排序记录中关键字最大或最小的记录时,就没有二路插入的特性了,二路插入排序就完全失去了优越性。

例 9.2 写出[51] 33 62 96 87 17 28 51′关键字序列的二路插入排序过程。

解 按从小到大的顺序,二路插入排序过程如图 9.3 所示。

```
i=1          [51]
             first↑↑final
i=2          [51]                              [33]
             final↑                            ↑first
i=3          [51 62]                           [33]
                final↑                         ↑first
i=4          [51 62 96]                        [33]
                   final↑                      ↑first
i=5          [51 62 87 96]                     [33]
                      final↑                   ↑first
i=6          [51 62 87 96]                     [17 33]
                      final↑                   ↑first
i=7          [51 62 87 96]                     [17 28 33]
                      final↑                   ↑first
i=8          [51 51′ 62 87 96 17 28 33]
                      final↑      ↑first
```

图 9.3 二路插入排序过程

9.2.4　表插入排序

1. 基本思想

前面介绍的插入排序不可避免地要移动记录,如果不想移动记录,就需要改变数据结构。附加 n 个记录的辅助空间,记录类型修改如下。

```
#define  n/*待排序记录的个数*/
typedef  struct
{  int  key;
   AnyType  other;  /*记录其他数据域*/
   int  next;
} STListType;
STListType  SL[n+1];
```

2. 排序步骤

(1) 初始化:下标值为 0 的分量作为表头节点,关键字取为最大值,各分量的指针均为空。

(2) 将静态链表中数组下标值为 1 的分量(节点)与表头节点构成一个循环链表。

(3) i=2,将分量 R[i]按关键字递减插入循环链表。

(4) 增加 i,重复第(3)步,直到全部分量插入循环链表为止。

3. 算法实现

表插入排序算法见算法 9.4。

算法 9.4

```
void  ListInsSort(STListType  SL[],int n)
  /*对记录序列 SL[1..n]作表插入排序*/
  {  SL[0].key=MAXINT;
     SL[0].next=1; SL[1].next=0;
     for(i=2; i<=n; i++) /*查找插入位置*/
     {  j=0;
        for(k=SL[0].next; SL[k].key<=SL[i].key;)
        {  j=k,k=SL[k].next; }
        SL[j].next=i; SL[i].next=k;  /*节点 i 插入节点 j 和节点 k 之间*/
     }
  }
```

与直接插入排序相比不同的是,修改 2n 次指针以代替移动记录,而关键字的比较次数相同,故时间复杂度为 $O(n^2)$。

表插入排序得到一个有序链表,对其可以方便地进行顺序查找,但不能实现随机查找。根据需要,可以对记录进行重排。

9.2.5　希尔排序

1. 基本思想

希尔排序(Shell Sort)方法,又称为缩小增量法,是一种分组插入排序方法。希尔排序的基本思想如下。

(1) 先取一个正整数 $d_1(d_1 < n)$ 作为第一个增量,将全部 n 个记录分成 d_1 组,把所有相隔 d_1 的记录放在一组中,即对于每个 $k(k = 1, 2, \cdots, d_1)$ 而言,$R[k]$,$R[d_1 + k]$,$R[2d_1 + k]$,……被分在同一组中,在各组内进行直接插入排序。这样一次分组和排序过程称为一趟希尔排序。

(2) 取新的增量 $d_2 < d_1$,重复第(1)步的分组和排序操作;直至所取的增量减少到 $d_i = 1$,即所有记录放进一个组中为止。

2. 算法实现

一趟希尔排序的算法 9.5,类似直接插入排序算法。

算法 9.5

```
void shell_pass(Sqlist *L,int d)
    /*对顺序表 L 进行一趟希尔排序,增量为 d*/
{  int j,k;
   for(j=d+1; j<=L->length; j++)
   {  L->R[0]=L->R[j];            /*设置监视哨兵*/
      k=j-d;
      while(k>0&&LT(L->R[0].key,L->R[k].key))
      {  L->R[k+d]=L->R[k]; k=k-d;  }
      L->R[k+d]=L->R[0];
   }
}
```

根据增量数组 dk 进行希尔排序,见算法 9.6。

算法 9.6

```
void shell_sort(Sqlist *L,int dk[],int t)
    /* 按增量序列 dk[0..t-1],对顺序表 L 进行希尔排序*/
{  int m;
   for(m=0; m<t; m++)
   shell_pass(L,dk[m]);
}
```

希尔排序的分析比较复杂,涉及一些数学上的问题,其时间是所取的"增量"序列的函数。

希尔排序的特点是子序列的构成不是简单"逐段分割",而是将相隔某个增量的记录组成一个子序列。

希尔排序可提高排序速度,其原因如下。

(1) 分组后 n 值减小,n^2 更小,而 $T(n) = O(n^2)$,所以 $T(n)$ 从总体上看是减小的。

(2) 关键字较小的记录可以以增量为单位跳跃式前移,当进行最后一趟增量为 1 的插入排序时,序列已基本有序。

增量序列取法如下。

(1) 没有除 1 以外的公因子。

（2）增量递减，最后一个增量值必须为 1。

例 9.3 写出 49 38 65 97 76 13 27 49* 55 04 关键字序列的希尔排序过程。

解 按从小到大的顺序，希尔排序过程如图 9.4 所示。

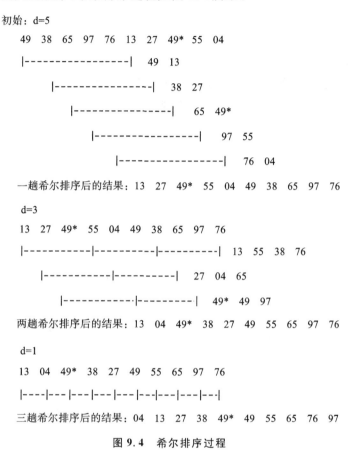

图 9.4 希尔排序过程

9.3 交换排序

交换排序是指在排序过程中，通过待排序记录序列中元素间关键字的比较，将存储位置进行交换来达到排序目的的一类排序方法。

9.3.1 冒泡排序

1. 基本思想

冒泡排序是交换排序中一种简单的排序方法。它的基本思想是对所有相邻记录的关键字进行比效，如果是逆序（a[j]＞a[j+1]），则将其交换，最终达到有序化，其处理过程如下。

（1）将整个待排序的记录序列划分成有序区和无序区，初始状态有序区为空，无序区则包括所有待排序的记录。

（2）对无序区从前往后依次将相邻记录的关键字进行比较,若逆序,则将其交换,从而使得关键字小的记录向上"飘浮"(左移),关键字大的记录好像石块,向下"坠落"(右移)。

每经过一趟冒泡排序,都使无序区中关键字最大的记录进入有序区,对于由 n 个记录组成的记录序列,最多经过(n-1)趟冒泡排序,就可以将这 n 个记录重新按关键字顺序排列。

2. 算法实现

1）原始的冒泡排序算法

对于由 n 个记录组成的记录序列,最多经过(n-1)趟冒泡排序,就可以使记录序列成为有序序列,第一趟定位第 n 个记录,此时有序区只有一个记录;第二趟定位第(n-1)个记录,此时有序区有两个记录;依此类推,可以用如下语句实现。

```
for(i=n;i>1;i--)
{
    定位第 i 个记录;
}
```

若定位第 i 个记录,则需要从前向后对无序区中的相邻记录进行关键字的比较,可以用如下语句实现。

```
for(j=1;j<=i-1;j++)
    if(a[j].key>a[j+1].key)
    {
        temp=a[j];a[j]=a[j+1];a[j+1]=temp;
    }
```

下面的算法 9.7 用于完成冒泡排序算法。

算法 9.7

```
void BubbleSort1(RecType a[],int n)
{   RecType temp;for(i=n;i>1;i--)
    {   for(j=1;j<=i-1;j++)
        if(a[j].key>a[j+1].key)
        {
            temp=a[j];a[j]=a[j+1];a[j+1]=temp;
        }
    }
}
```

例 9.4 写出 51 33 62 96 87 17 28 51′关键字序列的冒泡排序过程。

解 按从小到大的顺序,冒泡排序过程如图 9.5 所示。

2）改进的冒泡排序算法(一)

在冒泡排序过程中,一旦发现某一趟没有进行交换操作,就表明此时待排序记录序列已经成为有序序列,那么再进行冒泡排序已经没有必要,应立即结束排序过程,所以可设置一标志 exchange 来检测某一趟是否进行了交换操作。改进的冒泡排序算法见算法 9.8。

初始关键字	第一趟	第二趟	第三趟	第四趟	第五趟	第六趟
51	33	33	33	33	17	17
33	51	51	51	17	28	28
62	62	62	17	28	33	33
96	87	17	28	51	51	51
87	17	28	51'	51'	51'	51'
17	28	51'	62	62	62	62
28	51'	87	87	87	87	87
51'	96	96	96	96	96	96

图 9.5　冒泡排序过程

算法 9.8

```
void BubbleSort2(RecType a[],int n)
{  /*exchange=0 表示未发生交换,exchange=1 表示发生了交换*/
  RecType temp;
  for(i=n;i>1;i--)
  {
    exchange=0;
    for(j=1;j<=i-1;j++)
      if(a[j].key>a[j+1].key)
      {  temp=a[j];a[j]=a[j+1];a[j+1]=temp; exchange=1; }
      if(exchange==0) break;
  }
}
```

3) 改进的冒泡排序算法(二)

在给出的冒泡排序算法的基础上,如果同时记录第 i 趟冒泡排序中最后一次发生交换操作的位置 m(m≤n−i),就会发现从此位置以后的记录均为有序序列,那么无序区范围可以缩小到 a[1]～a[m],所以在进行下一趟排序操作时,就不必考虑 a[m+1]～a[n]的记录了,而只在 a[1]～a[m]范围内进行,其具体算法见算法 9.9。

算法 9.9

```
void BubbleSort3(RecType a[],int n)
{  RecType temp;
  last=n-1;
  for(i=n;i>1;i--)
  { exchange=0;
    m=last;          /*初始将最后进行记录交换的位置设置成 i-1*/
    for(j=1;j<=m;j++)
      if(a[j].key>a[j+1].key)
    {  temp=a[j];a[j]=a[j+1];a[j+1]=temp;
        exchange=1;
        last=j;        /*记录每次发生记录交换的位置*/
    }
```

```
        if(exchange==0) break;
    }
}
```

冒泡排序比较简单,当初始序列基本有序时,冒泡排序效率较高,反之效率较低;其次冒泡排序只需一个记录的辅助空间,用于作为记录交换时需要用到的中间暂存单元。冒泡排序是一种稳定的排序方法,最佳情况为初始序列有序的情况,比较次数为 n−1,移动次数为 0。在最差情况下,比较次数为 $\sum_{i=1}^{n-1} i = n(n-1)/2$,移动次数为 3n(n−1)/2。平均时间复杂度为 $O(n^2)$。

9.3.2 快速排序

1. 基本思想

快速排序又称为分区交换排序。其基本思想是:首先将待排序记录序列中的所有记录作为当前待排序区域,从中任意选取一个记录(如第一个记录),并以该记录的关键字为基准,从位于待排序记录序列左、右两端开始,逐渐向中间靠拢,交替与基准记录的关键字进行比较、交换,每次比较,若遇到左侧记录的关键字大于基准记录的关键字,则将其与基准记录交换,使其移至基准记录的右侧;若遇到右侧记录的关键字小于基准记录的关键字,则将其与基准记录交换,使其移至基准记录的左侧,再让基准记录到达它的最终位置,此时,基准记录将待排序记录分成了左、右两个区域,位于基准记录左侧的记录都不大于基准记录的关键字,位于基准记录右侧的所有记录的关键字都不小于基准记录的关键字,这就是一趟快速排序。然后分别对左、右两个新的待排序区域重复上述一趟快速排序的过程,其结果分别让左、右两个区域中的基准记录都到达它们的最终位置,同时将待排序记录序列分成更小的待排序区域,再次重复对每个区域进行一趟快速排序,直到每个区域只有一个记录为止,此时所有的记录都到达了它的最终位置,即整个待排序记录按关键字有序排列,至此整个排序操作结束。

对待排序记录序列进行一趟快速排序的过程描述如下。

(1) 初始化:取第一个记录关键字作为基准,两个指针 i、j 分别用于指示将要与基准记录进行比较的左侧记录位置和右侧记录位置。从右侧开始比较,在发生交换操作后,转去再从左侧比较。

(2) 用基准记录与右侧记录进行比较:与指针 j 指向的记录进行比较,如果右侧记录的关键字大,则继续与右侧前一个记录进行比较,即 j 减 1 后,再用基准记录与 j 指向的记录比较;若右侧的记录小(逆序),则将基准记录与 j 指向的记录进行交换。

(3) 用基准元素与左侧记录进行比较:与指针 i 指向的记录进行比较,如果左侧记录的关键字小,则继续与左侧后一个记录进行比较,即 i 加 1 后,再用基准记录与 i 指向的记录比较;若左侧的记录大(逆序),则将基准记录与 i 指向的记录交换。

(4) 右侧比较与左侧比较交替重复进行,直到指针 i 与 j 指向同一位置,此位置即指向基准记录最终的位置。

一趟快速排序之后,再分别对左、右两个区域进行快速排序,依此类推,直到每个区域都只有一个记录为止。

2. 算法实现

综上所述,快速排序是一个递归的过程,只要能够实现一趟快速排序的算法,就可以利用递归的方法对一趟快速排序后的左、右区域分别进行快速排序。下面是一趟快速排序的算法分析。

快速排序的完整算法见算法 9.10。

算法 9.10

```
void quicksort(RecType a[],int first,int end)
{  RecType temp;
    i=first; j=end; temp=a[i];   /*初始化*/
    while(i<j)
    {
      while(i<j && temp.key<=a[j].key) j--;
      a[i]=a[j];
      while(i<j && a[i].key<=temp.key) i++;
      a[j]=a[i];
    }
    a[i]=temp;
    if(first<i-1) quicksort(a,first,i-1); /*对左侧区域递归进行快速排序*/
    if(i+1<end) quicksort(a,i+1,end);       /*对右侧区域递归进行快速排序*/
}
```

快速排序实质上是对冒泡排序的一种改进,它的效率与冒泡排序的相比有很大的提高。冒泡排序是对相邻两个记录进行关键字比较和交换的,这样每次交换记录后,只能改变一对逆序记录,而快速排序则从待排序记录的两端开始进行比较和交换,并逐渐向中间靠拢,每经过一次交换,有可能改变几对逆序记录,从而加快了排序速度。到目前为止,快速排序方法是平均速度最快的一种排序方法,但当原始记录排列基本有序或基本逆序时,每一趟的基准记录有可能只将其他记录分成一部分,这样就降低了时间效率,所以快速排序适用于原始记录排列杂乱无章的情况。

快速排序的主要时间是花费在区域划分上,对长度为 k 的记录序列进行区域划分时,关键字的比较次数是 $k-1$。设对长度为 n 的记录序列进行排序的比较次数为 $C(n)$,则 $C(n)=n-1+C(k)+C(n-k-1)$。

1) 最好情况

每次划分得到的子序列长度大致相等,则

$C(n)\leq n+2\times C(n/2)+C(n-k-1)\leq n+2\times\{n/2+2\times C[(n/2)/2]\}$

$\leq 2n+4\times C(n/4)\cdots\leq h\times n+2h\times C(n/2h)$

当 $n/2h=1$ 时,排序结束。$C(n)\leq n\times lbn+n\times C(1)$,把 $C(1)$ 看成常数因子,即 $C(n)\leq O(n\times lb\ n)$。

2) 最坏情况

每次划分得到的子序列中有一个为空,另一个子序列的长度为 $n-1$,即每次划分所选择的基准是当前待排序序列中的最小(或最大)关键字。

3) 一般情况

对 n 个记录进行快速排序所需的时间 T(n)组成如下:

(1) 对 n 个记录进行一趟划分所需的时间是 n×C,其中 C 是常数;

(2) 对所得到的两个子序列进行快速排序的时间为

$$T_{avg}(n) = C(n) + T_{avg}(k-1) + T_{avg}(n-k) \tag{9.1}$$

若记录是随机排列的,k 取值为 1~n 的取值概率相同,则当 n>1 时,用 n-1 代替式 (9.1)中的 n,得到

$$nT_{avg}(n) - (n-1)T_{avg}(n-1) = (2n-1) \times C + 2T_{avg}(n-1)$$

即

$$T_{avg}(n) = (n+1)/n \times T_{avg}(n-1) + (2n-1)/n \times C$$

$$< (n+1)/n \times T_{avg}(n-1) + 2C$$

$$< (n+1)/n \times [n/(n-1) \times T_{avg}(n-2) + 2C] + 2C$$

$$= (n+1)/(n-1) \times T_{avg}(n-2) + 2(n+1)[1/n + 1/(n+1)] \times C$$

...

快速排序的平均时间复杂度为 T(n)=O(nlbn),最差为 O(n²)。

从所需要的附加空间来看,快速排序算法是递归调用方式,在递归调用时需要占据一定的存储空间以保存每一层递归调用时的必要信息。系统采用栈保存递归参数,当每次划分的两个子序列长度比较均匀时,栈的最大深度为[lb n]+1。

快速排序的空间复杂度为 S(n)=O(lb n)。

例 9.5 写出 51,33,62,96,87,17,28,51′关键字序列的快速排序过程。

解 按从小到大的顺序,快速排序过程如图 9.6 所示。

初始关键字序列: 　51　33　62　96　87　17　28　51′

一趟快速排序之后: [28　33　17] 51 [87　96　62　51′]

分别进行快速排序: [17] 28 [33]　　[51′　62] 87 [96]

结束　　51′ [62] 结束

结束

快速排序后的序列: 　17　28　33　51　51′　62　87　96

图 9.6 快速排序过程

快速排序的思想其实不仅仅只用在排序操作上,它的这种设计思想还可以应用在其他很多问题中。

例如,有顺序放置的 n 个桶,每个桶中装有一粒砾石,砾石有红、白、蓝颜色的三种。要求重新安排,使得红色砾石在前,白色砾石居中,蓝色砾石居后。对每粒砾石的颜色只能查看一次,且只允许交换操作来调整砾石的位置。

根据题意,完全可以利用快速算法的设计思想,具体算法见算法 9.11。

算法 9.11

```
void QkSort(RecType r[],int n)
{   int i=1,j=1,k=n;
```

```
        while(j<=k)
          if(r[j]==1)                   /*当前砾石是红色*/
          {  r[i]↔r[j];  i++; j++; }
          else if(r[j]==2) j++;         /*当前砾石是白色*/
          else      /*r[j]==3,当前砾石是蓝色*/
          {  r[j]↔r[k];  k--; }
        }//QkSort
```

对给定关键字序号 j(1<j<n),要求在无序记录 A[1..n]中找到关键字从小到大排在第 j 位上的记录。例如,给定无序关键字{7,5,1,6,2,8,9,3},当 j=4 时,找到的关键字应是 5。该算法同样可以利用快速排序的划分思想来实现上述查找。具体算法见算法 9.12。

算法 9.12

```
        int partition(RecType A[],int 1,n)
        {  int i=1,j=n;x=A[i].key;
           i=1;
           while(i<j)
           {  while(i<j && A[j].key>=x) j--;
             if(i<j) A[i++]=A[j];
              while(i<j && A[i].key<=x) i++;
              if(i<j) A[j--]=A[i];
           }
          return  i;
          }
        void Find_j(RecType A[],int n,int j)
         {  i=partition(A,1,n);
            while(i!=j)
               if(i<j) i=quicksort(A,i+1,n);   /*在后半部分继续进行划分*/
               else i=quicksart(R,1,i-1);     /*在前半部分继续进行划分*/
         }
```

9.4 选择排序

选择排序是指在排序过程序列中,依次从待排序的记录序列中选择关键字最小的记录、关键字值次小的记录……并分别将它们定位到序列左侧的第一个位置、第二个位置……最后剩下一个关键字最大的记录位于序列的最后(右)一个位置,从而使待排序的记录序列成为按关键字由小到大排列的有序序列。

9.4.1 简单选择排序

1. 基本思想

每一趟在(n−i+1)(i=1,2,3,…,n−1)个记录中选取关键字最小的记录作为有序序列中的第 i 个记录,它的具体实现过程如下。

（1）将整个记录序列划分为有序区和无序区，有序区位于左端，无序区位于右端，初始状态有序区为空，无序区含有待排序的所有 n 个记录。

（2）一个整型变量 index 用于记录在一趟的比较过程中，当前关键字最小的记录的位置。开始将 index 设定为当前无序区的第一个位置，即假设这个位置的关键字最小，然后用它与无序区中其他记录进行比较，若发现有比它的关键字还小的记录，就将 index 改为这个新的最小记录位置，随后再用 a[index].key 与后面的记录进行比较，并根据比较结果，随时修改 index，一趟结束后 index 中保留的就是本趟选择的关键字最小的记录位置。

（3）将 index 位置的记录交换到无序区的第一个位置，使得有序区扩展了一个记录，而无序区减少了一个记录。

不断重复第（2）步和第（3）步，直到无序区只剩下一个记录为止。此时所有的记录已经按关键字从小到大的顺序排列就位。

2. 算法实现

完整算法见算法 9.13。

算法 9.13

```
void selecsort(RecType a[],int n)
{   RecType temp;
    for(i=1; i<n; i++)   /*对 n 个记录进行(n-1)趟简单选择排序*/
    {
        index=i;       /*初始化第 i 趟简单选择排序的最小记录指针*/
        for(j=i+1;j<=n;j++)          /*搜索关键字最小的记录位置*/
          if(a[j].key<a[index].key) index=j;
        if(index!=i)
        {   temp=a[i]; a[i]=a[index]; a[index]=temp; }
    }
}
```

简单选择排序算法简单，但是速度较慢。该算法是一种稳定的排序方法，在排序过程中只需一个用于交换记录的暂存单元。

从以上算法可以得出，简单选择排序的记录移动次数在最好情况下为 0，在最坏情况下为 $3(n-1)$，而比较次数（与初始状态无关）为 $\sum_{i=1}^{n-1}(n-i) = \frac{1}{2}(n^2-n)$，平均时间复杂度为 $O(n^2)$。

例 9.6 设有初始关键字序列 $51,33,62,96,87,17,28,51'$，对它进行简单选择排序的过程。

解 按从小到大顺序，简单选择排序过程如图 9.7 所示。

9.4.2 树形选择排序

借助"淘汰赛"中的对垒就很容易理解树形选择排序的思想。

首先对 n 个记录的关键字进行两两比较，选取 n/2 个较小者；然后这 n/2 个较小者进行两两比较，选取 n/4 个较小者……如此重复，直至只剩一个关键字为止。

初始关键字序列:	51	33	62	96	87	17	28	51'
第一趟排序后:	[17]	33	62	96	87	51	28	51'
第二趟排序后:	[17	28]	62	96	87	51	33	51'
第三趟排序后:	[17	28	33]	96	87	51	62	51'
第四趟排序后:	[17	28	33	51]	87	96	62	51'
第五趟排序后:	[17	28	33	51	51']	96	62	87
第六趟排序后:	[17	28	33	51	51'	62]	96	87
第七趟排序后:	[17	28	33	51	51'	62	87	96]

图 9.7　简单选择排序过程

该过程可用一棵有 n 个叶子节点的完全二叉树表示。每个分支节点的关键字都等于其左、右子节点中较小的关键字,根节点的关键字就是最小的关键字。

输出最小关键字后,根据关系的可传递性,欲选取次小关键字,只需将叶子节点中的最小关键字改为"最大值",然后重复上述步骤即可。

n 个记录的锦标赛排序,每选择一个记录需要进行 $\lceil lb\ n \rceil$ 次比较,时间复杂度为 $O(nlb\ n)$。

树形选择排序的缺点:需要较多的辅助存储空间,与"最大值"进行多次多余的比较。

例 9.7　写初始关键字序列 72,73,71,23,94,16,05,68 的树形选择排序过程。

解　一趟树形选择排序过程如图 9.8 所示。

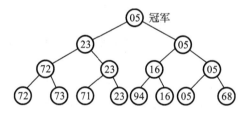

图 9.8　树形选择排序过程

9.4.3　堆排序

树形排序既然还存在一些缺点,就可以考虑对其进行改进,而堆排序就是对树形排序的改进。

1. 基本思想

1) 堆的定义

堆是 n 个元素的序列 $H=\{K_1,K_2,\cdots,K_n\}$,满足

$$\begin{cases} K_i \leqslant K_{2i} \\ K_i \leqslant K_{2i+1} \end{cases} 或 \begin{cases} K_i \geqslant K_{2i} \\ K_i \geqslant K_{2i+1} \end{cases}, i=1,2,\cdots,\lfloor n/2 \rfloor \tag{9.2}$$

由堆的定义知,堆是一棵以 K_1 为根节点的完全二叉树。若对该二叉树的节点进行编

号(从上到下,从左到右),得到的序列就是将二叉树的节点以顺序结构存放,堆的结构正好与该序列结构完全一致。

2) 堆的性质

(1) 堆是一棵采用顺序存储的完全二叉树,K_1 是其根节点;

(2) 堆的根节点是关键字序列中的最小(或最大)值,分别称为小(或大)根堆;

(3) 从根节点到每一叶子节点路径上的元素组成的序列都是按元素值(或关键字值)非递减(或非递增)的;

(4) 堆中的任意子树也是堆。

利用堆顶记录的关键字最小(或最大)的性质,可以从当前待排序的记录中依次选取关键字最小(或最大)的记录,就可以实现对数据记录的排序,这种排序方法称为堆排序法。

例 9.8 $17,28,51,33,62,96,87,51'$ 是小根堆,其对应的二叉树如图 9.9(a)所示。而 $96,51,87,33,28,62,51',17$ 是大根堆,其对应的二叉树如图 9.9(b)所示。

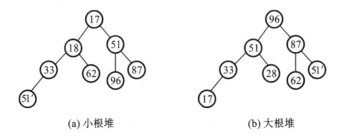

(a) 小根堆   (b) 大根堆

图 9.9 堆的两种形式

3) 堆排序步骤

(1) 对一组待排序的记录,按堆的定义建立堆。

(2) 将堆顶记录和最后一个记录交换位置,则前(n-1)个记录是无序的,而最后一个记录是有序的。

(3) 堆顶记录被交换后,前(n-1)个记录不再是堆,需将前(n-1)个待排序记录重新组织成为一个堆,然后将堆顶记录和倒数第二个记录交换位置,即将整个序列中次小关键字的记录调整(排除)出无序区。

(4) 重复上述步骤,直到全部记录排好序为止。

结论:排序过程中,若采用小根堆,排序后得到的是非递减序列;若采用大根堆,排序后得到的是非递增序列。

4) 堆排序的关键问题

(1) 如何由一个无序序列建成一个堆?

(2) 如何在输出堆顶元素之后调整剩余元素,使之成为一个新的堆?

5) 堆的调整

输出堆顶元素之后,以堆中最后一个元素替代之;然后将根节点与左、右子树的根节点进行比较,并与其中小者进行交换;重复上述操作,直到叶子节点或其关键字不大于左、右子树的关键字为止,得到新的堆。这个从堆顶至叶子节点的调整过程称为筛选,如图 9.10 所示。

注意:筛选过程中,根节点的左、右子树都已经是堆,因此,筛选是从根节点到某个叶子节点的一次调整过程。

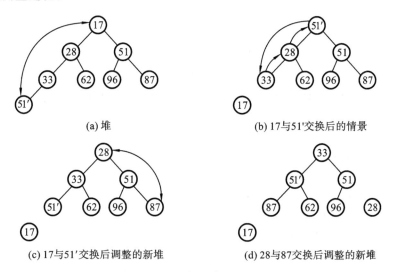

(a) 堆

(b) 17与51′交换后的情景

(c) 17与51′交换后调整的新堆

(d) 28与87交换后调整的新堆

图 9.10　堆的调整过程

6) 堆的建立

利用筛选算法,可以将任意无序的记录序列建成一个堆,设 R[1],R[2],…,R[n]是待排序的记录序列。

首先需要将二叉树的每棵子树都筛选成为堆。只含根节点的树是堆,而该二叉树中第$\lfloor n/2 \rfloor$个节点之后的所有节点都没有子树,即以第$\lfloor n/2 \rfloor$个节点之后的节点为根的子树都是堆。因此,以这些节点为左、右子节点,其左、右子树都是堆,则进行一次筛选就可以成为堆。同理,只要将这些节点的双亲节点进行一次筛选就可以成为堆……所以只需从第$\lfloor n/2 \rfloor$个记录到第 1 个记录依次进行筛选就可以建立堆。可用下列语句实现。

```
for(j=n/2; j>=1; j--)
    Heap_adjust(R,j,n);
```

2. 算法实现

1) 堆调整算法实现(见算法 9.14)

算法 9.14

```
void Heap_adjust(Sqlist *H,int s,int m)
    /*H->R[s..m]中记录关键字除 H->R[s].key 外均满足堆定义*/
    /*调整 H->R[s]的位置使之成为小根堆*/
{   int j=s,k=2*j;    /*计算 H->R[j]的左孩子的位置*/
    H->R[0]=H->R[j];  /*临时保存 H->R[j]*/
    for(k=2*j; k<=m; k=2*k)
    {   if((k<m)&&(LT(H->R[k+1].key,H->R[k].key))  /*选择左、右孩子中关键字的最小者*/
        k++;
        if(LT(H->R[k].key,H->R[0].key))
        {   H->R[j]=H->R[k]; j=k; }
```

```
        else   break;
      }
    H->R[j]=H->R[0];
  }
```

2) 堆排序完整的算法

堆的根节点是关键字最小的记录,输出根节点后,将以该序列当前的最后一个记录作为根节点,因为原来堆的左、右子树都已经是堆,所以进行一次筛选就可以成为堆。具体算法见算法 9.15。

算法 9.15

```
    void  Heap_Sort(Sqlist *H)
    {  int j;
      for(j=H->length/2; j>0; j--)
        Heap_adjust(H,j,H->length);   /*初始建堆*/
      for(j=H->length; j>=1; j--)
      {  H->R[0]=H->R[1]; H->R[1]=H->R[j];
         H->R[j]=H->R[0];   /*堆顶与最后一个记录交换*/
         Heap_adjust(H,1,j-1);
      }
    }
```

3) 算法分析

堆排序的主要时间花费在初始建堆和重新调整成堆上。设记录数为 n,所对应的完全二叉树深度为 h。

(1) 初始建堆:每个非叶子节点都要从上到下做筛选。根据二叉树的性质,第 i 层节点数不大于 2^{i-1},节点下移的最大深度是 h−i,而每下移一层要比较 2 次,因为 h=lb n+1,则比较次数为

$$C_1(n) \leqslant 4(n - \text{lb } n - 1)$$

(2) 筛选调整:每次筛选要将根节点"下沉"到一个合适位置。当进行第 i 次筛选时,堆中元素个数为 n−i+1;堆的深度为 lb(n−i+1)+1,则进行(n−1)次筛选的比较次数为 $C_2(n) < 2n\text{lb } n$。所以,堆排序的比较次数的数量级为

$$T(n) = O(n\text{lb } n)$$

附加空间就是交换时所用的临时空间,故空间复杂度为 $S(n) = O(1)$。

在堆排序中,除建初堆以外,其余调整堆的过程最多需要比较的次数为树的深度,因此,与简单选择排序相比,提高了时间效率;另外,不管原始记录如何排列,堆排序的比较次数变化不大,所以说,堆排序对原始记录的排列状态并不敏感。

堆排序是一种速度快且省空间的排序方法,但堆排序是一种不稳定的排序算法。

前面谈到的是建小根堆的算法,那么如果已知关键字序列($K_1, K_2, K_3, \cdots, K_{n-1}$)是大根堆,能否写出一算法将($K_1, K_2, K_3, \cdots, K_{n-1}, K_n$)调整为大根堆呢?其算法与算法 9.14 的类似,算法 9.14 选取左、右孩子中关键字小者来交换,而这里选择大者来交换,具体算法见算法 9.16。

算法 9.16

```
void sift(RecType R[],int n)
{  /* 假设 R[1..n-1]是大根堆,本算法把 R[1..n]调成大根堆*/
   j=n;  R[0]=R[j];
   for(i=n/2;i>=1;i=i/2)
     if(R[0].key>R[i].key)
     {  R[j]=R[i]; j=i;}
     else break;
   R[j]=R[0];
}
```

可否利用算法 9.16 来写一个建大根堆的算法呢？具体算法见算法 9.17。

算法 9.17

```
void HeapBuilder(RecType R[],int n)
{  for(i=2;i<=n;i++) sift(R,i); }
```

3. 堆与优先队列

我们已经知道普通的队列是一种先进先出的数据结构,元素在队列尾追加,而从队列头删除。在优先队列中,元素除了具有自身基本信息外,还被赋予优先级。最先被访问到的元素是具有最高优先级的元素,即具有最高优先级的元素最先删除,所以优先队列具有最高级先出(first in,largest out)的操作特性。

在现实生活中,诸如排队上车时让老弱病残优先上车,医院排队候诊时让危重病人优先就诊等,在计算机的操作系统中进行作业调度等都具有优先队列的思想。

优先队列可以通过线性表来实现,但在某些操作的时间复杂度方面与普通队列的有所区别,譬如若采用无序顺序表或无序链表结构,则插入单个元素时还是插入在表的尾部,算法时间复杂度为 $O(1)$,删除单个元素时要先查找优先级最大的元素,算法时间复杂度为 $O(n)$;若采用有序顺序表或有序链表结构,则插入单个元素时要按优先级从大到小插入到表的合适位置,算法时间复杂度为 $O(n)$,删除单个元素时则直接删除表头(优先级最大)元素,算法时间复杂度为 $O(1)$。

通过前面对堆的介绍,我们知道在建堆或调整为堆的时候,如果是小根堆,则当前所有元素中的最小值就是对应完全二叉树的根;如果是大根堆,则当前所有元素中的最大值就是对应完全二叉树的根,所以通过堆能够比较快速地找到最小值或最大值。若用优先级代表元素值,则通过建大根堆就能快速找到当前优先级最高的元素,故堆常用来实现优先队列,其算法时间复杂度数量级与堆的基本相同。

9.5　归并排序

1. 基本思想

归并(Merging)是指将两个或两个以上的有序序列合并成一个有序序列的过程。采用线性表(无论是哪种存储结构),易于实现归并方法,其时间复杂度为 $O(m+n)$。

归并思想实例:两堆扑克牌,都已按从小到大排好了序,要将两堆扑克牌合并为一堆扑克牌且要求从小到大排序。

(1) 将两堆扑克牌最上面的抽出(设为 C_1,C_2)比较大小,将小者置于一边作为新的一堆扑克牌(不妨设 $C_1<C_2$);再从第一堆扑克牌中抽出一张扑克牌继续与 C_2 进行比较,将较小的放置在新堆的最下面。

(2) 重复上述过程,直到某一堆扑克牌已抽完为止,然后将剩下一堆中的所有扑克牌转移到新堆扑克牌中。

2. 归并排序步骤

(1) 初始时,将每个记录看成一个单独的有序序列,则 n 个待排序记录就是 n 个长度为 1 的有序子序列。

(2) 对所有有序子序列进行两两归并,得到 n/2 个长度为 2 或 1 的有序子序列,这为一趟归并。

(3) 重复第(2)步,直到得到有序序列的长度为 n 为止。

上述排序过程中,子序列总是两两归并,称为二路归并排序,其核心是将相邻的两个子序列归并成一个子序列。

设相邻的两个子序列分别为{R[k],R[k+1],…,R[m]}和{R[m+1],R[m+2],…,R[h]},需要将它们归并为一个有序子序列,即{DR[l],DR[l+1],…,DR[m],DR[m+1],…,DR[h]}。

3. 算法实现

1) 归并的算法

要实现二路归并,其核心是要依次取出两个有序子序列中的记录一一比较,具体算法见算法 9.18。

算法 9.18

```
void Merge(RecType R[],RecType DR[],int k,int m,int h)
{  int p,q,n;
   p=n=k,q=m+1;
   while((p<=m)&&(q<=h))
   {  if(LQ(R[p].key,R[q].key))   /*比较两个子序列*/
         DR[n++]=R[p++];
      else   DR[n++]=R[q++];
   }
   while(p<=m)   /*将剩余子序列复制到结果序列中*/
      DR[n++]=R[p++];
   while(q<=h)   DR[n++]=R[q++];
}
```

2) 一趟归并排序

一趟归并排序就是从前到后,依次将相邻的两个有序子序列归并为一个有序序列,且除最后一个子序列外,其他每个子序列的长度都相同的排序过程。

设这些子序列的长度为 d,则一趟归并排序的过程如下。

从 j=1 开始,依次将相邻的两个有序子序列 R[j..j+d−1]和 R[j+d..j+2d−1]进行归并;每次归并两个子序列后,j 向后移动 2d 个位置,即 j=j+2d;当剩下的元素不足两个子序列时,可以分为以下两种情况处理。

(1) 剩下的元素个数大于 d:再调用一次上述过程,将一个长度为 d 的子序列和长度不足 d 的子序列进行归并。

(2) 剩下的元素个数不大于 d:将剩下的元素依次复制到归并后的序列中。

具体算法见算法 9.19。

算法 9.19

```
void Merge_pass(RecType R[],RecType DR[],int d,int n)
{  int j=1;
   while((j+2*d-1)<=n)
   {  Merge(R,DR,j,j+d-1,j+2*d-1);
      j=j+2*d;
   }         /*子序列两两归并*/
   if(j+d-1<n) /*剩余元素个数超过一个子序列长度 d*/
      Merge(R,DR,j,j+d-1,n);
   else  Merge(R,DR,j,n,n);  /*剩余子序列复制*/
}
```

开始归并时,每个记录是长度为 1 的有序子序列,对这些有序子序列进行逐趟归并,每趟归并后有序子序列的长度均扩大一倍;当有序子序列的长度与整个记录序列长度相等时,整个记录序列就成为有序序列,具体算法见算法 9.20。

算法 9.20

```
void Merge_sort(Sqlist *L,RecType DR[])
{  int d=1;
   while(d<L->length)
   {  Merge_pass(L->R,DR,d,L->length);
      Merge_pass(DR,L->R,2*d,L->length);
      d=4*d;
   }
}
```

具有 n 个待排序记录的归并次数为 lb n,而一趟归并的时间复杂度为 O(n),则整个归并排序的时间复杂度无论是最好情况还是最坏情况均为 O(nlb n)。在排序过程中,使用了辅助数组 DR,大小与待排序记录空间相同,则空间复杂度为 O(n)。归并排序是一种稳定的排序方法。

例 9.9　有初始关键字序列(51,33,62,96,87,17,28),写出它的归并排序过程。

解　归并排序过程如图 9.11 所示。

```
初始关键字序列：    [51]  [33]  [62]  [96]  [87]  [17]  [28]

一趟归并排序后：  [33    51]  [62    96]    [17    87]  [28]

二趟归并排序后：[33    51    62    96]  [17    28    87]

三趟归并排序后：[17    28    33    51    62    87    96]
```

图 9.11 归并排序过程

9.6 基数排序

基数排序(Radix Sorting)，又称为桶排序或数字排序，它按待排序记录的关键字的组成成分(或"位")进行排序。

基数排序方法和前面的各种内部排序方法完全不同，它不需要进行关键字的比较和记录的移动。

9.6.1 多关键字排序

设有 n 个记录{$R_1, R_2, \cdots, R_n$}，每个记录 R_i 的关键字是由若干项(数据项)组成的，即记录 R_i 的关键字 Key 是若干项的集合{$K_{i1}, K_{i2}, \cdots, K_{id}$}(d>1)。

记录{$R_1, R_2, \cdots, R_n$}是有序的，指的是当 i,j∈[1,n]时，若 i<j，那么 R_i 和 R_j 的关键字满足{$K_{i1}, K_{i2}, \cdots, K_{id}$}<{$K_{j1}, K_{j2}, \cdots, K_{jd}$}，即 $K_{ip} \leqslant K_{jp}$(p=1,2,$\cdots$,d)。

多关键字排序思想：先按第一个关键字 K_1 进行排序，将记录序列分成若干个子序列，每个子序列有相同的 K_1 值；然后分别对每个子序列按第二个关键字 K_2 进行排序，每个子序列又被分成若干个更小的子序列；如此重复，直到按最后一个关键字 K_d 进行排序为止。最后，将所有的子序列依次连接成一个有序序列，该方法称为最高位优先方法。

另一种方法正好相反，排序的顺序是从最低位开始，称为最低位优先方法。

9.6.2 链式基数排序

若记录的关键字由若干确定的部分(又称为位)组成，每位都有确定数目的取值，对这样的记录序列排序的有效方法是基数排序方法。

设有 n 个待排序记录{$R_1, R_2, \cdots, R_n$}，关键字由 d 位组成，每位有 r 种取值，则关键字 R[i].key 可以看成一个 d 元组，即 R[i].key={$K_{i1}, K_{i2}, \cdots, K_{id}$}。

基数排序可以采用前面介绍的 MSD 或 LSD 方法。下面以 LSD 方法讨论链式基数排序。

1. 基本思想

(1)首先以静态链表存储 n 个待排序记录，头节点指针指向第一个记录节点。

(2)一趟排序的过程如下。

① 分配：按 K_d 值的升序顺序改变记录指针，将链表中的记录节点分配到 r 个链表(桶)

中,每个链表中所有记录的关键字的最低位(K_d)的值都相等,用 f[i]、e[i]作为第 i 个链表的头节点和尾节点。

② 收集:改变所有非空链表的尾节点指针,使其指向下一个非空链表的第一个节点,从而将 r 个链表中的记录重新连接成一个链表。

(3) 如此依次按 $K_{d-1},K_{d-2},\cdots,K_1$ 分别进行 d 趟排序后,完成整个排序。

2. 算法实现

为实现基数排序,用两个指针数组来分别管理所有的缓存(桶),同时对待排序记录的数据类型进行改造,相应的数据类型定义如下。

```
#define BIT_key  8/*指定关键字的位数 d*/
#define RADIX   10 /*指定关键字基数 r*/
typedef  struct  RecType
{ char  key[BIT_key];        /*关键字域*/
  infoType  otheritems;
  struct  RecType *next;
}SRecord,*f[RADIX],*e[RADIX];     /*桶的头、尾指针数组*/
```

具体算法见算法 9.21。

算法 9.21

```
void Radix_sort(SRecord *head)
{ int j,k,m;
  SRecord  *p,*q,*f[RADIX],*e[RADIX];
  for(j=BIT_key-1; j>=0; j--)      /* 对关键字的每一位进行一趟排序*/
  { for(k=0; k<RADIX; k++)
      f[k]=e[k]=NULL;   /*头、尾指针数组初始化*/
    p=head;
    while(p!=NULL) /*一趟基数排序的分配*/
    { m=ord(p->key[j]);   /*取关键字的第 j 位*/
      if (f[m]==NULL) f[m]=p;
      else  e[m]->next=p;
      p=p->next;
    }
    head=NULL;  /*以 head 作为头指针进行收集*/
    q=head;         /*q 作为收集后的尾指针*/
    for(k=0; k<RADIX; k++)
    { if(f[k]!=NULL)   /*第 k 个队列不空则收集*/
      { if(head!=NULL) q->next=f[k];
        else  head=f[k];
        q=e[k];
      }
    } /*完成一趟排序的收集*/
    q->next=NULL;        /*修改收集链尾指针*/
  }
```

```
    }
```

设有 n 个待排序记录,关键字位数为 d,每位有 r 种取值,则排序的趟数是 d。

在每一趟中,链表初始化的时间复杂度为 O(r),分配的时间复杂度为 O(n),分配后收集的时间复杂度为 O(r),链式基数排序的时间复杂度为 O(d(n+r))。

在排序过程中使用的辅助空间为 2r 个链表指针、n 个指针域空间,所以该算法的空间复杂度为 O(n+r)。

基数排序是一种稳定的排序算法。

9.7　各种内部排序方法的比较

1. 内部排序的基本策略

各种内部排序按所采用的基本策略可分为插入排序、交换排序、选择排序、归并排序和基数排序等五类,它们的基本策略如下。

(1) 插入排序:依次将无序序列中的一个记录,按关键字的大小插入已排好序一个子序列的适当位置,直到插入所有的记录为止。具体的方法有直接插入排序、表插入排序、二路插入排序和希尔(Shell)排序等。

(2) 交换排序:对于待排序记录序列中的记录,两两比较记录的关键字,并对反序的两个记录进行交换,直到整个序列中没有反序的记录偶对为止。具体的方法有冒泡排序、快速排序等。

(3) 选择排序:不断地从待排序的记录序列中选取关键字最小的记录,放在已排好序的序列的最后,直到选取所有记录为止。具体的方法有简单选择排序、堆排序等。

(4) 归并排序:利用"归并"技术不断地对待排序记录序列中的有序子序列进行合并,直到合并为一个有序序列为止。

(5) 基数排序:按待排序记录的关键字的组成成分(位)从低到高(或从高到低)进行排序。每次是按记录关键字某一位的值将所有记录分配到相应的桶中,再按桶的编号依次收集记录,最后得到一个有序序列。

2. 内部排序方法的性能比较

主要内部排序方法的性能比较如表 9.1 所示。

表 9.1　主要内部排序方法的性能比较

排序方法	平均时间复杂度	最坏情况	辅助空间	稳定性
直接插入排序	$O(n^2)$	$O(n^2)$	$O(1)$	稳定
冒泡排序	$O(n^2)$	$O(n^2)$	$O(1)$	稳定
直接选择排序	$O(n^2)$	$O(n^2)$	$O(1)$	稳定
希尔排序	$O(n^{1.3})$	$O(n^{1.3})$	$O(1)$	不稳定
快速排序	$O(n\text{lb }n)$	$O(n^2)$	$O(\text{lb }n)$	不稳定
堆排序	$O(n\text{lb }n)$	$O(n\text{lb }n)$	$O(1)$	不稳定
归并排序	$O(n\text{lb }n)$	$O(n\text{lb }n)$	$O(n)$	稳定
基数排序	$O(d\times(rd+n))$	$O(d\times(rd+n))$	$O(rd)$	稳定

(1) 若 n 较小(如 n≤50),可采用直接插入排序或直接选择排序。

(2) 若待排序记录的初始状态已是按关键字基本有序,则选用直接插入排序或冒泡排序为宜。

(3) n 较大,若关键字有明显结构特征(如字符串、整数等),且关键字位数较少易于分解,采用时间性能是 $O(d×(rd+n))$ 的基数排序较好;若关键字无明显结构特征或取值范围属于某个无穷集合(例如实数型关键字),应借助于"比较"的方法来排序,可采用时间复杂度为 $O(n lb\ n)$ 的排序方法:快速排序、堆排序或归并排序。

(4) 对于以主关键字进行排序的记录序列,所用的排序方法是否稳定无关紧要,而用次关键字进行排序的记录序列,应根据具体问题慎重选择排序方法及描述算法。

(5) 前面讨论的排序算法,大都是利用一维数组实现的。若记录本身信息量大,为避免移动记录耗费大量时间,可用链式存储结构,如插入排序和归并排序都易于在链表上实现。但像快速排序和堆排序这样的排序算法,却难以在链表上实现,此时可以提取关键字建立索引表,然后对索引表进行排序。

小　　结

本章针对插入排序、交换排序、选择排序、归并排序和基数排序这五大类排序方法进行了详细阐述。各种排序方法均有各自的适用范围,如待排序记录数较小,则可采用直接插入排序;若待排序记录的初始状态按关键字基本有序,则采用冒泡排序比较节约时间;若待排序记录的初始状态按关键字基本无序,则采用快速排序和堆排序比较节约时间;若对附加辅助空间有要求,则堆排序会是一个比较好的选择。具体实施时选择何种排序算法需要根据具体情况进行具体分析。

习　题　9

1. 填空题

(1) n 个元素进行冒泡排序,通常需要进行 _____ 趟排序,第 j 趟排序要进行 _____ 次元素间的比较。

(2) 对 n 个元素的序列进行冒泡排序时,最少的比较次数是 _____。

(3) 在二路归并排序中,在第 3 趟归并中,是把长度为 _____ 的有序表归并为长度为 _____ 的有序表。

(4) 在冒泡排序和快速排序中,若原始记录接近正序序列,则选用 _____,若原始记录无序,则最好选用 _____。

(5) 在插入排序、希尔排序、快速排序、堆排序、归并排序和基数排序中,排序是不稳定的有 _____。

(6) 在插入排序和选择排序中,若初始数据基本正序,则选用 _____;若初始数据基本反序,则选用 _____。

(7) 在堆排序、快速排序和归并排序中,若只从存储空间考虑,则应首先选取 _____

方法,其次选取_____方法,最后选取_____方法;若只从排序结果的稳定性考虑,则应选取_____方法;若只从平均情况下排序最快考虑,则应选取_____方法;若只从最坏情况下排序最快并且要节省内存考虑,则应选取_____方法。

(8) 在插入排序、希尔排序、选择排序、快速排序、堆排序、归并排序和基数排序中,平均比较次数最少的排序是_____,需要内存容量最多的是_____。

2. 选择题

(1) 排序方法中,从未排序序列中依次取出元素与已排序序列(初始时为空)中的元素进行比较,将其放入已排序序列的正确位置上的方法,称为( )。

　　A. 希尔排序　　　　B. 冒泡排序　　　　C. 插入排序　　　　D. 选择排序

(2) 在待排序的元素序列基本有序的前提下,效率最高的排序方法是( )。

　　A. 插入排序　　　　B. 选择排序　　　　C. 快速排序　　　　D. 归并排序

(3) 在下述几种排序方法中,平均查找长度最小的是( )。

　　A. 插入排序　　　　B. 选择排序　　　　C. 快速排序　　　　D. 归并排序

(4) 快速排序方法在( )情况下最不利于发挥其长处。

　　A. 要排序的数据量太大　　　　　　　　B. 要排序的数据中含有多个相同值
　　C. 要排序的数据已基本有序　　　　　　D. 要排序的数据个数为奇数

(5) 在所有排序方法中,关键字比较的次数与记录的初始排列次序无关的是( )。

　　A. 希尔排序　　　　B. 冒泡排序　　　　C. 插入排序　　　　D. 选择排序

(6) 设有 1000 个无序的元素,希望用最快的速度挑选出其中前 10 个最大的元素,最好选用( )。

　　A. 冒泡排序　　　　B. 快速排序　　　　C. 堆排序　　　　D. 插入排序

(7) 在下列排序算法中,( )可能会出现这种情况:在最后一趟排序开始之前,所有元素都还不在最终位置上。

　　A. 希尔排序　　　　B. 归并排序　　　　C. 插入排序　　　　D. 选择排序

(8) 用某种排序方法对线性表(25,84,21,47,15,27,68,35,20)进行排序时,元素序列的变化情况如下:

　① 25,84,21,47,15,27,68,35,20
　② 20,15,21,25,47,27,68,35,84
　③ 15,20,21,25,35,27,47,68,84
　④ 15,20,21,25,27,35,47,68,84

则所采用的排序方法是( )。

　　A. 选择排序　　　　B. 希尔排序　　　　C. 归并排序　　　　D. 快速排序

(9) 一组记录的关键字为(46,79,56,38,40,84),则利用快速排序的方法,以第一个记录为基准得到的一次划分结果为( )。

　　A. 38,40,46,56,79,84　　　　　　　　B. 40,38,46,79,56,84
　　C. 40,38,46,56,79,84　　　　　　　　D. 40,38,46,84,56,79

(10) 在下述几种排序方法中,要求内存量最大的是( )。

　　A. 插入排序　　　　B. 选择排序　　　　C. 快速排序　　　　D. 归并排序

附录　实验安排

为了辅助学好数据结构这门课程,本实验安排设计了 15 个不同类型的实验,共计 40 个学时,仅供参考。任课老师可根据教学计划中安排的实验课时数进行适当筛选和调整。

实验一　线性表的顺序存储结构

一、实验目的

(1) 掌握线性表的顺序存储结构。
(2) 熟练利用顺序存储结构实现线性表的基本操作。
(3) 能熟练掌握顺序存储结构中算法的实现。

二、实验内容

(1) 建立顺序结构的线性表。
(2) 实现顺序表上的插入、删除、查找、输出等基本操作。

三、实验要求

(1) 认真阅读和掌握与本实验相关的教材内容。
(2) 根据实验内容编写程序,上机调试,并获得正确的运行程序。
(3) 撰写实验报告(包括源程序和运行结果)。

四、实验学时

2 学时。

实验二　线性表的链式存储结构

一、实验目的

(1) 掌握线性表的链式存储结构。
(2) 熟练利用链式存储结构实现线性表的基本操作。
(3) 能熟练掌握链式存储结构中算法的实现。

二、实验内容

(1) 用头插法或尾插法建立带头节点的单链表。

（2）实现单链表上的插入、删除、查找、输出等基本操作。

三、实验要求

（1）认真阅读和掌握与本实验相关的教材内容。
（2）根据实验内容编写程序，上机调试，并获得正确的运行程序。
（3）撰写实验报告（包括源程序和运行结果）。

四、实验学时

2学时。

实验三　循环链表的操作

一、实验目的

通过本实验中循环链表的使用，学生可进一步熟练掌握链表的操作方式。

二、实验内容

（1）建立一个单循环链表。
（2）实现单循环链表上的逆置。链表的逆置运算（或称为逆转运算）是指在不增加新节点的前提下，依次改变数据元素的逻辑关系，使得线性表(a_1,a_2,a_3,$\cdots$,a_n)成为(a_n,$\cdots$,a_3,a_2,a_1)。

三、实验要求

（1）认真阅读和掌握与本实验相关的教材内容。
（2）根据实验内容编写程序，上机调试，获得正确的运行程序。
（3）撰写实验报告（包括源程序和运行结果）。

四、实验学时

2学时。

实验四　顺序栈的实现

一、实验目的

掌握顺序栈的基本操作：初始化栈、判栈空、入栈、出栈、取栈顶数据元素等运算以及程序实现方法。

二、实验内容

（1）定义栈的顺序存取结构。

(2) 分别定义顺序栈的基本操作(初始化栈、判栈空、入栈、出栈等)。

(3) 设计一个测试主函数进行测试。

三、实验要求

(1) 认真阅读和掌握与本实验相关的教材内容。

(2) 根据实验内容编写程序,上机调试,并获得正确的运行程序。

(3) 撰写实验报告(包括源程序和运行结果)。

四、实验学时

2 学时。

实验五　循环队列的实现

一、实验目的

掌握队列的基本操作:初始化队列、判队空、入队、出队等运算以及程序实现方法。

二、实验内容

(1) 定义队列的顺序存取结构——循环队列。

(2) 分别定义循环队列的基本操作(初始化队列、判队空、入队、出队)。

(3) 设计一个测试主函数进行测试。

三、实验要求

(1) 认真阅读和掌握与本实验相关的教材内容。

(2) 根据实验内容编写程序,上机调试,并获得正确的运行程序。

(3) 撰写实验报告(包括源程序和运行结果)。

四、实验学时

2 学时。

实验六　串的模式匹配

一、实验目的

(1) 利用顺序结构存储串,并实现串的匹配算法。

(2) 掌握简单模式匹配思想,熟悉 KMP 算法。

二、实验内容

(1) 用键盘输入初始化目标串和模式串。通过简单模式匹配算法实现串的模式匹配,匹配成功后要求输出模式串在目标串中的位置。

    （2）设计并调试 KMP 算法，并与简单模式匹配算法进行比较。

三、实验要求

    （1）认真阅读和掌握与本实验相关的教材内容。

    （2）根据实验内容编写程序，上机调试，并获得正确的运行程序。

    （3）撰写实验报告（包括源程序和运行结果）。

四、实验学时

    2 学时。

实验七　二叉树的建立与遍历

一、实验目的

    （1）掌握二叉树的数据类型描述方法及二叉树的特性。

    （2）掌握二叉树的链式存储结构（二叉链表）的建立算法。

    （3）掌握二叉链表上二叉树的基本运算的实现。

二、实验内容

    （1）用递归实现二叉树的前序、中序、后序 3 种遍历。

    （2）用非递归实现二叉树的前序、中序、后序 3 种遍历。

    （3）实现二叉树的层次遍历。（选作）

三、实验要求

    （1）认真阅读和掌握与本实验相关的教材内容。

    （2）根据实验内容编写程序，上机调试，并获得正确的运行程序。

    （3）撰写实验报告（包括源程序和运行结果）。

四、实验学时

    2 学时。

实验八　线索二叉树的创建及遍历

一、实验目的

    （1）掌握二叉树的线索链表存储结构。

    （2）能够实现二叉树的线索链表的创建、遍历等基本操作。

二、实验内容

编程实现二叉树的线索链表存储表示的基本操作,基本操作包括线索二叉树的创建、线索二叉树的中序遍历算法的实现。

三、实验要求

(1) 认真阅读和掌握与本实验相关的教材内容。
(2) 根据实验内容编写程序,上机调试,并获得正确的运行程序。
(3) 撰写实验报告(包括源程序和运行结果)。

四、实验学时

2 学时。

实验九　哈夫曼编译码

一、实验目的

(1) 掌握哈夫曼树的特性。
(2) 掌握哈夫曼树的建立算法。
(3) 掌握哈夫曼编码算法。
(4) 掌握哈夫曼译码算法。

二、实验内容

(1) 建立哈夫曼树。
(2) 输出哈夫曼编码。
(3) 根据输入串进行哈夫曼译码。

三、实验要求

(1) 认真阅读和掌握与本实验相关的教材内容。
(2) 根据实验内容编写程序,上机调试,并获得正确的运行程序。
(3) 撰写实验报告(包括源程序和运行结果)。

四、实验学时

4 学时。

实验十　图的建立与遍历

一、实验目的

(1) 掌握图的含义。
(2) 掌握用邻接矩阵和邻接表的方法描述图的存储结构。
(3) 理解并掌握深度优先遍历方法和广度优先遍历方法的存储结构。

二、实验内容

(1) 建立无向图的邻接矩阵,并实现插入、删除边的功能。
(2) 建立有向图的邻接表,并实现插入、删除边的功能。
(3) 实现该图的深度优先搜索遍历。
(4) 实现该图的广度优先搜索遍历。

三、实验要求

(1) 认真阅读和掌握与本实验相关的教材内容。
(2) 根据实验内容编写程序,上机调试,并获得正确的运行程序。
(3) 撰写实验报告(包括源程序和运行结果)。

四、实验学时

4 学时。

实验十一　最小生成树

一、实验目的

(1) 了解生成树的概念。
(2) 掌握最小生成树的基本思路。
(3) 能够利用最小生成树解决实际的问题。

二、实验内容

现有一张城市地图,图中的顶点为城市,无向边代表两个城市间的连通关系,边上的权代表公路造价。图中任一对城市都是连通的,现在用公路把所有城市联系起来,要求工程的总造价最少。采用普里姆或克鲁斯卡尔算法来生成最小生成树。

三、实验要求

(1) 认真阅读和掌握与本实验相关的教材内容。

(2) 根据实验内容编写程序,上机调试,并获得正确的运行程序。

(3) 撰写实验报告(包括源程序和运行结果)。

四、实验学时

2 学时。

实验十二 关键路径

一、实验目的

(1) 通过关键路径求解的实验,帮助学生熟练掌握图的顶点、边的概念及其存储实现。

(2) 掌握图的基本运算,以及利用图解决实际问题的基本方法。

二、实验内容

(1) 图的存储表示:输入图的顶点和图的边,并转换为图的存储结构表示。

(2) 求解该图所表示工程的关键路径。

三、实验要求

(1) 认真阅读和掌握与本实验相关的教材内容。

(2) 根据实验内容编写程序,上机调试,并获得正确的运行程序。

(3) 撰写实验报告(包括源程序和运行结果)。

四、实验学时

4 学时。

实验十三 最短路径

一、实验目的

(1) 最短路径求解实验能帮助学生熟练掌握图的顶点、边的概念及其存储实现。

(2) 掌握图的基本运算,以及利用图解决实际问题的基本方法。

二、实验内容

(1) 图的存储表示:输入图的顶点和图的边,并转换为图的存储结构表示。

(2) 求解从一个城市出发到其它所有城市的最短路径。

(3) 求解从一个城市到另一个城市的最短路径。

三、实验要求

(1) 认真阅读和掌握与本实验相关的教材内容。

（2）根据实验内容编写程序，上机调试，并获得正确的运行程序。

（3）撰写实验报告（包括源程序和运行结果）。

四、实验学时

4 学时。

实验十四　查找

一、实验目的

（1）掌握查找的含义。

（2）掌握基本查找操作的算法与实现方法。

二、实验内容

（1）建立一个线性表，对表中数据元素存放的先后次序没有任何要求。输入待查数据元素的关键字进行查找。

（2）查找表的存储结构为有序表，即表中记录按关键字大小排序存放。输入待查数据元素的关键字进行查找。

三、实验要求

（1）认真阅读和掌握与本实验相关的教材内容。

（2）根据实验内容编写程序，上机调试，并获得正确的运行程序。

（3）撰写实验报告（包括源程序和运行结果）。

四、实验学时

2 学时。

实验十五　排序

一、实验目的

（1）掌握各种排序的基本思想。

（2）掌握各种排序方法的算法实现方法。

（3）了解各种方法的排序过程及其时间复杂度的分析方法。

二、实验内容

随机函数产生若干个随机数，用直接插入、二分插入、希尔、冒泡、直接选择、快速、堆等排序方法排序。

三、实验要求

（1）认真阅读和掌握与本实验相关的教材内容。

（2）根据实验内容编写程序，上机调试，并获得正确的运行程序。

（3）撰写实验报告（包括源程序和运行结果）。

四、实验学时

4 学时。

参 考 文 献

［1］ 严蔚敏,吴伟民.数据结构(C 语言版)[M].北京:清华大学出版社,1997.

［2］ 王红梅,胡明,王涛.数据结构(C＋＋版)[M].北京:清华大学出版社,2005.

［3］ Mark Allen Weiss.数据结构与算法分析:C 语言描述[M].冯舜玺,译.北京:机械工业出版社,2010.

［4］ 许卓群,杨冬青,唐世渭,等.数据结构与算法[M].北京:高等教育出版社,2006.

［5］ 郑丽英.数据结构 Trie 及其应用[J].现代计算机(下半月版),2004(8):20-22.

［6］ 唐自立.数据结构课程中递归算法教学探讨[J].中国科技信息,2006(8):290-291.

［7］ 刘大有,虞强源,杨博,等.数据结构[M].2 版.北京:高等教育出版社,2010.

［8］ D E Kunth. The Art of Computer Programming,Volume 1/Fundamentals Algorithms;Volume 3/Sorting and Searching[M]. MA:Addison-Wesley,1973.

［9］ 陈守孔,等.算法与数据结构考研试题精析[M].北京:机械工业出版社,2007.

［10］ 余祥宣,等.计算机算法基础[M].3 版.武汉:华中科技大学出版社,2006.

［11］ 郑宗汉,郑晓明.算法设计与分析[M].2 版.北京:清华大学出版社,2011.

［12］ M H Alsuwaiyel.算法设计技巧与分析[M].吴伟昶,等,译.北京:电子工业出版社,2004.